软件工程

项目化教程 微课视频版

吕云翔 黎可为 张中基◎编著

清華大学出版社
北京

内容简介

本书依据典型的软件开发过程组织内容，围绕“论文检索系统”这一实际软件项目设计项目开发实验，旨在培养读者应用软件开发工具和框架进行实际软件项目开发的实践能力。全书共9章，所涉及的软件开发工具和框架包括：项目管理工具 Microsoft Project，集成建模平台 Enterprise Architect，软件数据模型建模工具 PowerDesigner，分布式版本控制系统 Git，前端开发框架 Vue.js，后端开发框架 Django，软件测试工具 Vue Test Utils、Unit Test、Postman，服务器软件 Nginx。

本书是高等院校计算机科学、软件工程及相关专业“软件工程”实践课程的理想教材，也可以供开发人员、软件测试工程师、系统工程师及软件项目经理等相关人员阅读参考。

图书在版编目(CIP)数据

软件工程项目化教程：微课视频版/吕云翔，黎可为，张中基编著. —北京：清华大学出版社，2023.3
(清华科技大讲堂丛书)
ISBN 978-7-302-62413-4

Ⅰ. ①软… Ⅱ. ①吕… ②黎… ③张… Ⅲ. ①软件工程－高等学校－教材 Ⅳ. ①TP311.5

中国国家版本馆 CIP 数据核字(2023)第 009591 号

责任编辑：黄　芝
封面设计：刘　键
责任校对：胡伟民
责任印制：朱雨萌

出版发行：清华大学出版社
网　　址：http://www.tup.com.cn，http://www.wqbook.com
地　　址：北京清华大学学研大厦 A 座　　**邮　　编**：100084
社 总 机：010-83470000　　**邮　　购**：010-62786544
投稿与读者服务：010-62776969，c-service@tup.tsinghua.edu.cn
质量反馈：010-62772015，zhiliang@tup.tsinghua.edu.cn
课件下载：http://www.tup.com.cn，010-83470236
印 装 者：三河市人民印务有限公司
经　　销：全国新华书店
开　　本：185mm×260mm　　**印　　张**：18.75　　**字　　数**：468 千字
版　　次：2023 年 3 月第 1 版　　**印　　次**：2023 年 3 月第1次印刷
印　　数：1～1500
定　　价：59.80 元

产品编号：098102-01

前言

随着信息时代的飞速发展，计算机和软件已成为生产和生活中极为重要的组成部分。因此，培养熟练掌握计算机科学技术与软件工程相关领域知识的专业人才刻不容缓。

作为计算机和软件工程专业本科学生的必修课程，“软件工程”在国内外都是大学计算机科学教育体系中的核心课程之一。它担负着系统、全面地介绍软件工程的基本理论，为其他专业课程的学习奠定坚实基础，培养学生具备基本工程思维及提高学生实践和管理能力的重任。

软件工程是应用计算机科学、数学、逻辑学及管理科学等原理开发软件，将系统化的、严格约束的、可量化的方法应用于软件的开发、运行与维护，以实现提高质量、降低成本等目的的一门新兴的、综合性的应用科学。传统的仅通过理论课程讲授软件工程的授课方式显然无法提高学生的操作和实践能力。因此，我们建议在开设“软件工程”的理论课程的同时，开设与之配套的“软件工程实践”课程。

随着软件工程理论的发展，项目开发框架、自动化测试工具、项目管理工具、配置管理工具相关的自动化工具也在不断涌现。这些工具使软件开发效率大大提高，降低了软件的开发成本。相应地，这些工具也对软件开发领域的从业者、相关专业的学生提出了新的要求。要培养相关专业的人才，除了重视软件工程理论与实践的教学方法外，同样需要有足够优秀的实验辅导材料作为支撑。

市面上现有的软件工程类书籍更注重理论和概念，对实际中用到的工具介绍不甚详细，因此不能满足软件工程专业教师与学生的日常教学要求。大部分现有教材中使用的软件版本过低，内容也较为陈旧，实验设置只是作为理论内容的补充，实践性和可操作性不强，课时安排不够合理，因此与当今计算机和软件工程相关专业的大学生的实践需求严重脱轨。

针对以上诸多问题，本书作者旨在编写一本适用于计算机和软件工程相关专业的学生、内容与当前软件工程理论和工具发展实际情况紧密结合的软件工程实践课程参考书籍。本书在以下几个重要方面有突出特色。

- **目标针对性强**：本书针对计算机和软件工程相关专业学生，而不是广泛的高校学生，旨在培养他们的实践能力，加深他们对软件工程的理解，为今后的课程学习和实践打下基础。
- **内容与时俱进**：本书充分考虑到现今软件与技术使用的实际情况，内容既考虑了软件版本的兼容性，又与最新的技术紧密结合，去除了过于陈旧和不实用的内容，符合软件工程工具发展的最新趋势。
- **真实实验项目**：本书围绕“论文检索系统”这一现实软件项目的软件生存周期设置实验，从不同角度展现软件生存周期各阶段的工作内容，使读者能够最大化地掌握软件开发中各个工具的使用方法。

➢ **配图充实丰富**：讲解和实验都配有丰富的插图，清晰易懂，融入了大量具体的实践过程，而非简单介绍原理。

➢ **视角新颖独到**：每章附有思考题和实验练习题，鼓励学生将实践过程和理论相联系，延伸思考，开阔学生视野。

➢ **教学操作性强**：实验有清晰的步骤提示，易于老师讲授和学生自学，实验难度从浅入深，可按实际需要选做和调整，实验课时合理，符合一般教学安排。

此外，本书还在讲解的过程中穿插提示和注意部分，其图标及对应的说明如下。

提示

提示部分通常会对讲解的内容进行拓展说明，这些说明可能是超出本书知识范围的，目的是起到启发的作用。读者可以跟随提示部分自行搜索相关的内容，以进行更深入的学习。

注意部分通常会强调讲解内容中容易被忽略或容易被混淆的部分，这些说明用于提醒读者需要注意的内容，目的是防止对知识点的错误理解带来学习上的阻碍。

本书分为9章，涉及软件工程理论与发展、软件设计与分析、软件开发、软件测试和代码管理等方面的内容。每章将根据不同工具或框架的特点对其进行详细的介绍，包括软件的基本介绍、版本信息、功能用途、使用步骤、拓展延伸等；每章的最后都配有相关的思考题和实验题，同时还附有本章的参考文献，帮助学生消化理解本章知识和拓展思路。

在学习本书时，笔者建议读者能够掌握一些基本的UML图绘制的知识，如用例图、类图等。本书虽基于UML2.5对涉及的UML图的概念进行了一定的介绍，但受篇幅所限，本书没有对绘制的思路、规范等理论知识进行讲解。相反地，本书基于对工具的使用方法进行讲解的目的，对使用工具绘制UML图元素的方式进行具体的讲解。因此，读者如果能了解UML的理论知识，在这方面的学习和实践中将会进步得更加迅速。

对于编程方面，笔者建议读者能够掌握一些编程语言。例如，在学习前端编程框架Vue.js时，读者需要掌握HTML、CSS和JavaScript 3门语言；在学习后端编程框架Django时，读者需要掌握Python语言；在学习部署时，读者需要掌握基本的Linux命令行的操作，如cd、ls、touch等指令。由于篇幅所限，本书没有对这些编程语言和指令进行讲解，希望读者能够在学习对应章节前对这些内容有一定的了解。

对于编程工具，本书在讲解编程和部署的过程中使用了一些主流的IDE，如Visual Studio Code和PyCharm。由于IDE之间的使用方法类似，本书不在该方面过多讲解。在实践中，读者也可以使用其他的、自己习惯使用的IDE。

对于软件获取，本书所使用的大部分软件都能够从官网获取试用版。读者在学习时可以前往软件的官网获取。但是，试用版的使用期限有限，如果读者想更深入或长久地使用这些软件，可以从官网等渠道购买这些软件的正式版，以获取较为完整的功能。

本书建议教学课时为36课时，其中课内24课时，课外12课时。具体教学安排可以根据实际教学情况进行调整。

软件工程实践课程应该建立在理论课程的基础上，本书不是取代软件工程理论课程的教材，因此，在学习本课程时，应同时学习软件工程理论课程，并配合理论课程教材一同使用。

本书总结了我们多年软件工程实践与教学的经验。为了使本书更具有可用性，我们以北京航空航天大学软件学院作为试点，用本书的内容进行了实验性教学。在此，感谢北京航空航天大学软件学院在工作上给予的支持，以及在成书过程中所提供的各种宝贵资源。

本书配套微课视频，详细讲解实验操作，请读者先扫描封底刮刮卡内二维码，获得权限，再扫描正文中章名旁的二维码，即可观看学习。本书其他配套资源可从清华大学出版社官网下载，或通过“书圈”公众号下载。

本书的作者为吕云翔、黎可为、张中基，曾洪立参与了部分内容的编写及资料整理工作。

由于计算机技术发展迅速，软件工程实践课程本身还在探索之中，在市场上针对计算机和软件工程相关专业的软件工程实践课程的教材中，能使人耳目一新的并不多见。我们力求使本书完美，但我们的学习能力和水平有限，书中难免有疏漏之处，恳请各位同仁和广大读者给予批评指正，也希望各位能将实践过程中的经验和心得与我们交流。

作　者

2022 年 6 月

于北京航空航天大学软件学院

目录

第1章 绪 论

1.1 软件工程概述

1.1.1 软件工程的概念与理论

什么是软件工程？简单来说，软件工程是将工程学的思想、方法与技术应用于软件开发过程的一门学科。1968年，在北大西洋公约组织举行的一次学术会议上，人们为了解决当时出现的软件危机问题，首次提出了软件工程这个概念，并将其定义为“为了经济地获得可靠的和能在实际机器上高效运行的软件，而建立和使用的健全的工程规则”。经过半个世纪的发展，软件工程的定义、思想与方法等理论在不断丰富和完善，相应的技术也在飞速进步。今天，软件工程已成为计算机科学与技术中一门独立的学科，对各行各业产生了深远的影响。

由于软件工程一直以来没有一个统一的定义，本书仅引用IEEE对软件工程的定义作为标准。

(1) 将系统化的、严格约束的、可量化的方法应用于软件的开发、运行和维护，即将工程化应用于软件。

(2) 对(1)中所述方法的研究。

软件工程的内容非常丰富，包括软件工程原理、过程、方法、模型、管理、环境及工具等，其中过程、方法和工具是软件工程的三要素。

具体而言，在*Guide to the Software Engineering Body of Knowledge*(2004)中，软件工程知识体系划分为以下10个知识领域。

(1) 软件需求(software requirements)。

(2) 软件设计(software design)。

(3) 软件构造(software construction)。

(4) 软件测试(software testing)。

(5) 软件维护(software maintenance)。

(6) 软件配置管理(software configuration management)。

(7) 软件工程管理(software engineering management)。

(8) 软件工程过程(software engineering process)。

(9) 软件工程工具和方法(software engineering tools and methods)。

(10) 软件质量(software quality)。

同时,该指南也指出了8个相关的学科领域,这些学科领域和软件工程学科存在一定的交集,能够帮助该学科的发展,以及帮助和该学科相关的一些工作。8个相关学科如下。

(1) 计算机工程(computer engineering)。

(2) 计算机科学(computer science)。

(3) 管理学(management)。

(4) 数学(mathematics)。

(5) 项目管理(project management)。

(6) 质量管理(quality management)。

(7) 软件人类工程学(software ergonomics)。

(8) 系统工程(systems engineering)。

1.1.2 软件工程的发展

软件工程是一门相对年轻的学科,它的发展伴随着软件和软件开发技术的更新。软件是由计算机程序的概念发展演化而来的,是在程序和程序设计发展到一定规模且逐步商品化的过程中形成的。软件开发大致经历了从程序设计阶段、软件设计阶段到软件工程阶段的演变过程。

1968年,“软件工程”概念首次被提出。20世纪70年代,人们开始在软件开发中运用一些工程思想,将工程技术与软件开发技术相结合,提出了简单的“瀑布模型”。然而随着软件规模的增大和开发难度的日益增加,“瀑布模型”遇到了瓶颈。

20世纪70～80年代,人们在不断的软件实践中逐渐提出了更多的模型,以解决遇到的各种问题。COCOMO、CMM等模型相继被提出,软件体系结构相关的研究和技术日益成熟。

与此同时,需求和设计工具、开发工具、测试工具和配置管理工具等也不断发展。随着计算机辅助软件工程(computer aided software engineering,CASE)的出现,软件开发的效率得到了进一步的提高。CASE是一套方法和工具,可使系统开发商规定应用规则,并由计算机自动生成合适的计算机程序。CASE工具和技术可提高系统分析和程序员的工作效率,其重要的技术包括应用生成程序、前端开发过程面向图形的自动化、配置和管理及生命周期分析工具。CASE的出现极大地促进了软件工程的发展。

20世纪90年代,面向对象思想渗透到软件工程中。基于面向对象的分析和设计模式、方法、技术和工具极大地丰富了软件工程的理论,使其日趋成熟。其中,典型的代表是UML设计方法和技术。

20世纪90年代末,随着《敏捷软件开发宣言》的发布,敏捷开发思想逐渐兴起。极限编程(XP)、Scrum、特征驱动开发等概念和过程也相继被提出,在实践中不断被完善。

21世纪以来,随着互联网时代的高速发展,以大数据、云计算、移动互联网和智能信息技术等为代表的新技术冲击着软件工程,带来了前所未有的挑战。新的技术变革必将引发软件工程领域更多的概念、思想和工具的出现。敏捷开发、精益思想、构件化软件开发、模型驱动体系结构等都可能引领未来的软件工程发展方向。

1.1.3 软件生命周期

一个软件产品或软件系统要经历孕育、诞生、成长、成熟、衰亡等阶段，一般称为软件生命周期(也称软件生存周期)。可以把整个软件生命周期划分为若干阶段，每个阶段有明确的任务，这样一来，规模宏大、结构复杂的软件及其开发变得容易控制和管理。通常，软件生命周期主要包括以下阶段。

可行性研究：主要目的是定义问题，确定软件的开发目标和分析其可行性，制订初步的开发计划。

需求分析：在确定软件开发可行的情况下，对目标软件系统需要解决的问题和需要实现的功能进行详细分析，形成需求规格说明书。

软件设计：根据需求分析的结果，对整个软件系统进行设计，分为概要设计和详细设计。概要设计旨在建立系统的总体架构，详细设计关注每个子系统和模块的内部实现细节。形成的软件设计说明书将为后续编码实现提供依据。

编码实现：根据软件设计说明书，将设计结果转换成计算机可运行的程序代码。在编码实现过程中必须要制订统一、符合标准的编码规范，以保证程序的可读性、易维护性，提高程序的运行效率和整个系统的稳定性。

软件测试：主要目的是发现软件产品中存在的缺陷，进而保证软件产品的质量。可以划分为单元测试、集成测试、系统测试和验收测试。

运行与维护：软件产品交付后，随着用户需求的增长或改变，以及市场环境的变化，软件产品的功能需要不断完善。为了保证软件产品的正常运行，需要进行一定的维护。

ISO 12207 标准(2020 版)为软件的生命周期过程提供了设计参考，并规定了 2 个协议过程(agreement process)、6 个组织项目支持过程(organizational project-enabling process)、8 个技术管理过程(technical management process)和 12 个技术过程(technical process)。

协议过程包括：

(1) 获取过程(acquisition process)。

(2) 供应过程(supply process)。

组织项目支持过程包括：

(1) 生命周期模型管理过程(life cycle model management process)。

(2) 基础设施管理过程(infrastructure management process)。

(3) 资产组合管理过程(portfolio management process)。

(4) 人力资源管理过程(human resource management process)。

(5) 质量管理过程(quality management process)。

(6) 知识管理过程(knowledge management process)。

技术管理过程包括：

(1) 项目计划过程(project planning process)。

(2) 项目评估和控制过程(project assessment and control process)。

(3) 决策管理过程(decision management process)。

(4) 风险管理过程(risk management process)。

(5) 配置管理过程(configuration management process)。

(6) 信息管理过程(information management process)。

(7) 测量过程(measurement process)。

(8) 质量保证过程(quality assurance process)。

技术过程包括：

(1) 业务和任务分析过程(business or mission analysis process)。

(2) 涉众需求和需求定义过程(stakeholder needs and requirements definition process)。

(3) 系统/软件需求定义过程(system/software requirements definition process)。

(4) 架构定义过程(architecture definition process)。

(5) 设计定义过程(design definition process)。

(6) 系统分析过程(system analysis process)。

(7) 实现过程(implementation process)。

(8) 集成过程(integration process)。

(9) 验证过程(verification process)。

(10) 过渡过程(transition process)。

(11) 确认过程(validation process)。

(12) 运营过程(operation process)。

软件生命周期的另一种表示如图 1-1 所示。

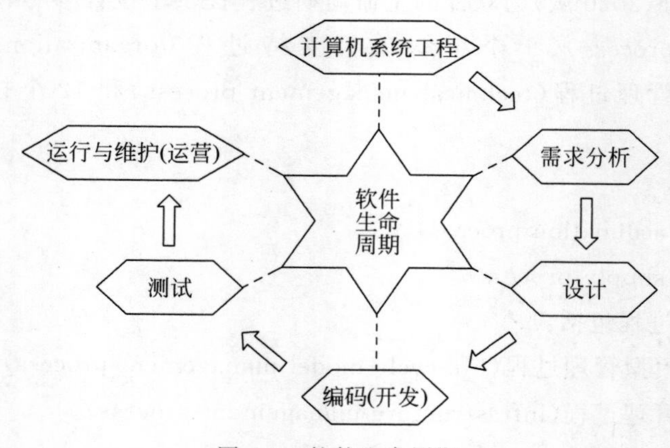

图 1-1 软件生命周期

1.1.4 软件生命周期模型

根据软件生命周期的概念，软件从产生到消亡都要经历需求、设计、编码、测试和维护等过程。这样的一个完整过程称为“生命周期模型”。常见的软件生命周期模型包括瀑布模型、增量模型、螺旋模型、快速原型模型、统一软件开发过程模型、敏捷过程与极限编程模型等。各个模型的特点如表 1-1 所示。

表 1-1 软件生命周期模型及特点

生命周期模型	主要特点
瀑布模型	瀑布模型将软件生命周期中各活动(制订计划、需求分析、系统设计、编码、测试和维护)规定为依线性顺序的若干阶段,各项活动按照自上而下、相互衔接的固定次序,如同瀑布流水,逐级下落
增量模型	增量模型是把整个软件系统分解为若干软件构件,在开发过程中,逐个实现每个构件。如果发现问题可以及早进行修正,逐步进行完善,最终获得满意的软件产品
螺旋模型	螺旋模型将瀑布模型和快速原型模型集合起来,强调其他模型所忽视的风险,特别适合于大型复杂系统。该模型分为 4 个环节:制订计划、风险分析、开发实施和用户评价。4 个活动螺旋式地重复执行,直到最终得到用户认可的产品
快速原型模型	通过快速建立一个能反映用户主要需求的原型系统,让用户在使用和实践中提出改进意见,完善目标系统的概貌。开发人员根据意见快速修改原型系统,然后再次请用户试用直到用户认可原型的功能。至此,根据原型系统获取了用户的所有需求,可以形成需求规格说明书并进行设计与开发
统一软件开发过程模型(RUP)	统一软件开发过程模型是一种面向对象的、基于迭代思想的软件生命周期模型。按时间划分为 4 个阶段:初始、细化、构造和交付。这 4 个阶段按顺序依次进行,在每个阶段都可能有若干迭代
敏捷过程和极限编程模型	敏捷过程强调"个体和交互"胜过"过程和工具","可以使用的软件"胜过"面面俱到的文档","与客户协作"胜过"合同","响应变化"胜过"遵循计划"。极限编程是一种典型的敏捷过程模型,"极限"指把好的开发实践运用到极致,包括结对编程、短周期交付、测试驱动开发、集体所有等

1.1.5 软件工程实用工具

随着软件工程理论的发展,用于辅助软件开发的应用工具也大量涌现,统称为计算机辅助软件工程工具(CASE 工具)。这些工具通过自动化软件开发过程中的需求分析、系统设计、编码、测试及管理工作,大大降低了软件开发的成本,加快了软件开发的速度。下面将结合软件生命周期的各个阶段简要介绍相关工具实例。

在需求分析与系统设计阶段,软件开发团队通过多种手段收集原始业务需求,通过需求分析予以抽象提炼,转化为可用的需求规格说明,并基于需求规格说明进行系统设计与详细设计。在这一过程中常用的 CASE 工具有面向对象软件设计工具 Rational Rose(基于 UML1.0)、集成建模平台 Enterprise Architect、软件数据模型建模工具 PowerDesigner 等。这些工具通过简化 UML 图的绘制工作,以及强大的模型转换功能(如正向工程、反向工程、数据库模型转化等),大大简化了设计及从设计向编码转化的工作。

在编码阶段,软件开发团队将设计阶段的成果付诸实践,通过编写代码将设计转化为可用的软件实例。早期的编码工作使用文本编辑器进行,然而随着系统规模的扩张,其编码、调试的不便也大大提升。集成开发环境(IDE)通过提供代码高亮、补全,内置调试工具等功能,大大降低了这种不便。同时,前后端开发方式及不断涌现的前端开发框架(如 Vue.js、React、Ionic)和后端开发框架(如 Django、Spring Boot、Flask)允许开发者在短时间内开发出一款完整的软件应用产品。

在测试阶段,测试团队需要进行单元测试、集成测试等。自动化测试工具允许测试人员通过编写测试代码或测试脚本来描述测试用例,并且还可以一次性执行多个测试用例并输出对应的测试结果。自动化测试工具包括 Unit Test、Pytest、Vue Test Utils、JUnit 等,根据不同的编程语言、开发环境或测试目的,测试团队往往需要选择相对适用的测试工具。

如 1.1.3 所述,除主过程外,软件开发过程还包括诸多其他活动,而其中最重要的便是配置管理与项目管理。配置管理通常分为不同模式,每一种模式均有对应工具,较为著名的有 Microsoft VSS、CVS、SVN 等,近年来最常用的为 Git。而项目管理领域最普遍使用的为微软公司开发的 Microsoft Project,该软件提供了强大的项目管理功能,基本能够满足企业级项目管理的全部需要。

除此之外,在软件过程的其他活动中同样存在众多 CASE 工具。但是受到篇幅的限制,在此不再过多介绍,读者可自行搜索相关的内容。

1.2 网络应用程序的开发

1.2.1 网络应用程序

1. 概念

网络应用程序(又称 Web 应用程序)指的是通过浏览器联网来访问的应用程序。

通常,浏览器需要运行一个程序,主要由 HTML、CSS 和 JavaScript 代码组成,用于获取并在用户浏览器上面展示信息,供用户查阅或交互。浏览器在运行程序的过程中,会与服务器不断地通信并交换数据,实现业务操作,例如提交表单、修改密码等。这种通过浏览器和服务器通信来实现完整功能的方法,称为 B/S 架构(Browser/Server,浏览器-服务器架构)。

B/S 架构是 C/S 架构(Client/Server,客户端-服务器架构)的一种改进。在 C/S 架构之中,一款完整的应用是通过客户端和服务器通信来实现的。而在 B/S 架构之中,浏览器将会代替客户端负责和服务器进行通信。

2. 请求和响应

浏览器和服务器的每一次通信,都称为 HTTP 请求(request)或 HTTP 响应(response)。请求和响应通常是成对出现,首先由浏览器发出请求,然后服务器针对浏览器的请求做出响应,这样就完成了一次信息的双向交互,如图 1-2 所示。

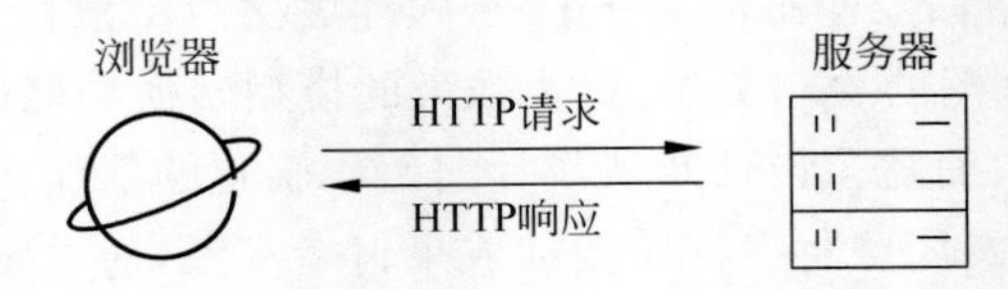

图 1-2 浏览器和服务器之间的信息的双向交互

3. HTTP 请求和响应

浏览器向网络服务器发出的请求为 HTTP 请求,服务器针对 HTTP 请求的响应称为 HTTP 响应。

浏览器在进行 HTTP 请求时，会向服务器发送请求信息。请求信息包含了 3 部分：请求行、请求头和请求体。

(1) 请求行(request line)：描述了请求的方法、版本及协议。

(2) 请求头(request header)：包含了和浏览器环境相关的及和请求体相关的一些信息，例如 Cookie。

(3) 请求体(request body)：包含了请求的正文，例如，POST 请求会把请求的参数放在请求体中。

同样，服务器在进行 HTTP 响应时，也会向浏览器发送响应信息。响应信息同样也包含了 3 部分：响应行、响应头和响应体。

其中，HTTP 请求共有 9 种方法，如表 1-2 所示。其中，最常用的是 GET 和 POST 方法。

表 1-2　HTTP 请求的 9 种方法

请求方法	特　　点
GET	通常用于检索一些信息或是获取内容，例如，搜索内容。GET 方法不建议对服务器的状态造成影响，这个状态可以是服务器上保存的数据。浏览器输入网址获取网页的请求方法就是 GET 方法。 此外，GET 方法比 POST 方法高效，其请求的参数通常附在请求的网络地址之后
HEAD	与 GET 方法类似，只不过在响应的时候服务器会忽略响应体的内容。一般用于获取一些响应头的信息以确定后续请求的方式
POST	通常用于向服务器提交数据，例如，提交表单。与 GET 方法相反，POST 方法可能会改变服务器状态。 此外，POST 方法的请求参数通常放在请求体之中，请求参数的格式根据需求可以有 Form Data 或 JSON 等
PUT	向服务器上传最新的数据以取代旧的内容
DELETE	请求服务器删除 Request-URI 所标识的资源
CONNECT	HTTP 1.1 协议中预留给能够将连接改为管道方式的代理服务器，可以在 SSL 加密服务器连接时使用
OPTIONS	用于试探服务器是否能够正常运作及服务器是否支持某些请求的方式。例如，在某些跨域请求时，浏览器会在发出正式请求前向服务器发送 OPTIONS 请求，以通过请求结果来判断服务器是否支持跨域请求
TRACE	用于询问服务器收到的请求，这样浏览器可以得知信息在到达服务器时被改变了什么内容，主要用于进行测试或诊断
PATCH	用于更改服务器状态。但是请求中只包含需要更改的信息，这样可以节省传输的内容

每个 HTTP 响应都有其状态码(status code)。状态码是一个三位数，表示在请求发出后请求的处理状态。状态码说明如表 1-3 所示。

表 1-3 状态码说明

状态码开头	状态码说明
1	表示请求已经被接收,需要等待请求继续处理
2	表示请求成功。其中常见的是 200,此时响应内容包含了请求所需要的内容
3	表示重定向,需要客户端(服务器)进行进一步的操作才能完成整个请求
4	表示客户端错误。其中常见的是 403、404 和 405。 403:禁止(forbidden)。表示服务器已理解请求,但拒绝执行。可能是权限不足,也可能是其他的原因,服务器通常会在响应体内描述拒绝执行的原因。 404:不存在(not found)。表示请求的资源不存在。 405:方法不允许(method not allowed)。表示请求使用的方法不被服务器所允许
5	表示服务器错误。其中常见的是 500,表示服务器在内部执行处理请求的时候发生了出乎意料的错误,以至于无法完成请求的处理

1.2.2 前端和后端

在 B/S 架构中,前端(front-end)通常指在浏览器上面运行的程序,即由 HTML(网页)、CSS(样式)和 JavaScript(脚本)代码组成的程序。后端(back-end)通常指在服务器上面运行的程序,该程序对外提供接口;每个接口类似于一个服务,允许前端通过 HTTP 请求来使用这些服务;后端在接到请求后,就会向前端做出响应,帮助前端获知服务的结果。

例如,一个用户通过浏览器搜索信息的活动图如图 1-3 所示。

(1) 用户单击搜索按钮后,前端浏览器会开始请求搜索,并在请求中附带了搜索关键词等信息。

(2) 后端服务器接到请求后,根据关键词在数据库搜索对应的内容,并整理好搜索的结果,向前端浏览器发出响应,响应中附带了搜索的结果。

(3) 前端浏览器在获得响应后,根据响应中搜索的结果,将信息展示到网页上,方便用户查看,此时关于搜索的业务完成。

1. 保存用户身份

在前后端通信的过程中,通常需要根据用户的身份来做出不同的响应。例如,用户登录之后,需要查询自己的信息,这时需要后端服务器能够识别出请求发出者的身份。解决这个问题的一个可行的方法是通过 Cookie,Cookie 中保存了用户身份码,会在每次发出请求时自动附在请求信息中,方便后端进行身份识别。

在服务器中,通常可以使用 Session 来保存用户通话信息,包括用户 ID 等。在用户登录时,如果登录成功,后端会创建一个 Session 并保存,然后在响应信息中附上 Set-Cookie 字段,该字段包含了 Session 的 ID。浏览器收到响应后会自动检测 Set-Cookie 字段并将该字段的内容存入 Cookie 中。例如,一个用户登录时浏览器和服务器之间交互的活动图如图 1-4 所示。

在登录后,浏览器每次发出请求时都会附带上 Cookie 字段。后端可以提取该字段的内容,获取 Session ID,然后检索得到 Session,以此来识别用户身份,如图 1-5 所示。

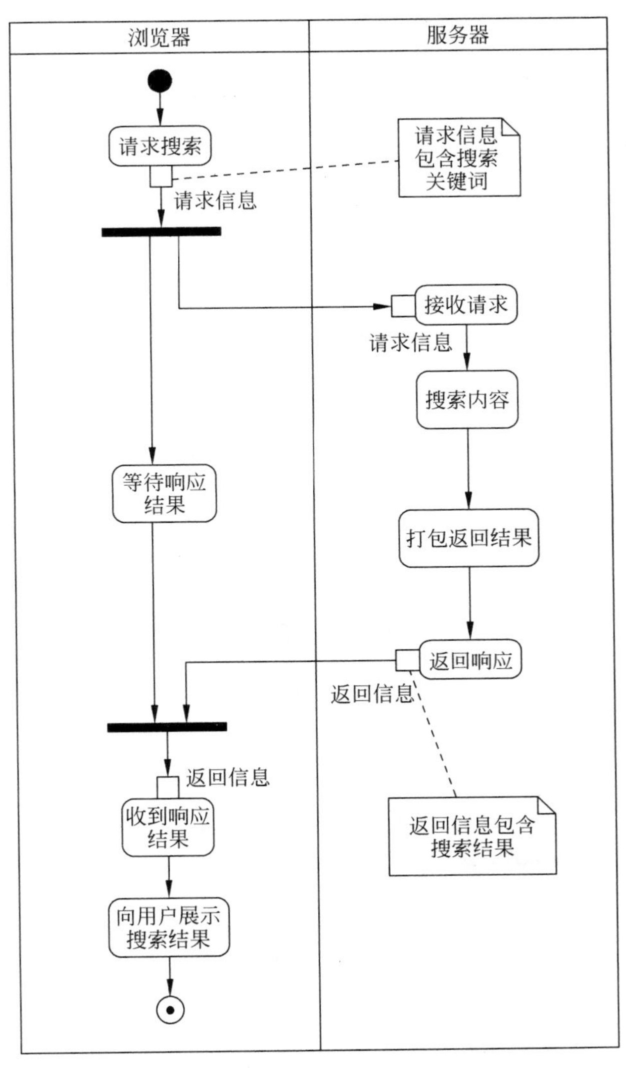

图 1-3　用户通过浏览器搜索信息的活动图

当然，这种方法也有一些缺点，例如，有人猜出了别人的 Session ID，即可操作别人的账号。因此，Session ID 应该经过加密且足够复杂，同时 Session 也应该有一定的有效期，在过期后用户需要重新进行登录，这样才能在一定程度上防止别人破解出 Session ID。

2. 前后端结合开发

细心的读者可能会有疑惑，前端的文件究竟由哪个服务器提供，这就涉及是前后端结合开发还是前后端分离开发了。

当浏览器在地址栏输入一个网址后，浏览器会向该网址发出 HTTP 的 GET 请求。如果响应结果是 HTML 文件，浏览器将会按照 HTTP 代码将内容渲染在浏览器上面，这就是用户平常看到的网页。

在前后端结合开发的过程中，后端服务器也担任了提供前端网页文件的任务。后端

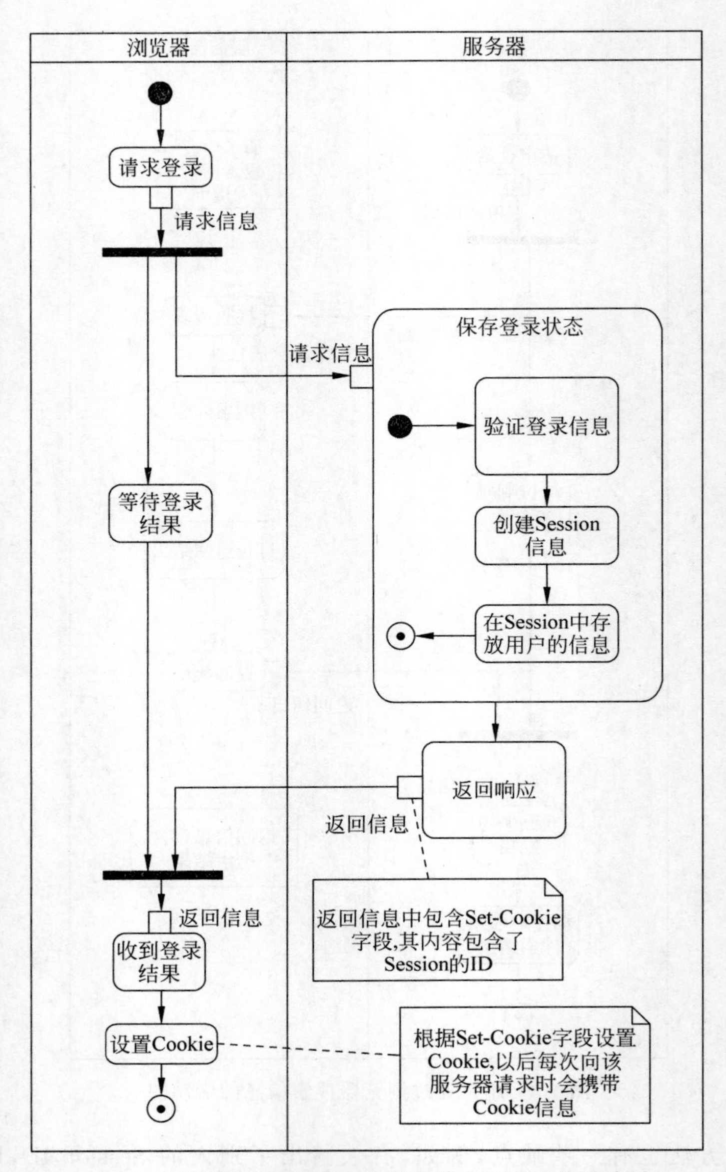

图 1-4　用户登录时浏览器和服务器之间交互的活动图

服务器会根据用户访问的网址,在后端生成一个 HTML 文件,然后返回该文件,如图 1-6 所示。在这种模式下,后端除了需要提供服务接口,还需要渲染并提供网页文件。同时,浏览器可以直接收到一个信息较全的网页,不需要网页做出额外的请求来初始化一些信息。

在开发过程中,由于后端服务器也负责渲染网页文件,因此前后端开发都在同一个程序中进行,称为前后端结合开发。

3. 前后端分离开发

前后端结合开发会带来一个明显的缺点,就是开发的耦合较大。

前后端只需定义好需要和提供的接口,就可以完全分离地进行开发。前端开发者只需

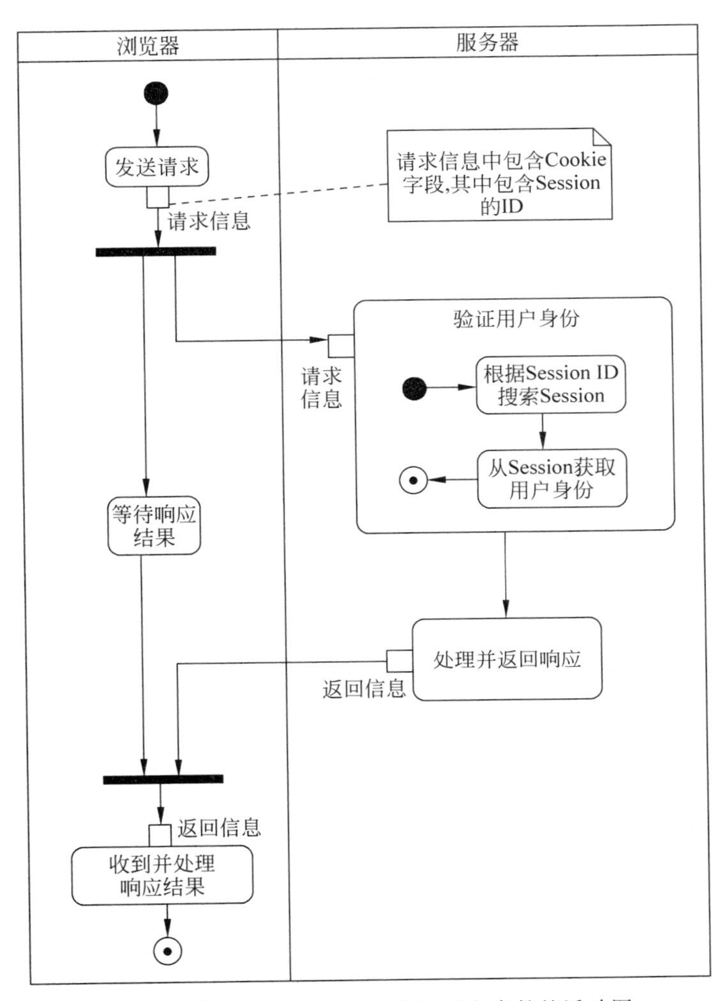

图 1-5 服务器通过 Cookie 验证用户身份的活动图

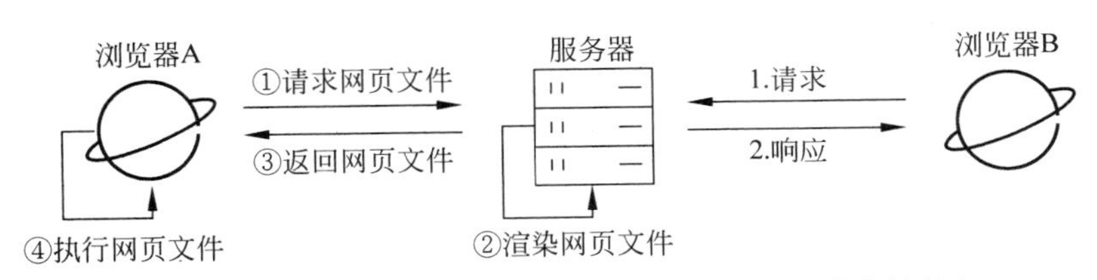

图 1-6 后端服务器同时负责渲染网页和响应业务请求的任务

考虑如何把响应的结果放到网页中,以及如何把用户提交的信息准确地发送给服务器即可。后端开发者只需考虑如何组织服务器的数据,以及实现前端需要的接口来为前端提供必要的信息和业务即可。在这种开发模式下,前后端开发的耦合大大降低。这种模式就称为前后端分离开发。

同时,前后端分离开发还允许将前后端的代码文件分别放置在两个服务器中,前端服务器只需要提供静态的网页文件,后端服务器只需要提供一些必要的接口,如图 1-7 所示。浏览器可以从前端服务器收到网页文件,这个网页文件内容通常是不完整的。浏览器在执行

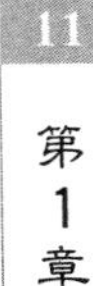

该网页文件的脚本(JavaScript 代码)时,会向后端服务器请求初始化所需要的信息。JavaScript 会将响应的信息填充到页面上,这样就形成了一个完整的页面。

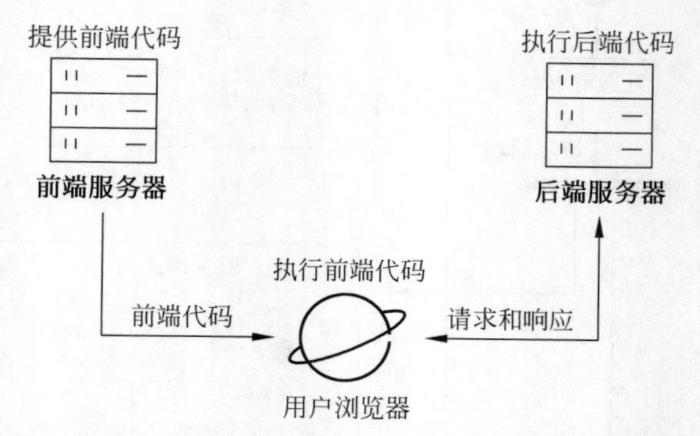

图 1-7 前端服务器只需要提供静态的网页文件,后端服务器只需要提供一些必要的接口

注意 前端服务器始终没有执行前端的代码文件,前端的代码文件是由用户浏览器执行的,前端服务器只是起到提供前端代码文件的作用。而后端服务器会执行后端代码文件,以向外界提供业务相关的接口和服务。

当然,前后端代码文件也可以放置在同一个服务器上。在这种情况下,后端服务器不需要渲染网页,直接返回前端开发者编写好的网页文件即可。

在本书后续的例子中,都将采用前后端分离开发模式。

1.3 “论文检索系统”案例介绍

本书所有章节实验均以同一案例——“论文检索系统”为基础,以保障各阶段实验的连贯性和一致性。下面对案例做简要介绍。

1.3.1 项目背景

随着学术交流需求的提升,论文的发布与分享成为了学术促进发展的一种主流的方式。然而,论文的发布与分享需要一个强大的系统支撑,提供包括搜索、学者认证、论文引用数统计等服务,允许学术科研人员在系统上高效地搜索和公开学术成果,并且保证他们的版权。考虑到这种情况,需要建立一个“论文检索系统”,为学术交流活动提供便利。

1.3.2 需求说明

根据需求调研的结果,系统的使用者主要包括检索学术文献的用户与管理和维护系统后台的管理员。前者应能够通过系统自由检索,找到所需的学术文献或感兴趣的学者。后者应能够管理系统后台,能够更新学术文献和学者信息。系统还应针对学术文献的内容主题提供学科领域分类,使用户可以通过感兴趣的领域来分类检索相关文献,并可以结合领域的论文量等数据了解当下的热门领域。除此之外,系统应提供学者关系网络,系统的用户能够根据感兴趣的学者的关系网络找到类似的学者或领域,拓宽检索同领域学者的渠道。

1.3.3 系统要求

“论文检索系统”所面向的用户群体主要为PC端用户，为保障便捷性，系统应该为Web应用。由于用户所使用设备分辨率各有不同，系统应保障在不同分辨率下均能提供友好的交互服务。系统适用范围遍布全国，但使用人员大多是科研机构的工作人员及在校大学生。在此基础上，应保证即便出现可能发生的最大同时访问量，系统仍然能够正常运转，响应时间应在可接受范围内。除此之外，系统还应在安全性、可靠性上予以保障，不应出现数据丢失、隐私泄露等事故。

1.4 小结

本章对软件工程的基本概念与发展、软件生命周期各个阶段的活动及软件生命周期模型予以讲解，介绍了软件生命周期各阶段常用的CASE工具。此外，本章也对Web应用、HTTP请求和前后端进行了一定的介绍。最后，本章介绍了“论文检索系统”案例的需求和相关的内容，该案例将成为本书演示所使用的项目。

1.5 习题

思考题

1. Web应用与其他的客户端应用相比，具有哪些优势和劣势？

2. 如果用户需要在Web应用上注册一个账号，浏览器和服务器之间的交互活动大概是怎样进行的？

1.6 参考文献

[1] BOEHM B. A view of 20th and 21st century software engineering[C]//Proceedings of the 28th international conference on Software engineering. 2006: 12-29.

[2] Software engineering-Wikipedia[EB/OL]. [2022-3-12]. https://en.wikipedia.org/wiki/Software_engineering.

[3] BOURQUE P, DUPUIS R. Guide to the software engineering body of knowledge[J]. Swebok Guide to the Software Engineering Body of Knowledge, 2004, 16(6): 35-44.

[4] ISO/IEC/IEEE 24748-3: 2020(E), ISO/IEC/IEEE International Standard-Systems and software engineering-Life cycle management-Part 3: Guidelines for the application of ISO/IEC/IEEE 12207 (software life cycle processes)[S]. 2020.

[5] Hypertext Transfer Protocol-Wikipedia[EB/OL]. [2022-3-12]. https://en.wikipedia.org/wiki/Hypertext_Transfer_Protocol.

[6] MCDERMID J, ROOK P. Software development process models[M]//Software Engineer's Reference Book. Butterworth-Heinemann, 1993, 15: 26-28.

第2章　项目管理工具 Microsoft Project

2.1　概　　述

Microsoft Project(简称 Project)是由微软公司开发的项目管理软件,主要用于协助项目经理制订项目计划、资源分配、进度跟踪、预算管理等工作。Project 能根据关键路径法制订项目任务的日程安排,并通过任务进度可视化,允许项目管理人员通过图表来查看项目的进展,分析项目任务关键路径。

Microsoft Project 的主要功能点如下。

(1) 关键路径管理:Project 可以基于关键路径法生成工作计划,将项目分解成为多个独立的活动,并确定活动的工期、开始时间、结束时间及活动间的依赖关系。

(2) 可视化任务管理:在 Project 中,项目任务计划以甘特图表示。

(3) 企业级资源管理:Project 提供了面向企业级用户的资源管理功能,允许项目经理定义企业资源,并将资源分配给企业的不同项目。资源包括人力资源、设备资源与经济资源等。

(4) 成本估算:Project 能够根据资源消耗率与任务量自动估算出项目在任意时间产生的资源消耗。项目管理人员可以以此为凭据估算项目成本,以调整各个任务所占用的资源配给,降低整体项目消耗。

(5) 任务报表管理:在 Project 中,团队成员可以按照预设格式获取或提交工作报表,并将所获得的报表合并到项目状态报表中。

本章以 Microsoft Project 2021 为例,对使用 Project 绘制甘特图进行介绍。

2.2　基本操作

2.2.1　界面说明

在进入 Project 后,选择新建一个空白项目,即可进入主操作界面,如图 2-1 所示。

Project 操作界面分为功能区和主视图。

(1) 主视图:用于呈现不同视角下的项目视图,默认情况下会包括甘特图和日程表两个视图。

(2) 功能区:包含了一系列操作,主要分为任务、资源、报表、项目、视图等。

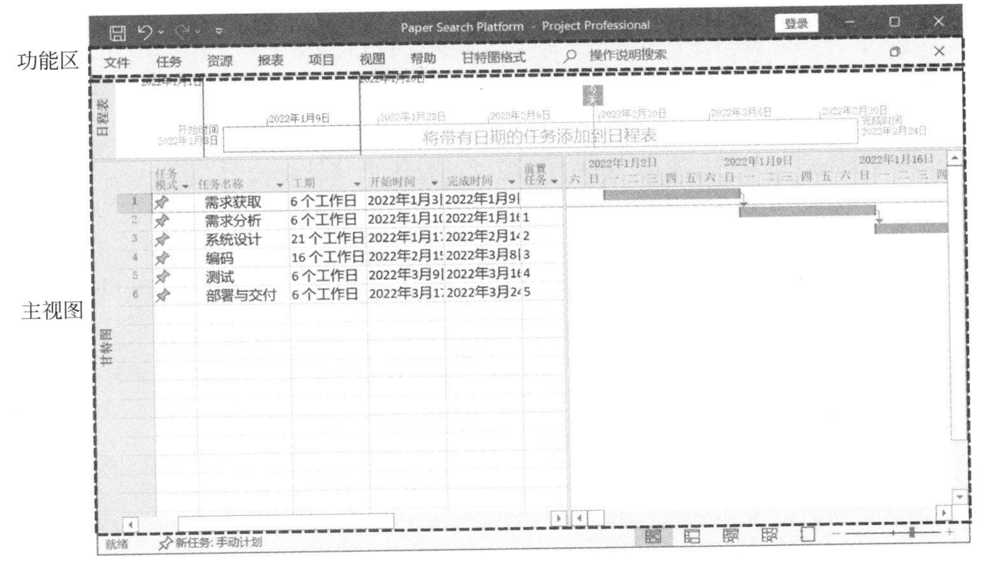

图 2-1　主操作界面

2.2.2　视图

在 Project 中，项目管理工作的任务和资源等数据可以通过不同视图呈现，并集中以某种视角向用户呈现特定的数据。

Project 提供了多种不同的视图，主要有日程表、甘特图、任务分配状况、网络图、日历等，在功能区的“视图”中可以进行视图的切换，还可以将这些视图组合，共同显示更多的信息。在本章中，仅需要使用甘特图和日程表。

在“视图”中，单击“甘特图”按钮可以在主视图中打开甘特图视图；勾选“拆分视图”中的“日程表”复选框，可以在主视图中打开日程表；在主视图中选中某个视图后，单击“窗口”→“隐藏”选项，可以隐藏该视图。上述的操作如图 2-2 所示。

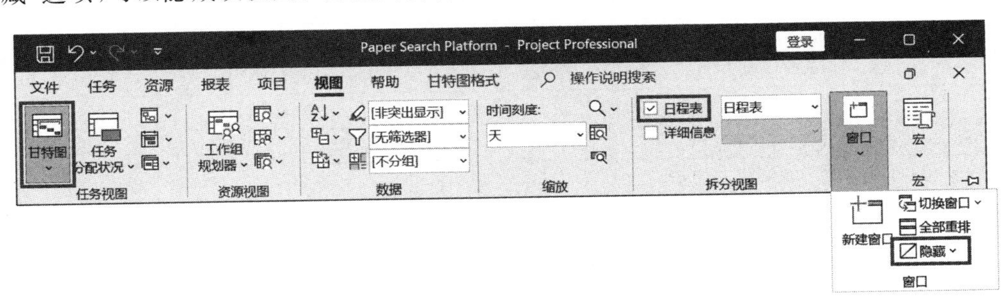

图 2-2　切换视图操作

2.2.3　日程表

日程表能够提供以图形化的界面编辑甘特图的可见范围。拖动日程表深色框的位置可以改变甘特图的视野区域，改变深色框大小可以调整甘特图的视野大小。

2.2.4 甘特图

甘特图视图主要包含左侧的工作表与右侧的图表,如图 2-1 所示。该视图主要用于完成以下工作。

(1) 通过添加任务,并对所添加的任务进行调整来创建一个项目。

(2) 通过调整任务的前置任务,明确任务与任务之间的依赖关系,决定关键路径并采取相应情况下的决策。

(3) 对任务进行拆分,将单项任务拆分成多份,分派到不同时间段完成;还支持实时跟踪任务进展,以百分比来表示。

甘特图视图中工作表的结构与 Microsoft Excel 的表格类似,包含各项任务的基本信息,例如,任务模式、任务名称、工期、开始时间、完成时间、前置任务等。

(1) 任务模式:设置任务为自动计划还是手动计划。

(2) 工期:计算完成任务所需的工作日。

(3) 前置任务:前置任务的序号,用英文逗号隔开。

甘特图视图中的图表则使用甘特图呈现工作表中的任务信息,用户从甘特图中可直观地看到任务的起止时间及任务间的依赖关系。左侧的工作表与右侧的图表共享数据,修改任何一侧的数据后,另一侧的信息会立刻发生相应的变化。

2.3 绘制“论文检索系统”的甘特图

以“论文检索系统”为例,本章将对使用 Project 绘制甘特图的方法进行介绍。该项目的工期约为 6～7 个月,根据工期限制与团队讨论,确定了大致的项目任务规划,如表 2-1 所示。其中,由于交付软件后的维护时间相对模糊,所以在这里略去。

此外,工作日确定为**每周的周一至周六**,周日和国家法定节假日为休息时间。

表 2-1 项目任务规划

任务编号	任务名称	开始时间	预计工期	前置任务编号
1	需求调研与获取	2021-01-03	10 工作日	无
2	技术调研	2021-01-03	15 工作日	无
3	需求分析	/	15 工作日	1
4	技术选型	/	5 工作日	2、3
5	界面设计	/	5 工作日	3
6	系统设计	/	10 工作日	4
7	接口设计	/	5 工作日	5
8	数据库设计	/	5 工作日	6、7
9	编码	/	30 工作日	5、6、7、8
10	单元测试	/	15 工作日	9
11	集成测试	/	10 工作日	10
12	Alpha 测试	/	5 工作日	11
13	Beta 测试	/	5 工作日	12
14	部署	/	5 工作日	13
15	文档整理与交付	/	5 工作日	14

Project 会自动计算开始时间和完成时间。在最终确定计划前，你可能会根据绘制出来的甘特图对计划内容进行调整。但在本章中不再演示调整的过程，直接以最终的计划来绘制。

2.3.1 设置项目信息

设置项目信息包括设置项目开始时间及设置工作日时间。

(1) 在功能区单击“项目”→“项目信息”按钮，打开“项目信息”窗口，如图 2-3 所示。

图 2-3 打开“项目信息”窗口

(2) 设置项目的开始时间，并单击“确定”按钮保存项目信息设置，如图 2-4 所示。

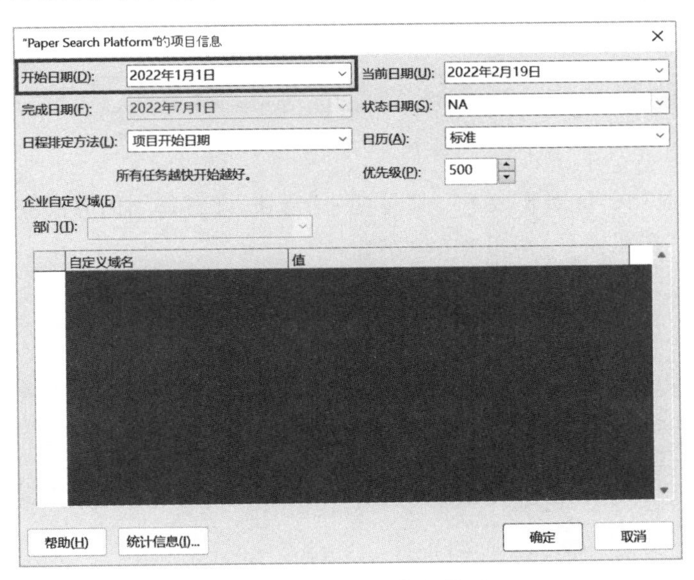

图 2-4 保存项目信息设置

(3) 在功能区单击“项目”→“更改工作时间”按钮，打开“更改工作时间”窗口，如图 2-5 所示。

图 2-5 打开“更改工作时间”窗口

(4) 单击“选项”按钮,如图 2-6 所示。

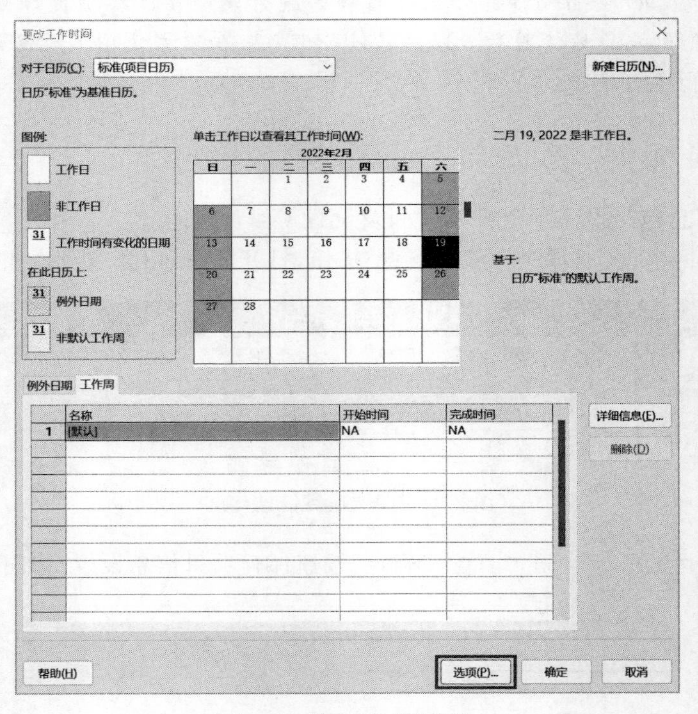

图 2-6 单击“选项”按钮

(5) 单击“日程”→“每周开始于”→“星期一”选项,设置每周的时间安排开始于星期一,单击下方的“确定”按钮保存,如图 2-7 所示。

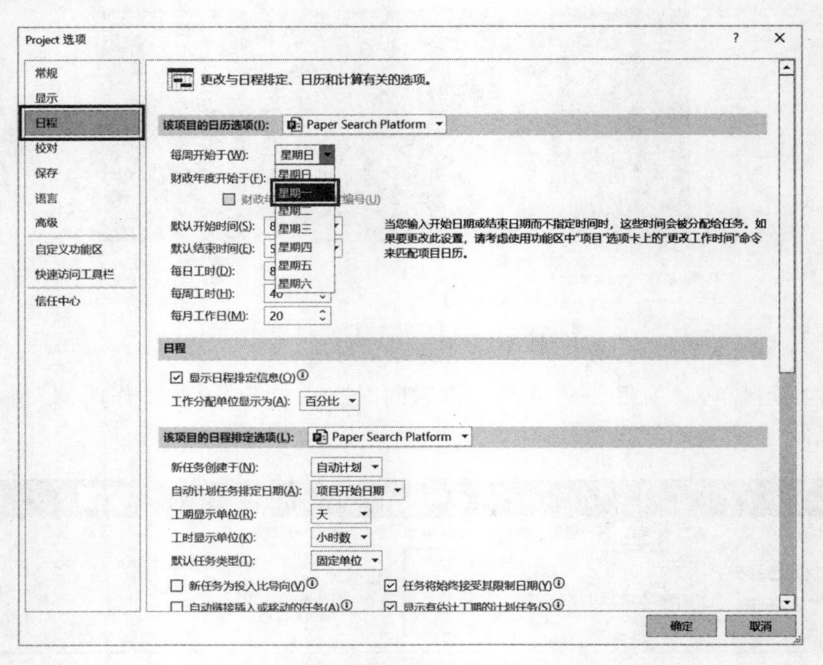

图 2-7 设置每周的时间安排开始于星期一

（6）在“更改工作时间”窗口下方的“工作周”标签页中，选中第一行“[默认]”，单击“详细信息”按钮，设置“[默认]”工作周的安排，如图 2-8 所示。

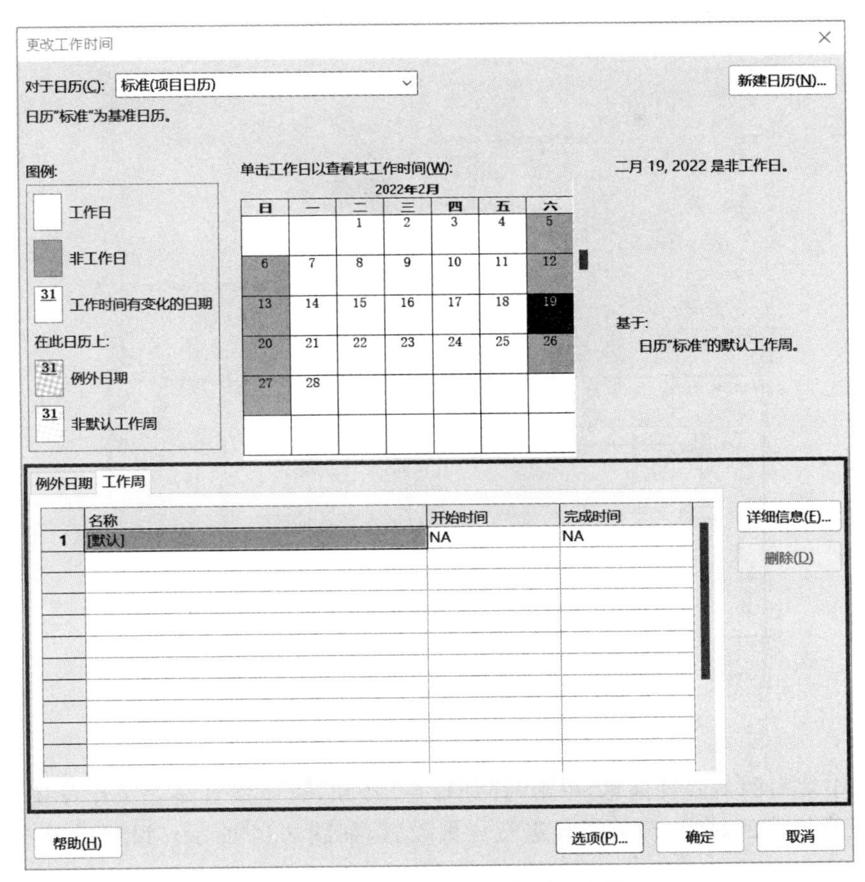

图 2-8　设置“[默认]”工作周的安排

（7）单击“星期日”选项，选中非工作日（按住键盘的 Ctrl 键后单击选项可选中多个），然后再选择“将所列日期设置为非工作时间”单选按钮，单击“确定”按钮保存，如图 2-9 所示。

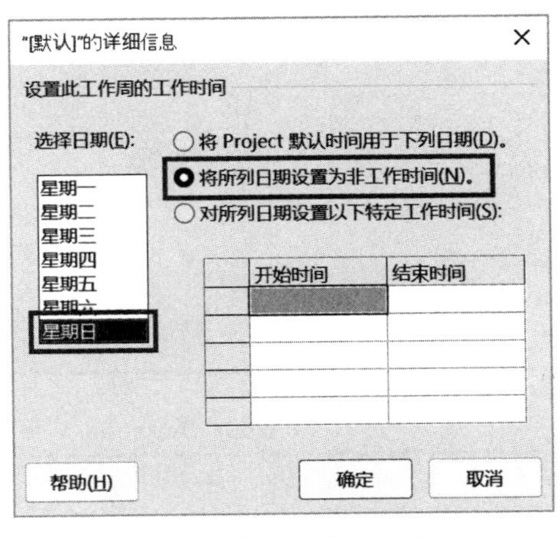

图 2-9　设置工作日信息

(8) 在“更改工作时间”窗口,单击“例外日期”按钮,在下方的表格中填写节假日及节假日调休的名称,设置节假日信息,如图 2-10 所示。

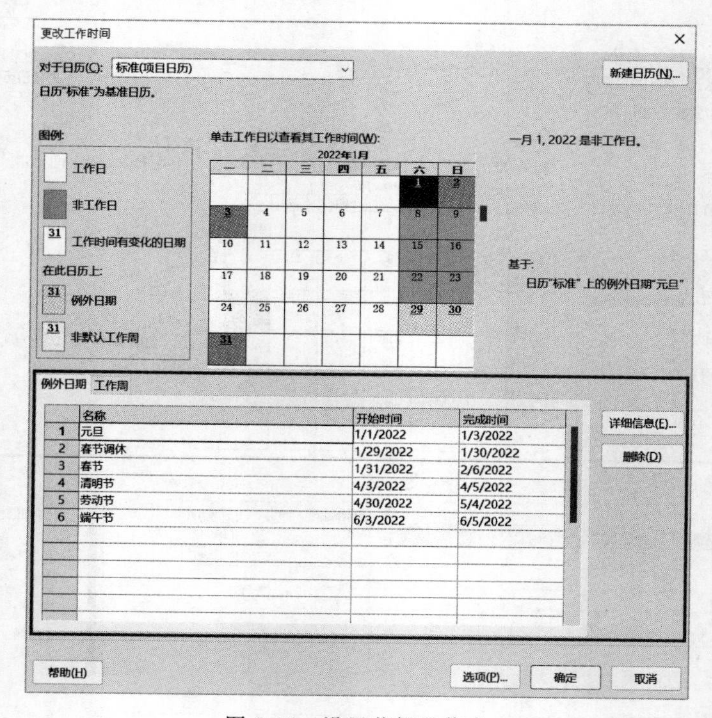

图 2-10　设置节假日信息

(9) 选中填写的节假日信息,单击“详细信息”按钮,可以设置是非工作日还是调休(工作时间),以及具体的时间,对节假日进行详细设置,如图 2-11 所示。设置后单击“确定”按钮保存。

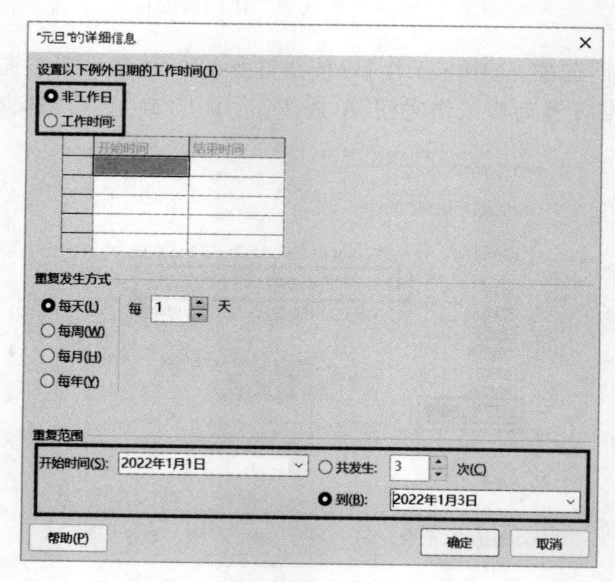

图 2-11　对节假日进行详细设置

2.3.2 输入计划内容

单击窗口左下方按钮，设置为“新任务：自动计划”，在该模式下，新创建任务的任务模式默认为“自动计划”，系统会自动计算任务的时间；然后，根据表 2-1 的任务名称、工期和前置任务，将对应内容输入到主视图的表格中，如图 2-12 所示。Project 会根据工期和前置任务自动计算开始时间和完成时间。

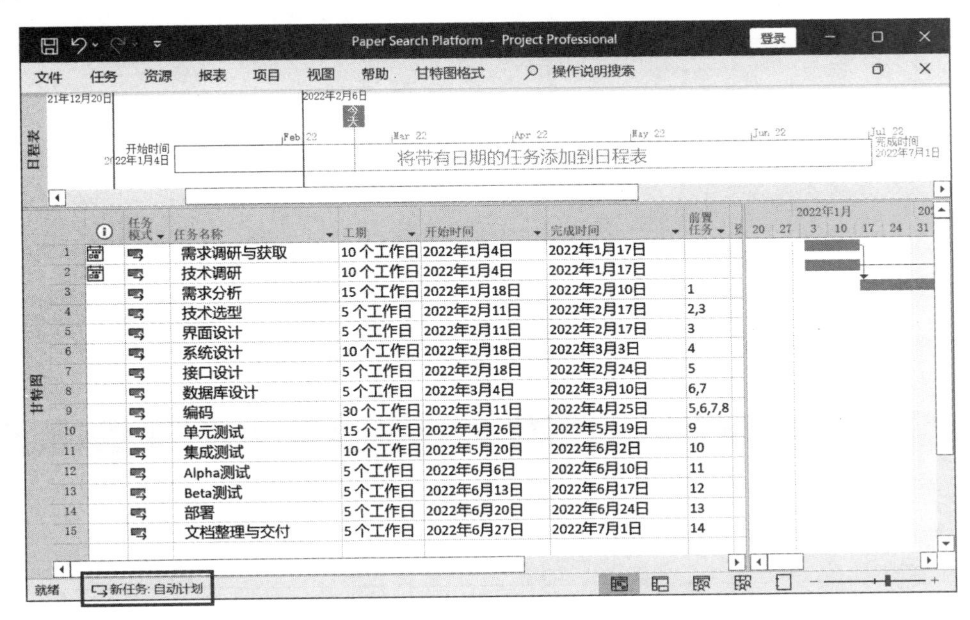

图 2-12 输入计划内容

除了直接在表格中输入任务名称来新建任务，还有两种方法可以在甘特图中新建一个任务。

(1) 双击工作表中的空白行打开“任务信息”窗口。在窗口中设置任务名称与相关的信息，单击“确定”按钮保存设置，完成任务创建。

(2) 在图表上的任意时间点按下鼠标左键，拖动光标至另一时间点，完成任务创建。

此外，在“任务信息”窗口中可以直观且快速地对任务进行设置，如图 2-13 所示。

提示 如果需要创建子任务，可以先选中工作表中的任务，然后单击菜单栏中“任务”→“升级任务”或“降级任务”按钮来调整任务的层级，如图 2-14 所示。

提示 如果需要设置更高级的任务约束条件，如 FS 等，可以前往网格视图进行设置。由于篇幅限制，本书不再进行具体讲解。

在填写任务后，Project 会自动将任务绘制在图表中。除了可以在工作表中继续对任务进行调整，还可以直接在图表中拖动时间条来修改任务的时间，并且两侧窗口中的任务信息始终会保持一致。

最后，通过日程表来调整甘特图视野大小可以看到清晰且直观的甘特图，如图 2-15 所示。

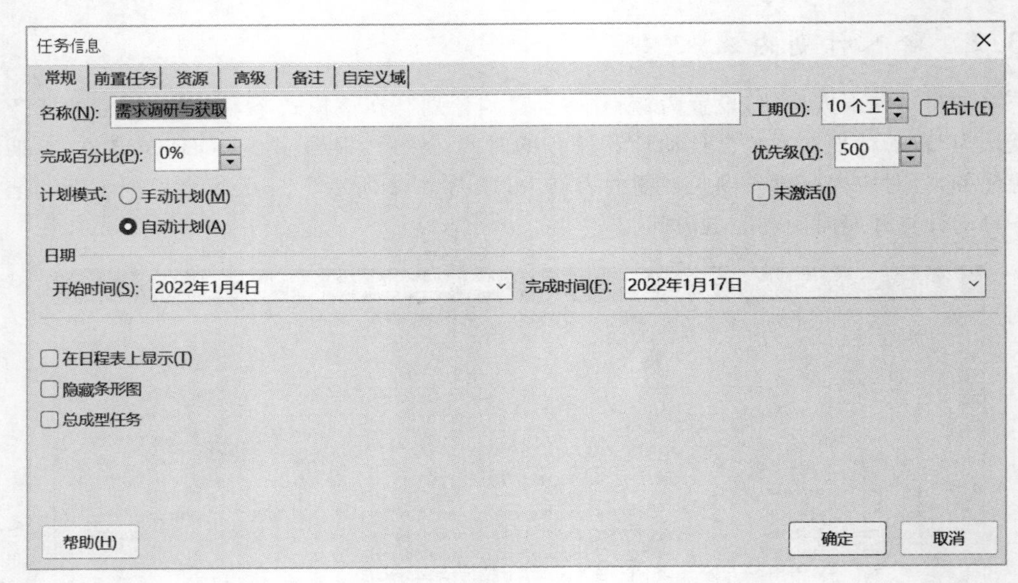

图 2-13　在"任务信息"窗口中对任务进行设置

图 2-14　调整任务的层级

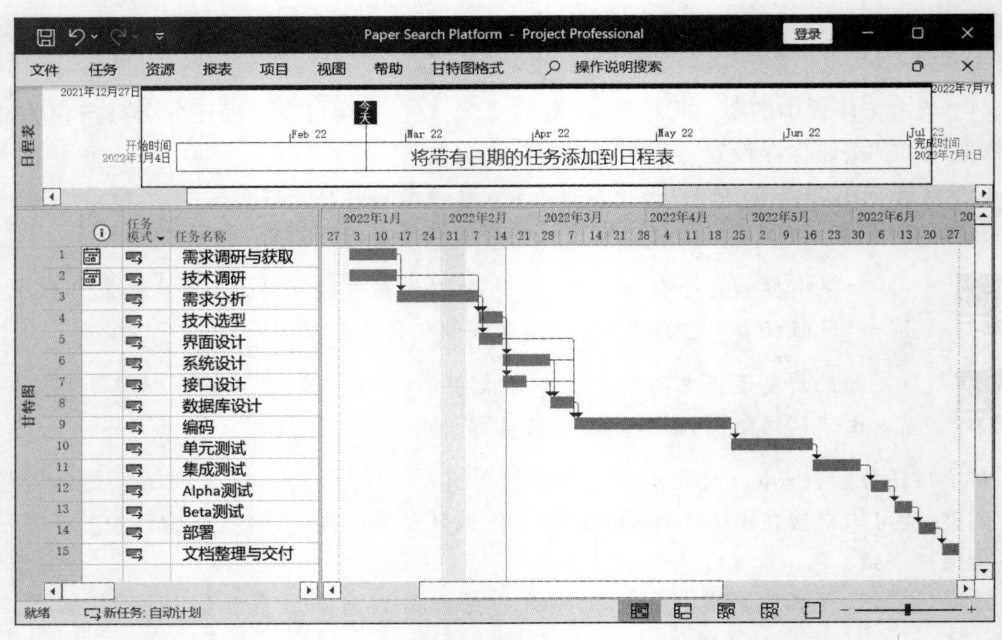

图 2-15　通过日程表调整甘特图视野大小并查看甘特图

2.3.3 审查任务进度

在项目进行过程中，项目管理人员需要经常审查项目的当前状况，包括资源使用情况、任务进度、成本消耗等。若出现成本消耗过多、任务进度迟缓或资源分配过度等情况，需要及时对任务进行调整，以保证项目能够顺利进行。

在工作表中选中所有任务或部分任务，选中功能区的“任务”→“跟踪时标记”选项，如图 2-16 所示。系统将自动根据当前日期与被选中任务的起止日期计算完成百分比。

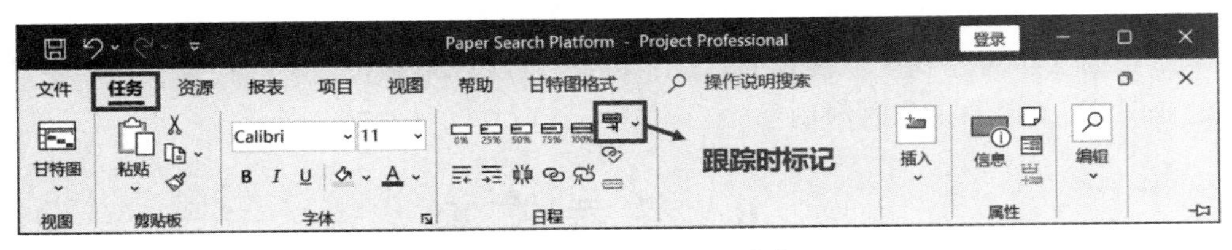

图 2-16 “跟踪时标记”功能

此外，项目管理人员也可以手动设置任务进度，比例以 25% 为一个档位，如图 2-17 所示。利用这些工具，可以及时更新甘特图中任务的完成进度，以此来实现对任务的跟踪。

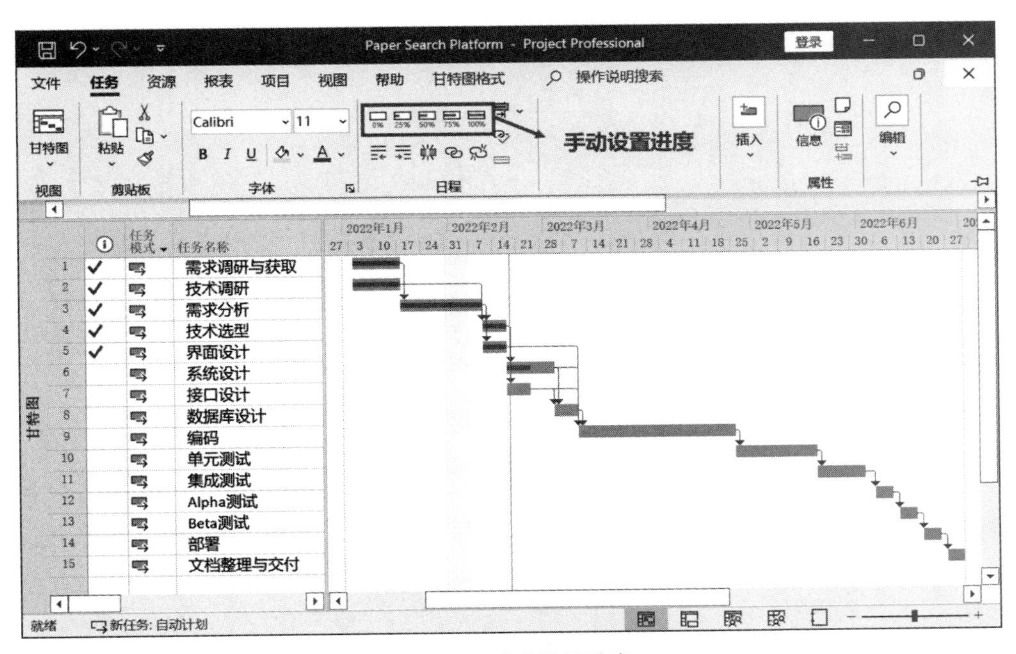

图 2-17 手动设置进度

2.4 小结

本章介绍了 Microsoft Project 的部分功能、基本的操作及如何使用该软件绘制甘特图并跟进项目进度。

Microsoft Project 作为当前项目管理领域一款流行且强大的管理工具，为企业与团队提供了强大的任务与资源管理功能。其提供的多种视图以可视化的形式呈现了项目、任务和资源等数据,使用户可以以多种视角便捷地对项目的状态进行管理。

2.5 习 题

思考题

结合本章对 Microsoft Project 的了解,思考使用该软件能够为项目管理带来哪些便利。

实验题

本章中的工作时间制度强度较低,请结合自己的实际情况,重新安排“论文检索系统”的项目起止时间、工期和工作时间制度。

2.6 参 考 文 献

[1] Microsoft Project [EB/OL]. https://www.microsoft.com/zh-cn/microsoft-365/project/project-management-software, 2022-3-9.
[2] 项目管理指南[EB/OL]. https://support.microsoft.com/zh-cn/office, 2022-3-9.

第3章 集成建模平台 Enterprise Architect

3.1 概 述

3.1.1 统一建模语言 UML

统一建模语言(unified modeling language,UML)是一个支持模型化和软件系统开发的图形化语言,为软件开发的所有阶段提供可视化、规范制定、对象构建和文档编写支持,是面向对象的分析与设计方法的一个产物。

UML 提供了一种标准的方式来描述系统的设计图,既包括概念方面,也包括具体事务。根据 UML2.5 的定义,UML 图可根据树形结构分为 14 种,如图 3-1 所示。

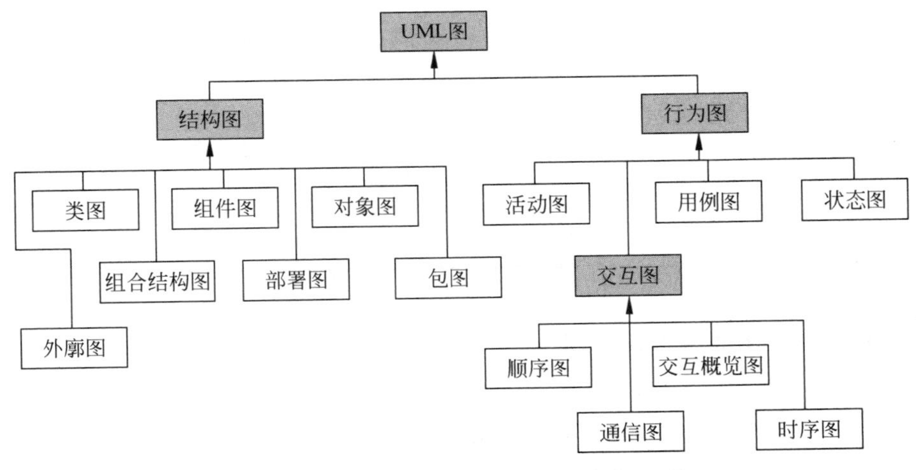

图 3-1 UML 图可根据树形结构分为 14 种

其中,结构图、行为图和交互图介绍如下。

- 结构图(structure diagram):描述了系统中的静态结构。
- 行为图(behavior diagram):描述了系统中对象的动态行为,包括它们的方法、协作、活动和状态历史。
- 交互图(interaction diagram):属于行为图,描述对象的生命线及对象间的消息传递,根据不同的侧重点或结构,具体可细分为 4 种类型。

UML 的 14 种图的简要描述如表 3-1 所示。

表 3-1　UML 的 14 种图的简要描述

UML 图名称		UML 图描述
结构图(structure diagram)	类图(class diagram)	描述系统的类和接口,包括类、接口间的关系及类、接口的内部结构
	组件图(component diagram)	通过组件及组件间的接口和关系描述了软件系统的结构和组件间的依赖关系
	对象图(object diagram)	描述一组对象和对象间的关系
	组合结构图(composite structure diagram)	描述某一部分的内部结构,包括该部分与系统其他部分的交互点
	部署图(deployment diagram)	描述硬件设备和软件构件的物理架构
	包图(package diagram)	描述了包及包元素的组织关系。包图将系统划分为多个部分,方便进行描述
	外廓图(profile diagram)	描述为特定领域或系统的 UML 模型的通用扩展机制
行为图(behavior diagram)	活动图(activity diagram)	描述系统或软件执行的一系列操作或业务工作流程中发生的事件
	用例图(use case diagram)	利用参与者、用例及之间的关系描述了系统的需求
	状态图(状态机图)(state machine diagram)	描述一个实体在某个事件下可能的状态与状态的变化情况
	顺序图(sequence diagram)	一种交互图,描述一个用例的具体行为,侧重于消息在生命线间的传递
	交互概览图(interaction overview diagram)	一种交互图,描述交互逻辑,其中的消息和生命线都被抽象出来。类似于一种高级的活动图
	通信图(communication diagram)	一种交互图,描述生命线的消息传递,侧重于对传递消息的描述
	时序图(timing diagram)	一种交互图,描述消息在不同对象间传递的时间信息

3.1.2　Enterprise Architect

Enterprise Architect(简称 EA)是由 Sparx Systems 公司开发的,基于 UML2 的可视化模型与设计工具,提供了对软件系统的设计和构建、业务流程建模和基于领域建模的支持。

本章将利用 EA(版本 15.2)介绍如何使用该工具绘制包括用例图、类图、顺序图等在内的常见的 UML 图。读者可前往官方网站(https://sparxsystems.cn/products/ea/)下载 EA 的试用版本。

3.2　基本使用

3.2.1　操作面板介绍

启动 EA 后,可以看到主界面,如图 3-2 所示。EA 的界面主要分为 5 个部分:菜单栏、浏览器窗口、主视图、特性窗口和笔记窗口。

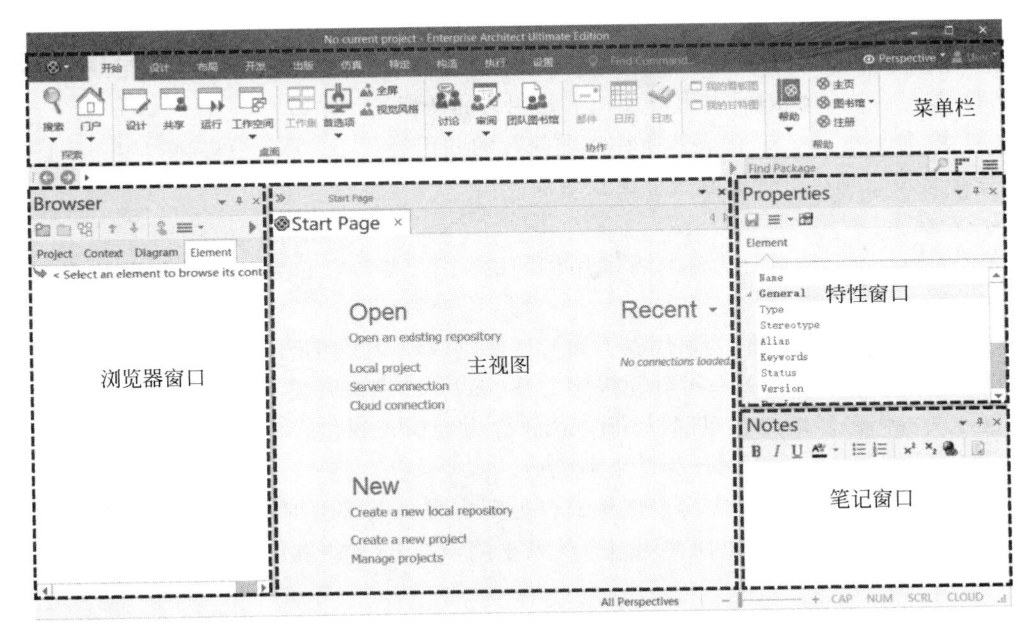

图 3-2　EA 主界面

3.2.2　创建一个 EA 项目

单击左上方 EA 图标后再选择“新建项目”选项，如图 3-3 所示。在选定保存项目的位置后单击“保存”按钮，即可创建一个 EA 项目。创建完成后，EA 会自动进入新的项目。

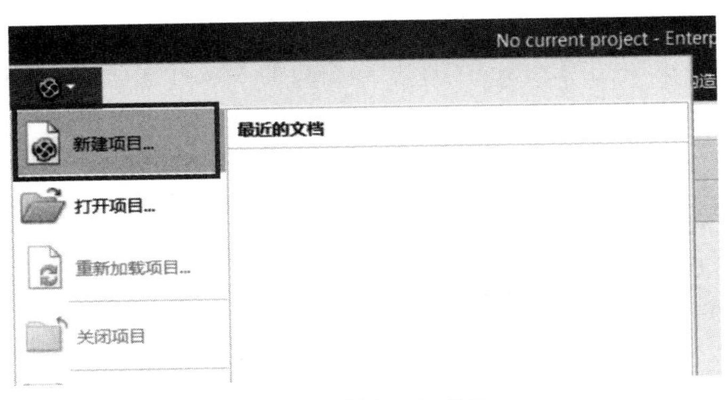

图 3-3　创建 EA 项目

3.3　绘制“论文检索系统”的用例图

3.3.1　基本概念

用例图在基于主题下利用参与者、用例及之间的关系描述了系统的需求。用例图中包括了主题、参与者、用例，以及之间的关系。

1. 基本元素

(1) 主题(subject):代表正在考虑中的、即将要实现的系统;主题规定了系统范围。

(2) 参与者(actor):代表用户及和主题相关的任何其他系统。

(3) 用例(use case):代表其所在主题执行的一组行为,这个行为将会产生一个该主题的参与者或其他涉众的有价值的可观察结果。

2. 关系

关系(association)可分为参与者和用例间的关系、参与者和参与者的关系及用例和用例间的关系。

(1) 参与者和用例间的关系代表了参与者使用或涉及了用例的活动。

(2) 用例和用例间的关系可分为包含关系(include)和拓展关系(extend)。

包含关系代表了被包含用例(addition)的行为会插入到包含用例(including case)的行为中,这段行为会在包含用例行为结束前完成。

包含关系创建的目的是在多个用例的行为间出现公共部分时使用,这个公共部分会被提取到一个单独的用例中,以便使用包含关系重用该部分(因此被包含用例要依赖于包含用例才会有意义)。

拓展关系代表了拓展用例(extension)的行为在什么时候才会插入到被拓展用例(extended case)的行为中,这段行为作为被拓展用例行为的增量而出现。

与包含用例相反,被拓展用例的定义独立于拓展用例,其本身是具有意义的,而拓展用例单独存在时不一定会有意义。

(3) 参与者之间或用例可以存在泛化关系(generalization),表示存在继承;通常,考虑到泛化关系的强耦合,用例间基本不使用泛化关系。

3.3.2 创建用例图

(1) 在EA项目中,右击Browser(浏览器)窗口的Model选项,单击Add View选项,创建一个视图,如图3-4所示。

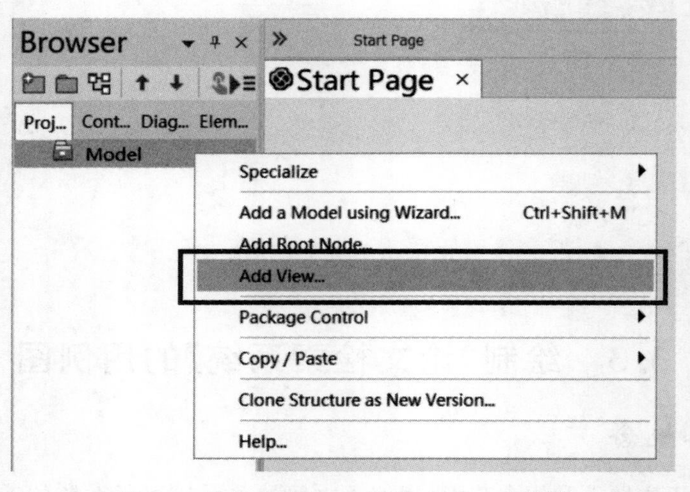

图3-4 单击Add View选项,创建一个视图

（2）创建的视图成为一个包，在弹出的 New Package 对话框中对包进行设置，如图 3-5 所示。

① 给包进行命名，这里命名为“用例图”。

② 单击右侧按钮，选择 Use Case 选项。

③ 选择 Create Diagram 单选按钮。

④ 单击 OK 按钮确认。

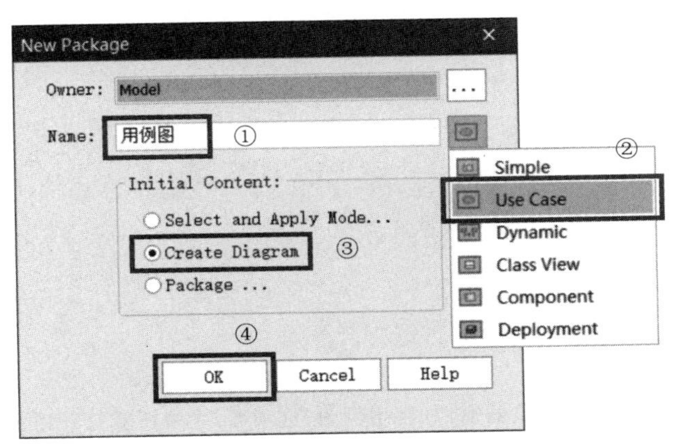

图 3-5　对包进行设置

（3）选择图的类型：单击“UML 行为”→Use Case→OK 按钮确认，如图 3-6 所示。

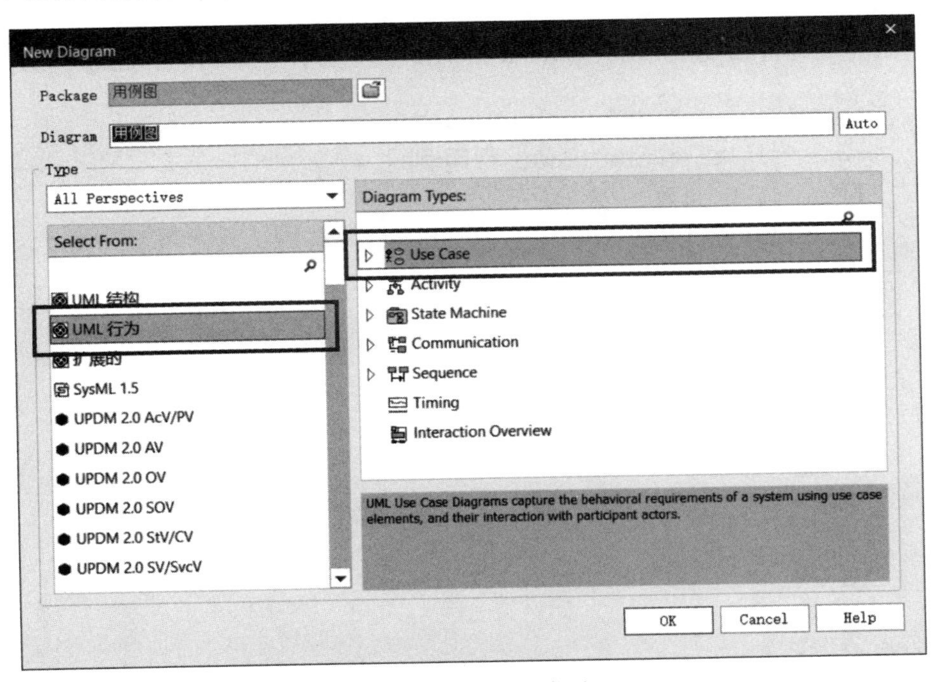

图 3-6　选择图的类型

（4）双击浏览器窗口的“用例图”选项后，主视图会打开用例图，如图 3-7 所示；单击左上方的右箭头，可以打开用例图的 Toolbox（工具箱），里面包含了用例图的元素。

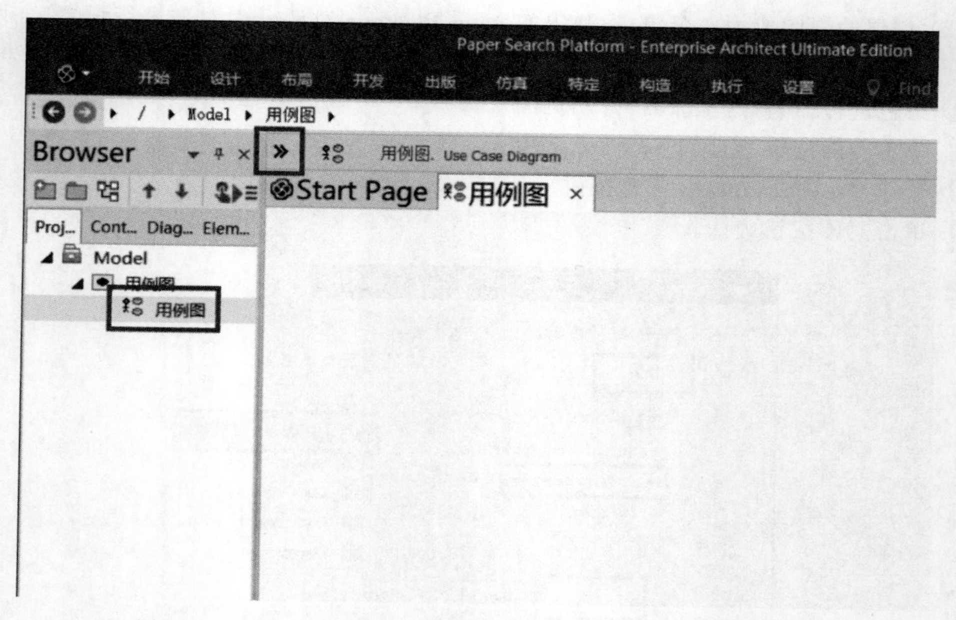

图 3-7　双击浏览器窗口的"用例图"选项后,主视图会打开用例图

3.3.3　绘制用例图元素

1. 主题

(1) 选择工具箱的"边界"工具,如图 3-8 所示,在主视图空白处单击,创建一个主题。

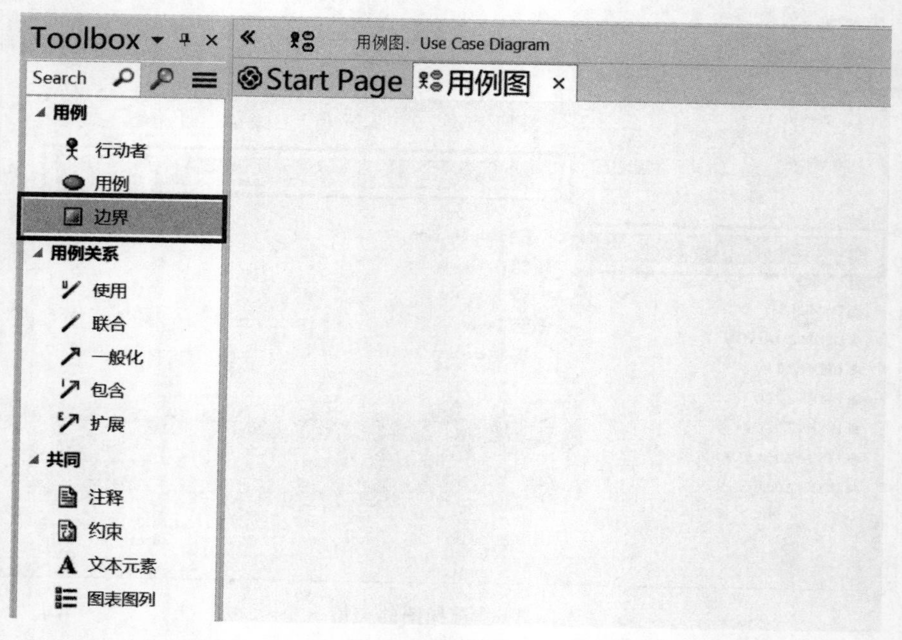

图 3-8　创建一个主题

(2) 给元素命名为"论文检索系统",单击空白处即可创建完成,如图 3-9 所示。

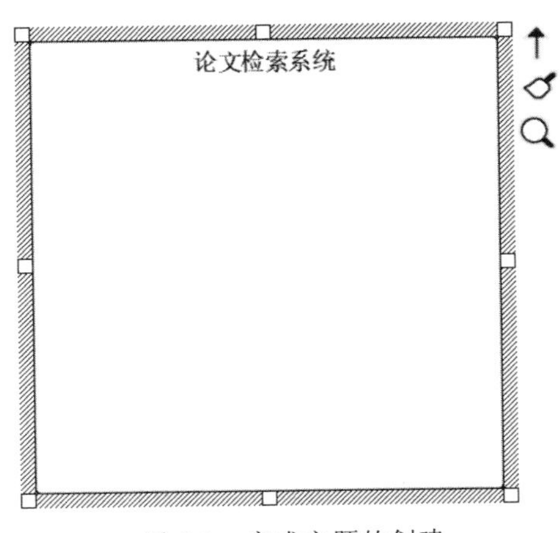

图 3-9　完成主题的创建

拖动主题的边框，可以改变边界的大小；将其他元素拖动到边界中，可以加入该主题，移动主题时其中的元素会一起移动。

2. 行动者

(1) 选择工具箱的“行动者”工具，如图 3-10 所示，在主视图空白处单击，创建一个行动者。

(2) 给元素命名为“用户”，单击空白处即可创建完成，如图 3-11 所示。

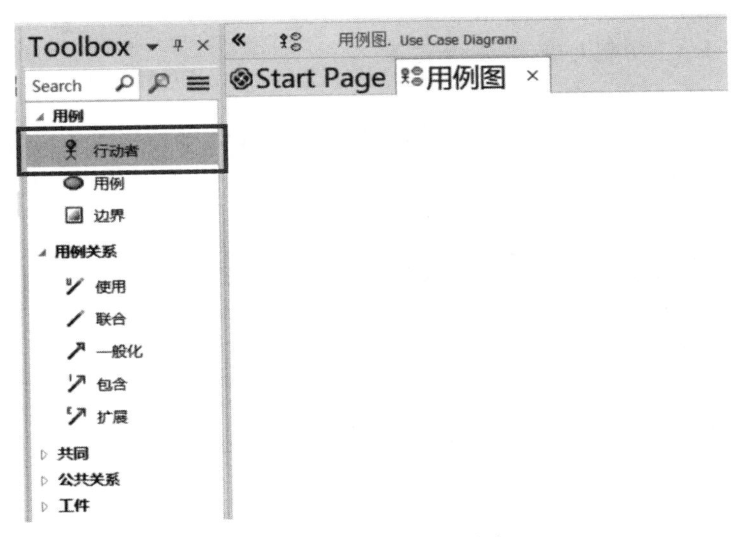

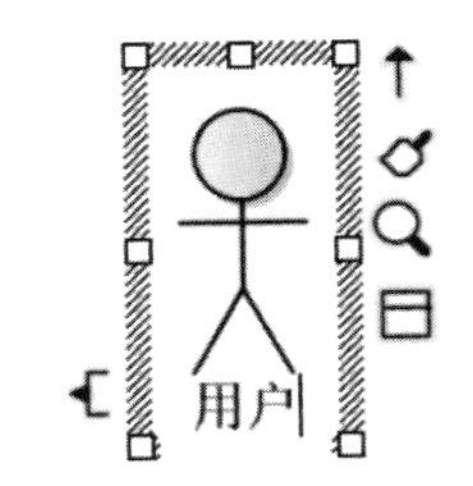

图 3-10　创建一个行动者

图 3-11　完成行动者的创建

如果要重命名该元素，可以双击该元素，或者右击该元素后再选择 Properties 选项，在弹出的窗口中可以重命名；后续讲解中也有类似操作。

选中元素后，按下 Delete 键可以在图中删除该元素，但是在浏览器窗口中并没有删除该元素；因此还需要在浏览器窗口中右击该元素，并选择“删除”选项，才能彻底删除元素。

3. 用例

(1) 选择工具箱的"用例"工具,如图 3-12 所示,在主视图空白处单击,创建一个用例。

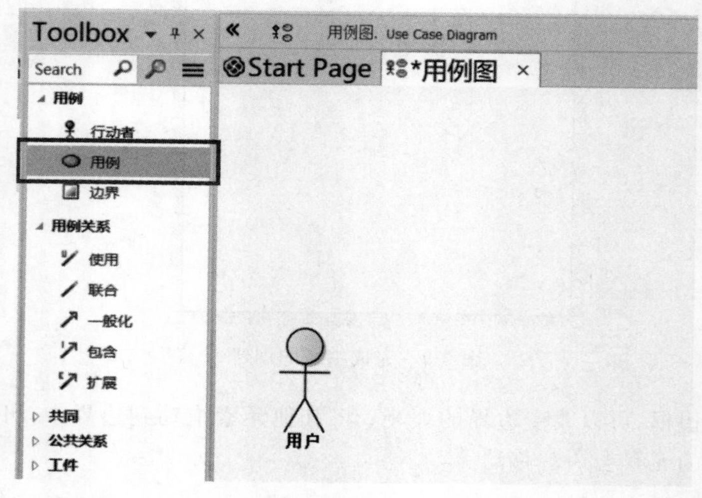

图 3-12 创建一个用例

(2) 给元素命名为"搜索文献",单击空白处即可创建完成,如图 3-13 所示。

图 3-13 完成用例的创建

4. 添加行动者和用例的关系

(1) 选择工具箱的"联合"工具,将鼠标悬停在行动者上,如图 3-14 所示。

(2) 按下鼠标左键后,将鼠标从行动者拖动到用例,松开鼠标后即可创建关系,如图 3-15 所示。

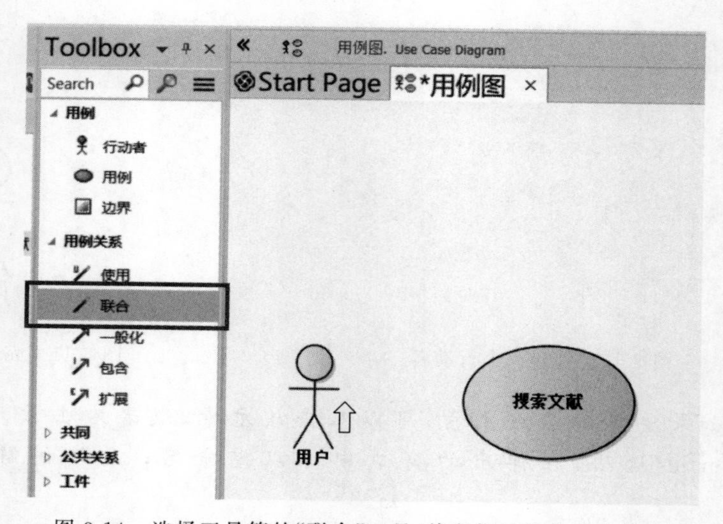

图 3-14 选择工具箱的"联合"工具,将鼠标悬停在行动者上

(3) 如果需要绘制关系的方向,则右击关系线条,单击 Advanced→Change Direction→"Source→Destination"选项,创建从行动者指向用例的箭头,如图 3-16 所示。

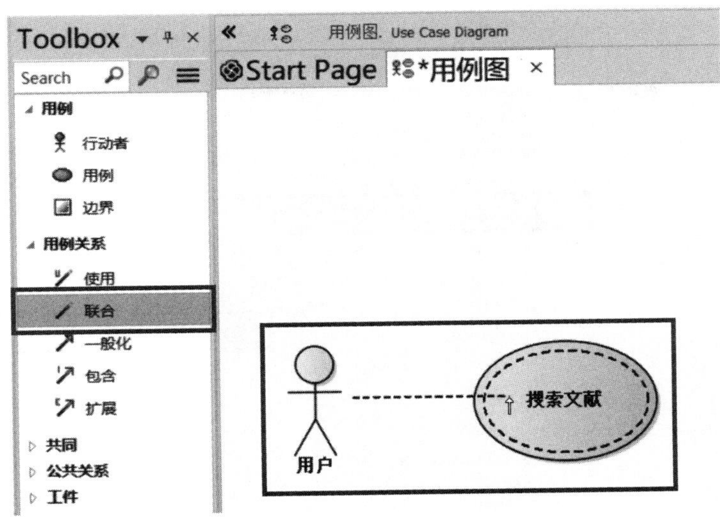

图 3-15　创建用户到参与者之间的关系

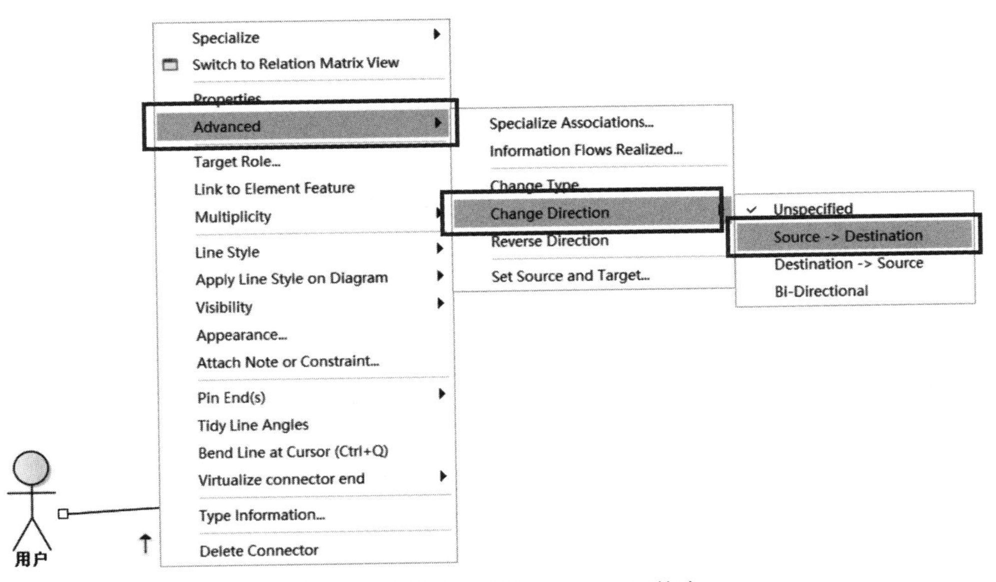

图 3-16　创建从参与者指向用例的箭头

(4) 如果要添加多重值，在关系线条上需要添加多重值的那一侧右击，选择 Multiplicity 选项后再选择需要创建的值，为关系添加多重值，如图 3-17 所示。

(5) 在两端都执行上述操作即可创建完成，如图 3-18 所示。

行动者多重性大于一个时，表示该用例会涉及多个行动者，例如，签订合同需要多个个体同时参与。

用例多重性大于一个时，表示行动者可以并发或并行地同时启动多个这样的用例，例如，超市中可以同时进行多个收款。

通常不会出现行动者和用例的多重性都大于一个的情况。

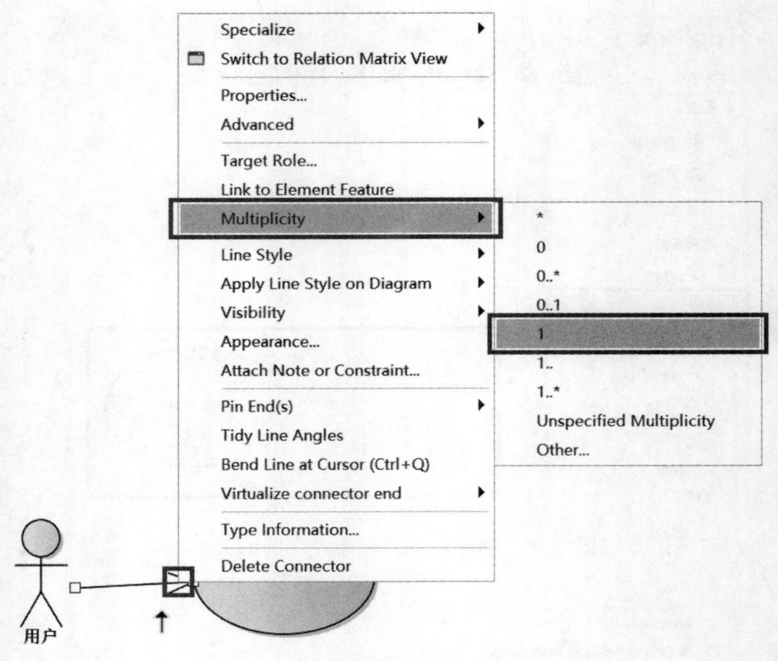

图 3-17　为关系添加多重值

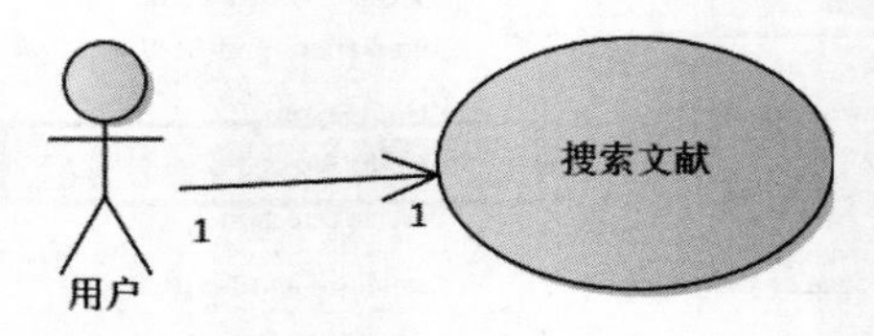

图 3-18　添加行动者和用例的关系

5. 添加包含或拓展关系

(1) 选择工具箱的“包含”或“扩展”工具,将鼠标悬停在起始用例上,如图 3-19 所示。

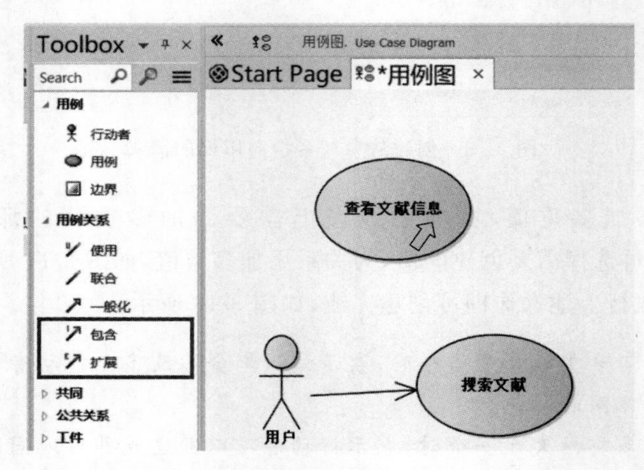

图 3-19　选择工具箱的“包含”或“扩展”工具

（2）按住鼠标左键后，将鼠标从起始用例拖动到目标用例，松开鼠标后即可创建关系，如图 3-20 所示。

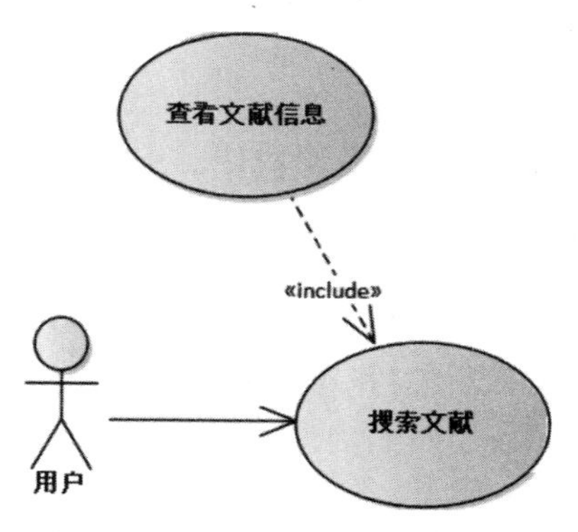

图 3-20　添加包含关系或扩展关系

如果要添加扩展关系的约束条件，可以选择工具箱的“约束”工具，在空白处单击创建，在此不再赘述。

6. 添加泛化关系

（1）选择工具箱的“一般化”工具，将鼠标悬停在继承元素上，如图 3-21 所示。

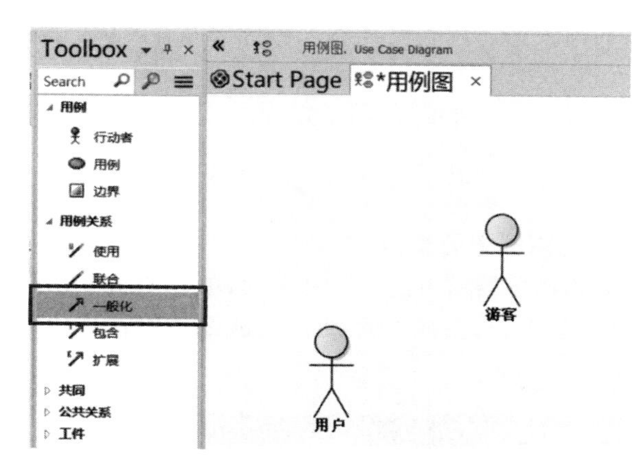

图 3-21　选择工具箱的“一般化”工具

（2）按下鼠标左键后，将鼠标从继承元素拖动到被继承元素，松开鼠标后即可创建泛化关系，如图 3-22 所示。

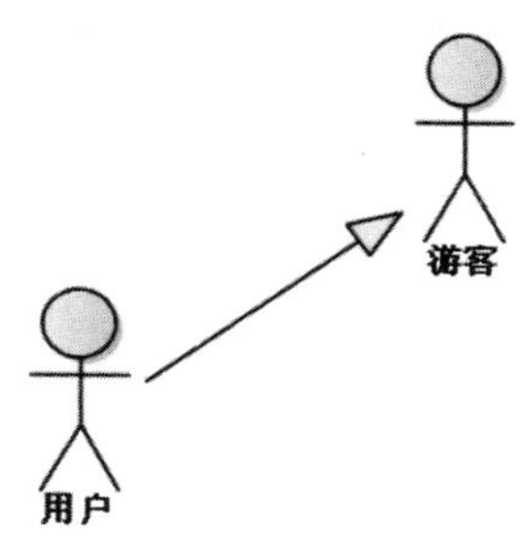

图 3-22　添加泛化关系

3.4 绘制"论文检索系统"的类图

3.4.1 基本概念

类图通过类、接口及之间的关系描述系统的静态关系。类图中通常包含了类、接口,以及之间的关系。

1. 基本元素

类(class)和接口(interface)出自面向对象的概念,可直接对应 Java 中的 Class 和 Interface;类具体可分为边界类、控制类和实体类。

2. 关系

(1) 依赖关系(dependency):代表一个类的定义需要另一个类的定义,表现为被依赖类会在依赖类的局部变量、方法参数或静态方法中出现。

(2) 关联关系(association):代表一个类知道另一个类的内部属性和方法(has a 关系),表现为被依赖类会在依赖类的成员属性中出现。

(3) 泛化关系(generalization):代表继承关系(is a 关系)。

(4) 聚合关系(aggregation):代表整体和个体的关系,个体能脱离整体存在,方向指向整体。

(5) 组合关系(composition):代表整体和个体的关系,个体不能脱离整体存在,方向指向整体。

(6) 实现关系(realization):代表接口的实现(is a 关系)。

3.4.2 创建类图

创建类图的步骤和创建用例图的类似。

(1) 在 EA 项目中,右击浏览器窗口的 Model 选项,单击 Add View 选项,创建一个视图。

(2) 创建的视图会成为一个包,在弹出的 New Package 对话框中对包进行设置,如图 3-23 所示。

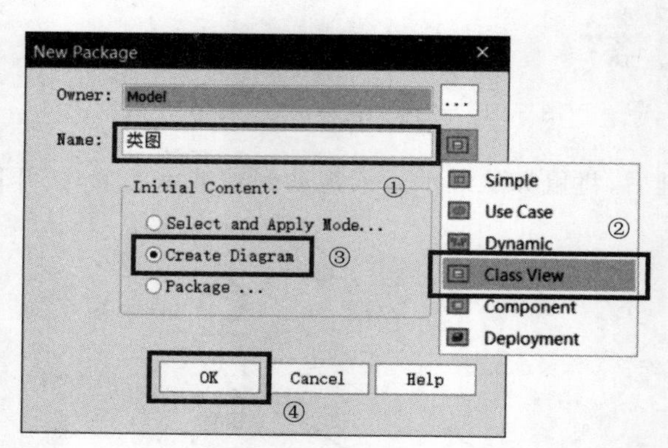

图 3-23 对包进行设置

① 给包进行命名,这里命名为"类图"。

② 单击右侧按钮,选择 Class View 选项。

③ 选择 Create Diagram 单选按钮。

④ 单击 OK 按钮确认。

(3) 选择图的类型：选择"UML 结构"→Class→OK 按钮，如图 3-24 所示。

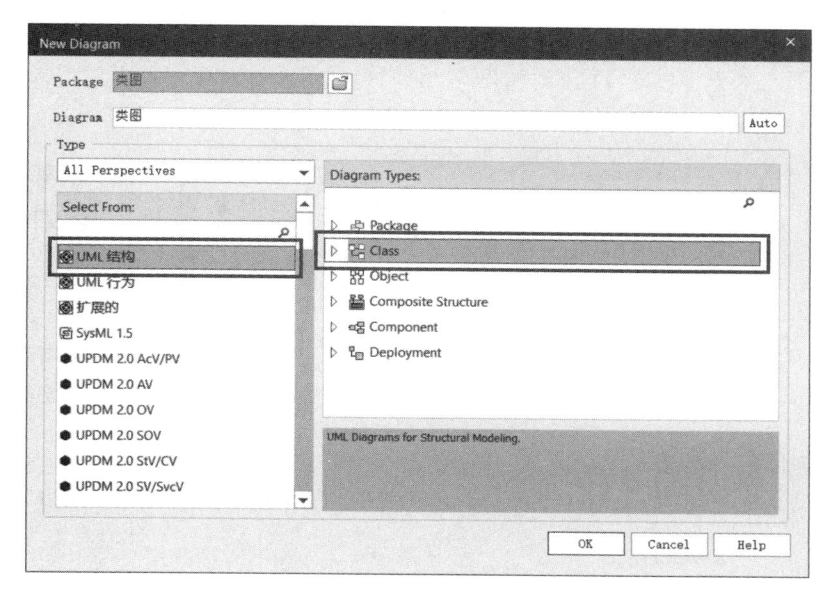

图 3-24　选择图的类型

(4) 双击浏览器窗口的"类图"选项后，主视图会打开类图，如图 3-25 所示。

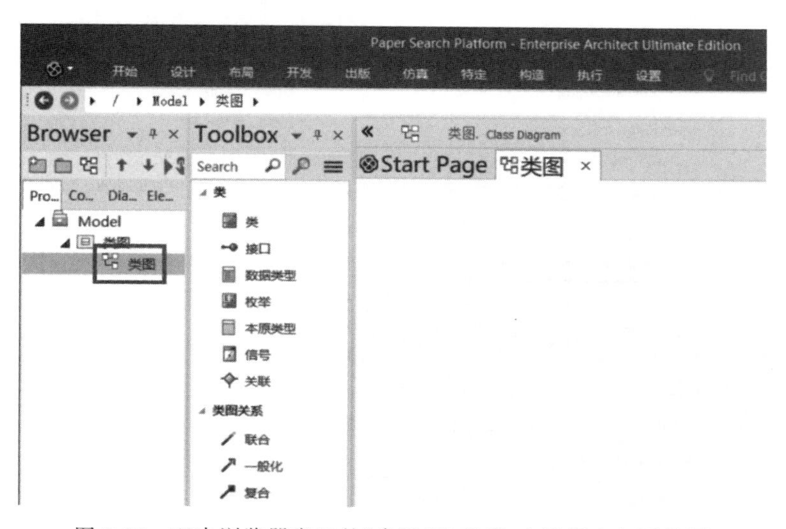

图 3-25　双击浏览器窗口的"类图"选项后，主视图会打开类图

3.4.3 绘制类图元素

1. 类

1) 创建类

选择工具箱的"类"工具，如图 3-26 所示，在主视图空白处单击，创建一个类。

给元素命名为“论文”,单击空白处即可创建完成,如图 3-27 所示。

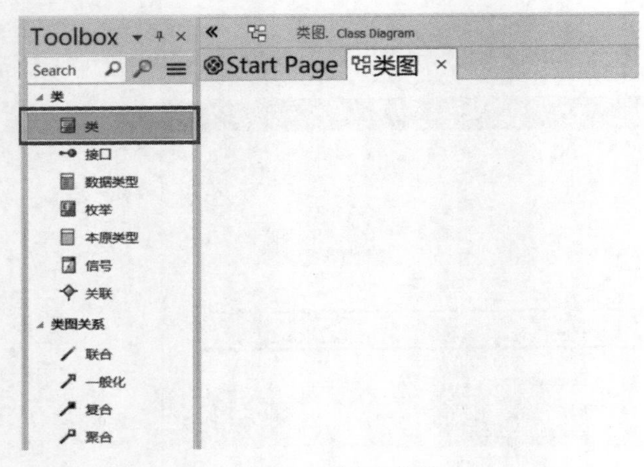

图 3-26 创建一个类

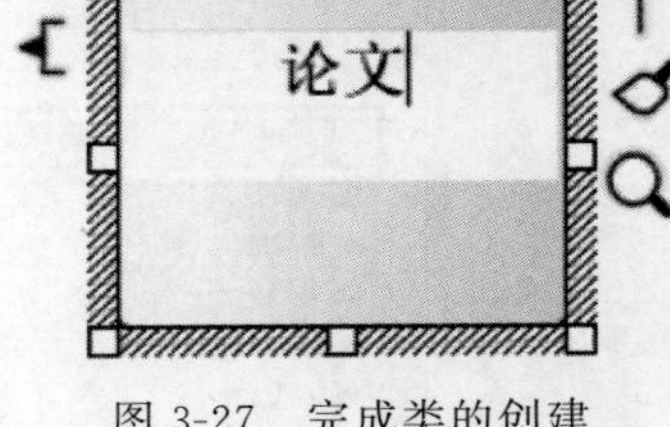

图 3-27 完成类的创建

2）设置类的属性和方法

右击“论文”类,单击 Features→Attributes 选项,打开属性窗口,如图 3-28 所示。

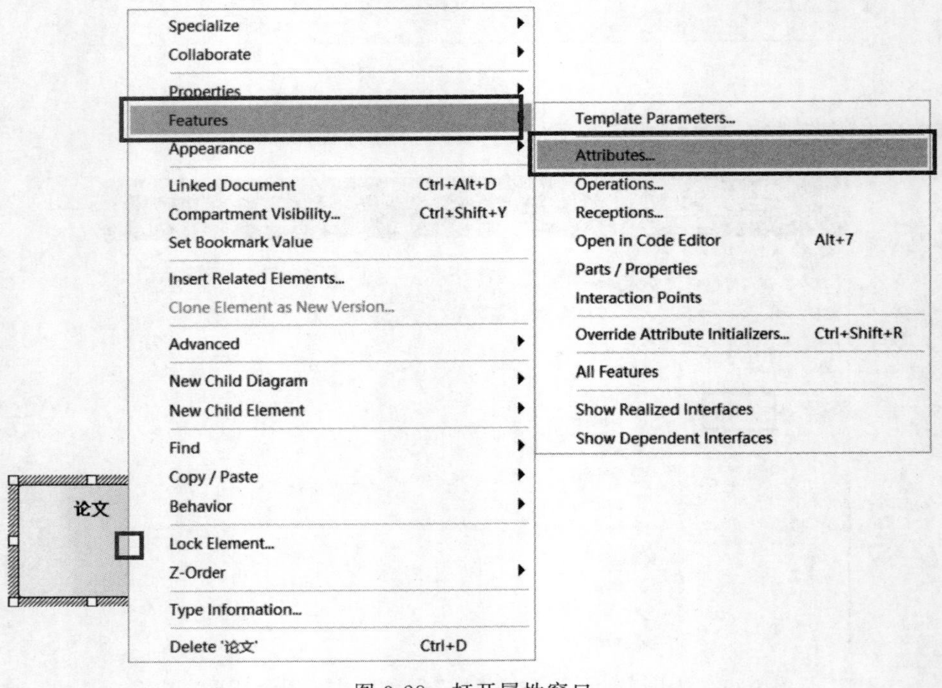

图 3-28 打开属性窗口

在属性窗口中,单击 Features→Attributes 选项,单击 New Attribute 按钮可以添加属性,如图 3-29 所示。

依次对属性名(Name)、属性类型(Type)和属性作用域(Scope)进行设置；如果在可选的属性类型中找不到想设置的(如 String),可以直接在上面手动输入；如果类型为类图中其他的类,可以在下拉菜单单击 Select Type 选项,在弹出的窗口中选择类图中对应的类,如图 3-30 所示。

Features
Attributes
Operations
Receptions
Parts / Properties
Interaction Points
Name
Type
Scope
Stereotype
Alias
Initial Value
New Attribute...

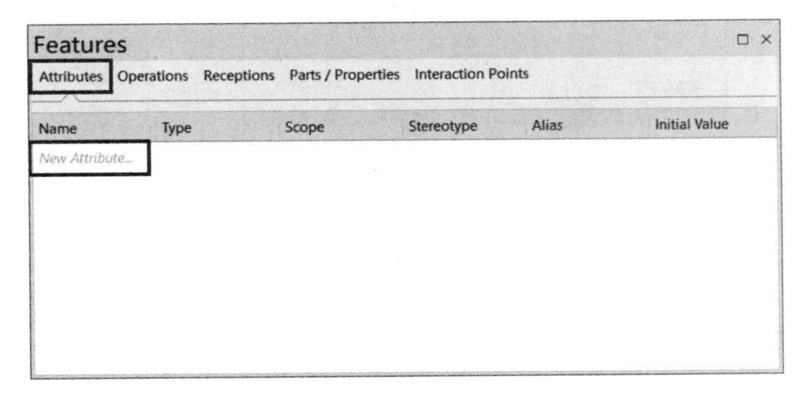

图 3-29　添加属性

Features
Attributes
Operations
Receptions
Parts / Properties
Interaction Points
Name
Type
Scope
Stereotype
Alias
Initial Value
id
int
Private
title
String
Private
references
List(论文)
Private
New Attribute...
int
boolean
byte
char
double
float
long
short
<none>
Select Type...

图 3-30　设置属性信息

在 Features 窗口中打开 Operations 选项卡，设置类的方法，并对方法名(Name)、方法参数(Parameters)、方法返回值类型(Return Type)和方法作用域(Scope)进行设置，步骤类似于属性的设置，如图 3-31 所示。

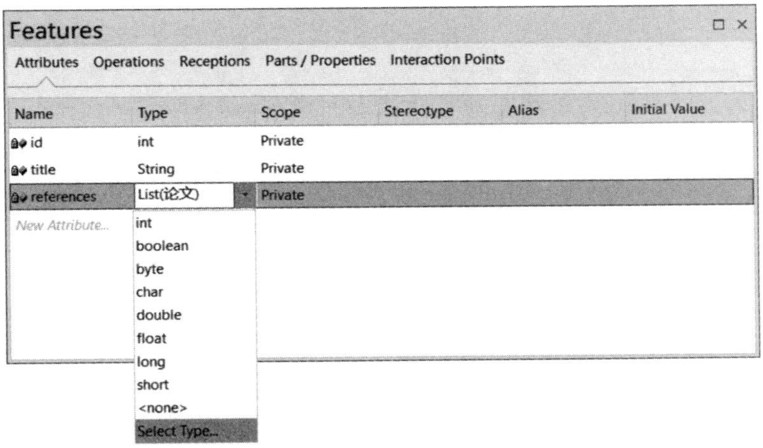

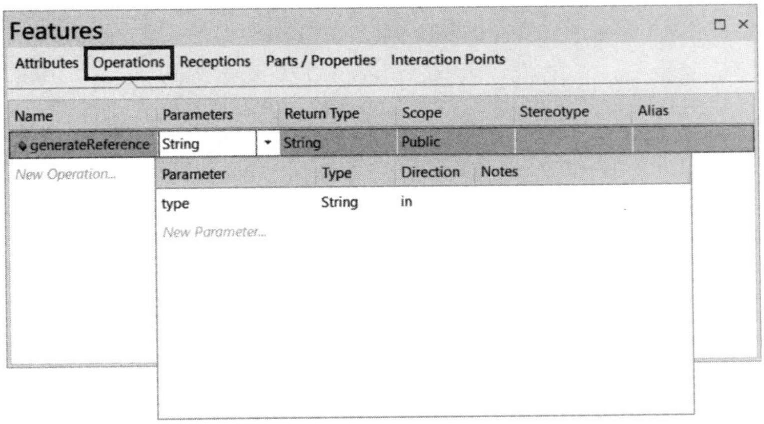

Features
Attributes
Operations
Receptions
Parts / Properties
Interaction Points
Name
Parameters
Return Type
Scope
Stereotype
Alias
generateReference
String
String
Public
New Operation...
Parameter
Type
Direction
Notes
type
String
in
New Parameter...

图 3-31　设置方法信息

关闭 Features 窗口,完成类的属性和方法的设置,如图 3-32 所示。

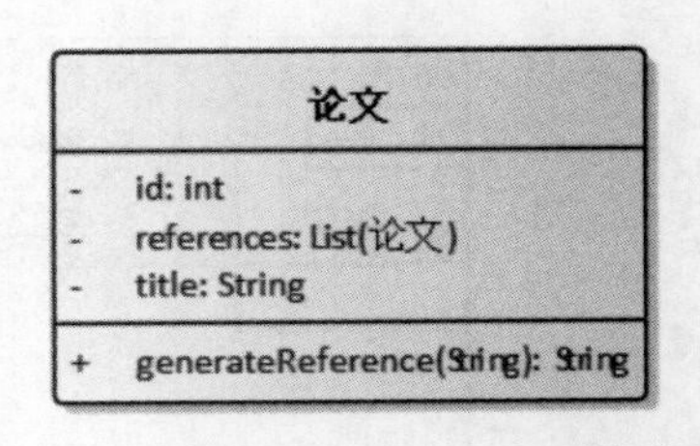

图 3-32　完成类的属性和方法的设置

提示　在 Features 窗口中,不慎拖动表头到表头之外可能会不小心将该列从表格中删除。解决方法为:右击 Features 窗口的空白处,单击 Field Chooser 选项,如图 3-33 所示。

在 Field Chooser 对话框中将缺少的列名拖动到该列应该放置的位置,如图 3-34 所示。

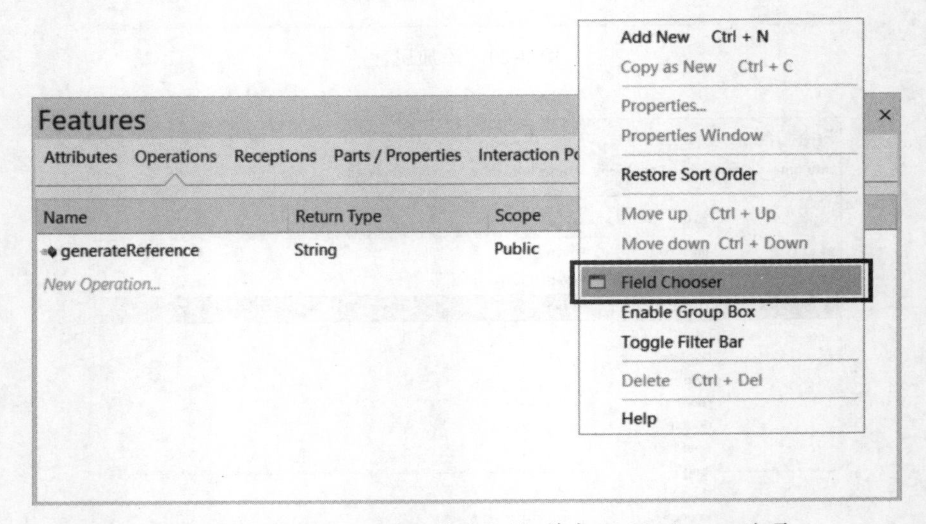

图 3-33　右击 Features 窗口的空白处,单击 Field Chooser 选项

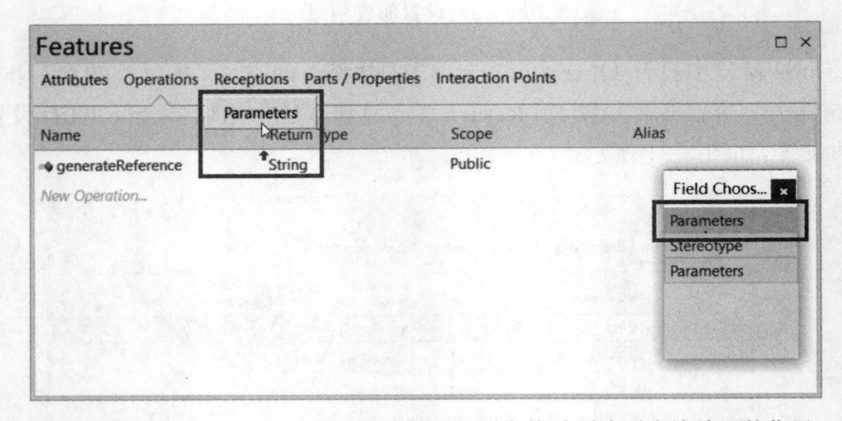

图 3-34　在 Field Chooser 窗口中将缺少的列名拖动到该列应该放置的位置

3) 标注控制类、实体类、边界类

双击"论文"类,或右击"论文"类,再单击 Properties→Properties 选项,打开 Properties(特性)窗口,如图 3-35 所示。

在特性窗口右侧单击 Stereotype 的"..."按钮,如图 3-36 所示。

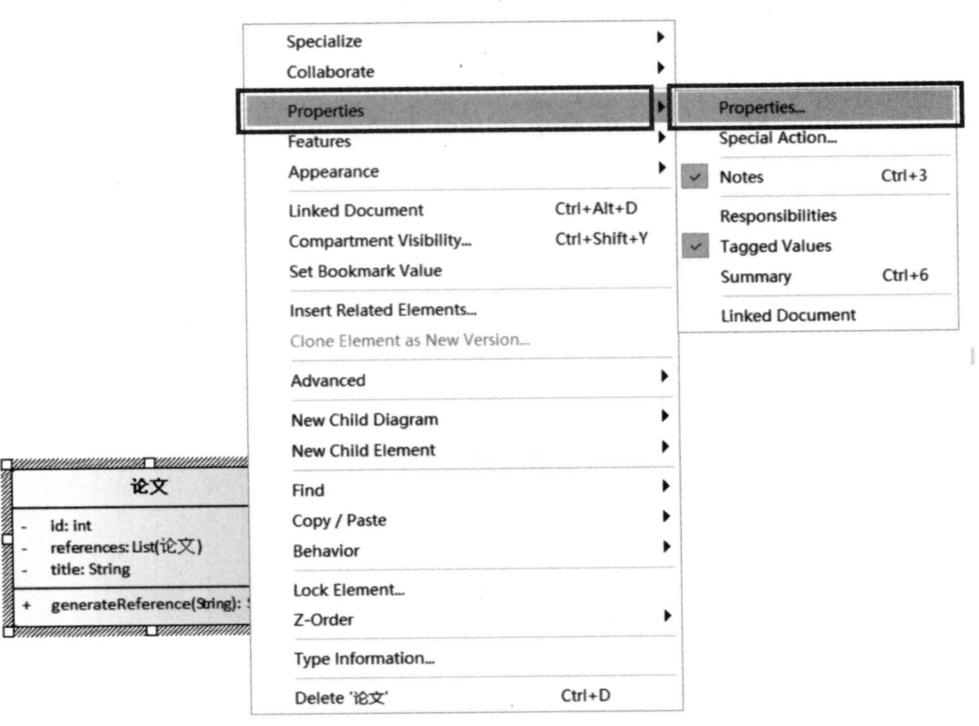

图 3-35 打开特性窗口

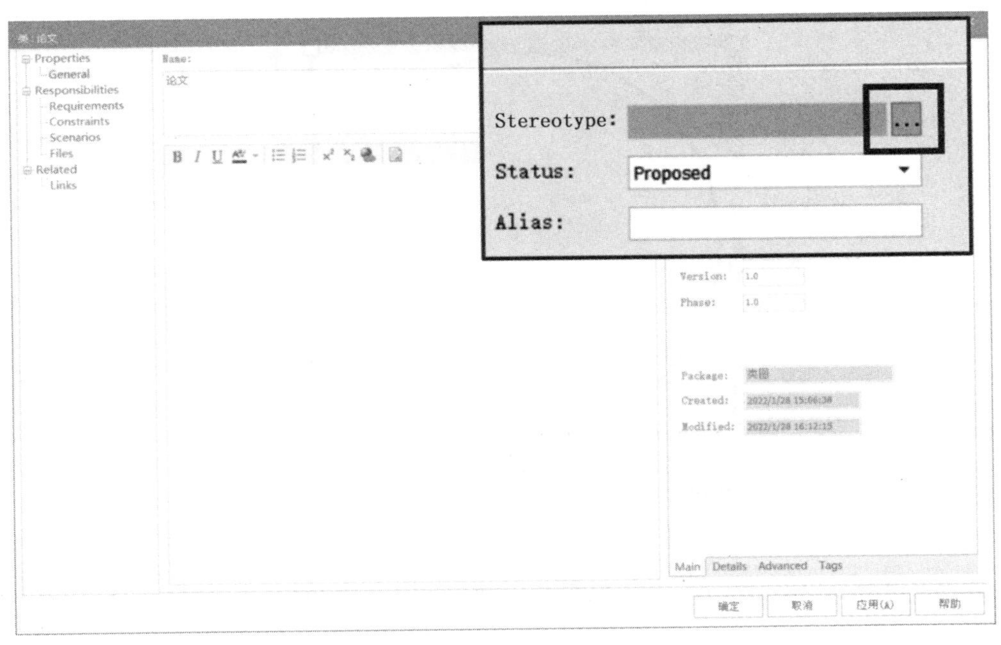

图 3-36 在特性窗口右侧单击 Stereotype 的“...”按钮

在 Perspective 下拉菜单中选择 All Perspectives 选项，在 Profile 下拉菜单中选择"< none >"选项后，勾选 entity、boundary 或 control 复选框，这些选项分别对应实体类、边界类和控制类，如图 3-37 所示。

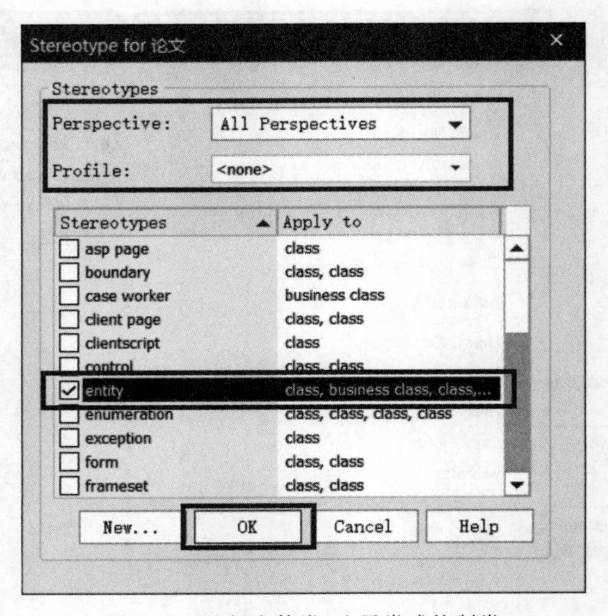

图 3-37　选择实体类、边界类或控制类

单击 OK 按钮保存设置，类图标会变成控制类的图标，并且无法看到属性和方法，如图 3-38 所示。下面要解决这种问题。

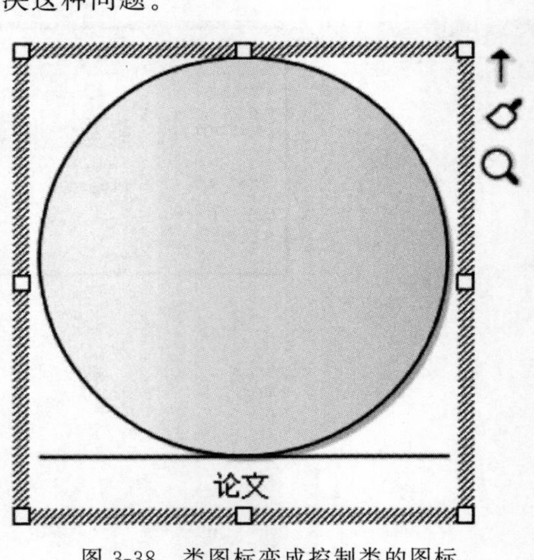

图 3-38　类图标变成控制类的图标

双击主视图空白处，或者右击主视图空白处，单击 Properties 选项，打开类图的特性窗口，如图 3-39 所示。

在左侧单击 Elements 选项，在右侧取消勾选 Use Stereotype Icons 复选框，如图 3-40 所示。

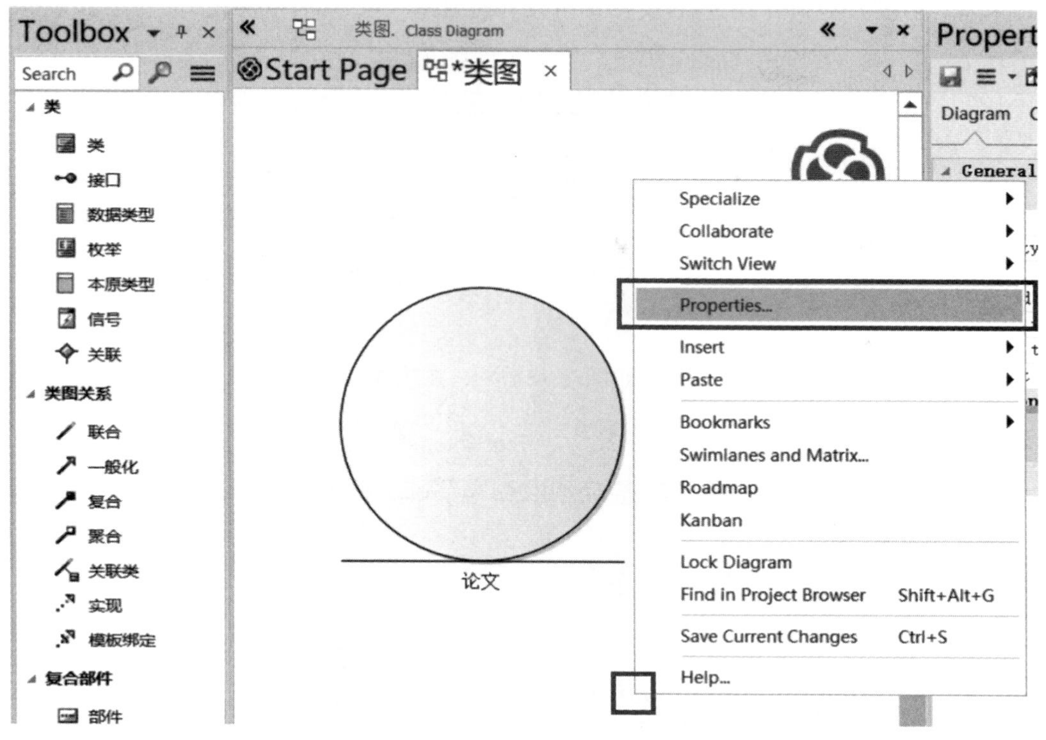

图 3-39 打开类图的特性窗口

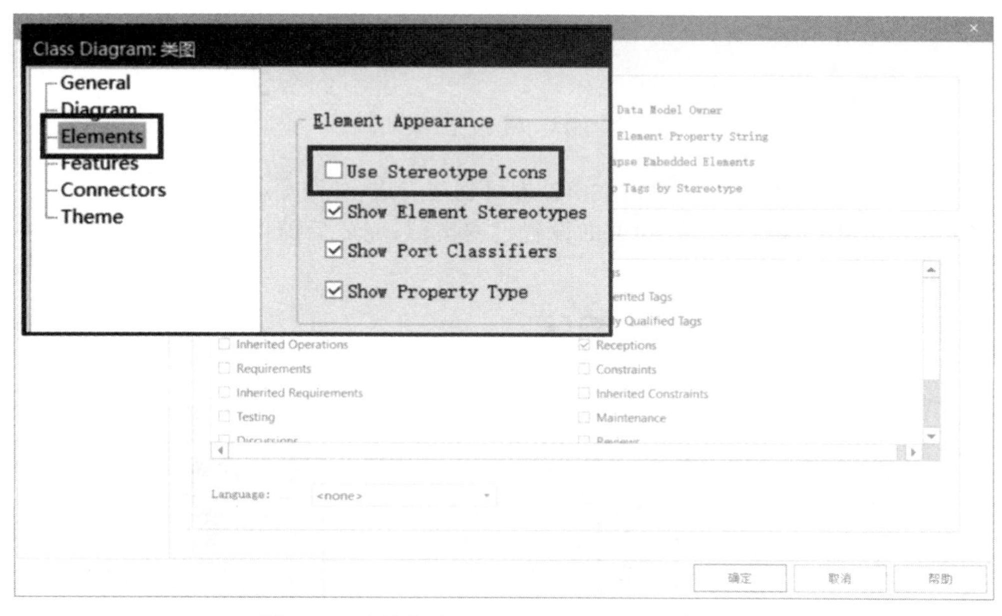

图 3-40 取消勾选 Use Stereotype Icons 复选框

单击“确定”按钮保存设置后,类图标可以同时显示类型、属性和方法,如图 3-41 所示。

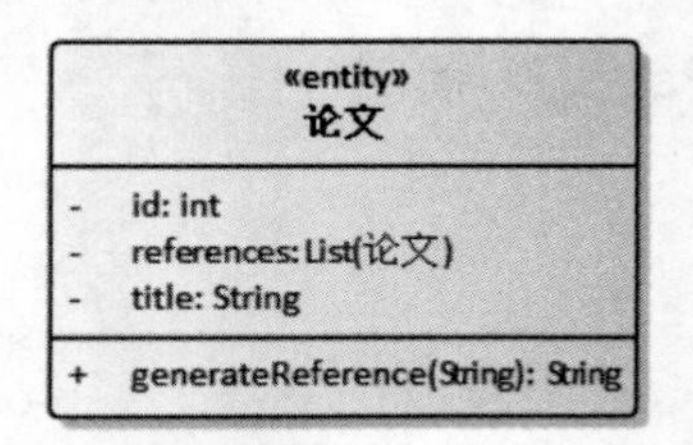

图 3-41 类图标同时显示类型、属性和方法

2. 接口(interface)

(1) 选择工具箱的“接口”工具,如图 3-42 所示,在主视图空白处单击,创建一个接口。

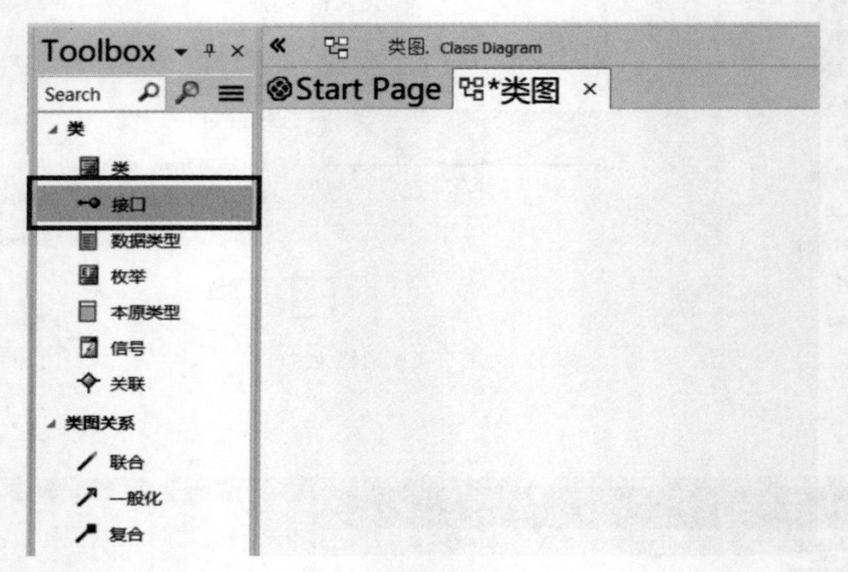

图 3-42 创建一个接口

(2) 给元素命名为“分享”,单击空白处即可创建完成,如图 3-43 所示。

(3) 接口方法和属性的设置和类的设置过程类似,完成后即可给接口设置对应的属性和方法,如图 3-44 所示。

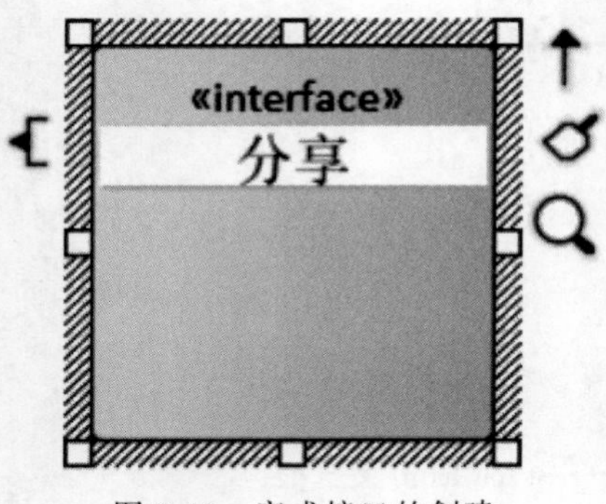

图 3-43 完成接口的创建

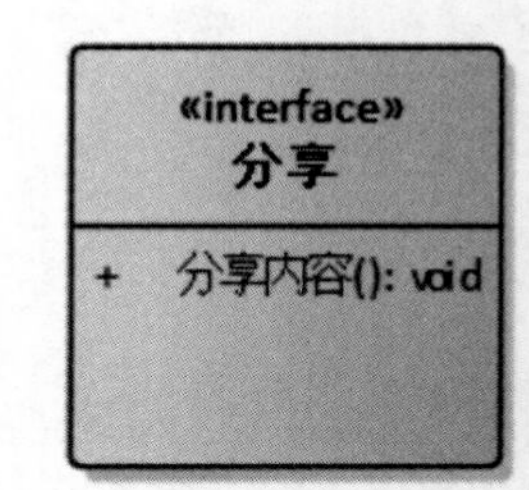

图 3-44 完成接口的属性和方法的设置

3. 关系

下面以关联关系为例，绘制“用户发表论文”关系。

(1) 选择工具箱的“联合”工具，将鼠标悬停在起始类上，如图 3-45 所示。

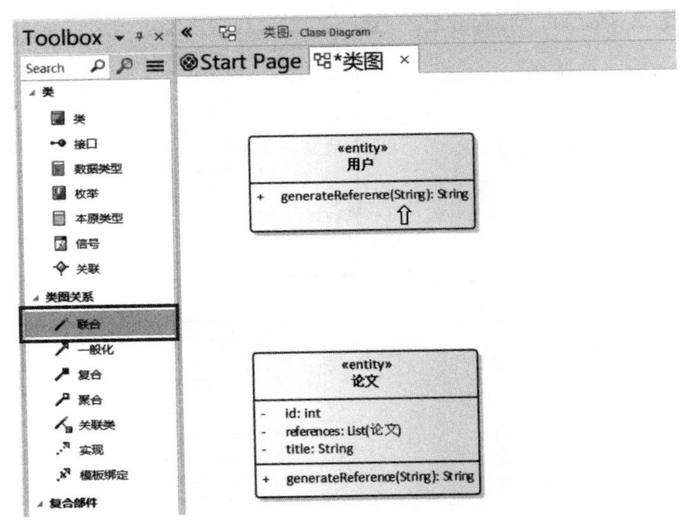

图 3-45　选择工具箱的“联合”工具

(2) 按住鼠标左键后，将鼠标从起始类拖动到目标类，松开鼠标后即可创建关系线条，如图 3-46 所示。

(3) 双击关系线条，或者右击关系线条，再单击 Properties 选项，打开特性窗口，可以为关系设置一个名称，如图 3-47 和图 3-48 所示。

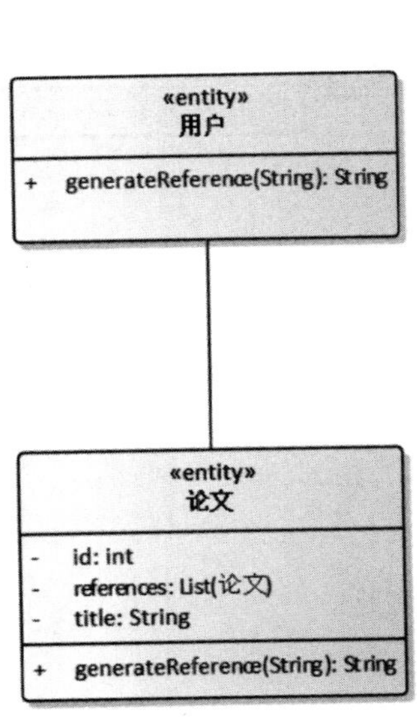

图 3-46　完成创建关系线条

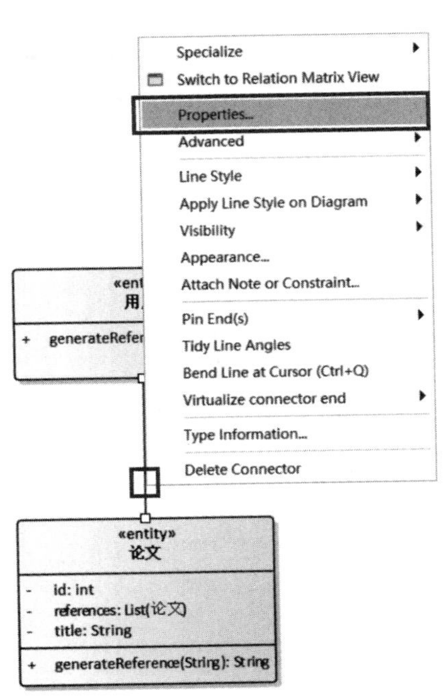

图 3-47　为关系设置一个名称 1

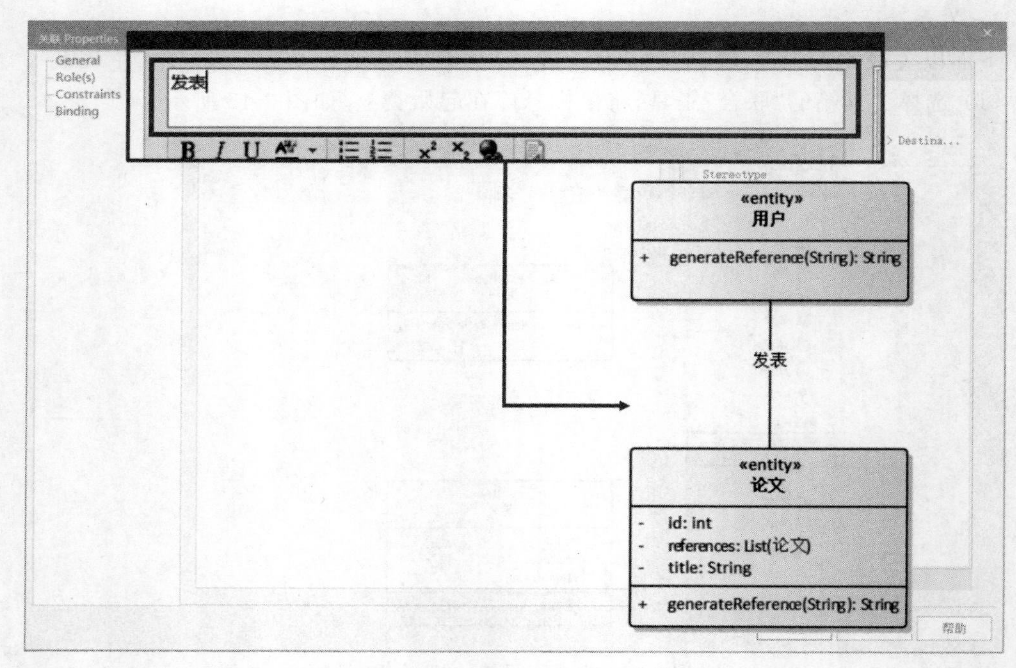

图 3-48　为关系设置一个名称 2

(4) 右击关系线条,单击 Advanced→Change Direction→"Source-> Destination"选项,为关系添加方向,如图 3-49 所示。

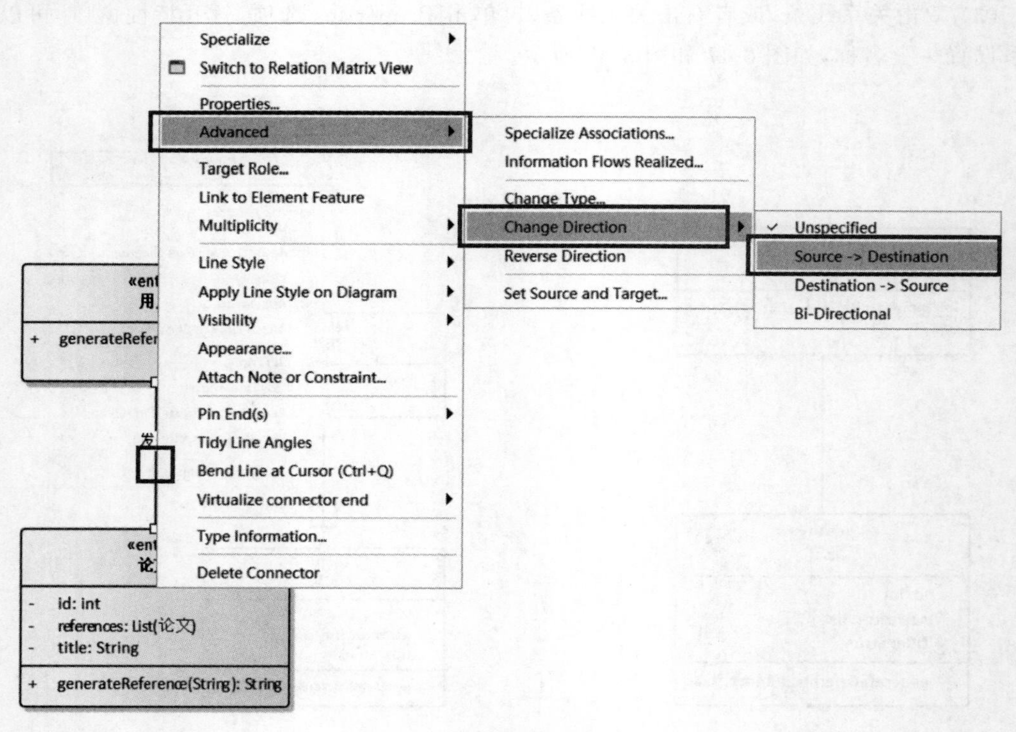

图 3-49　为关系添加方向

(5) 在关系线条上需要添加多重值的那一侧右击,单击 Multiplicity 选项,再选择需要创建的值,为关系添加多重值,如图 3-50 所示。

完成上述操作后,即可完成关联关系的创建,如图 3-51 所示。

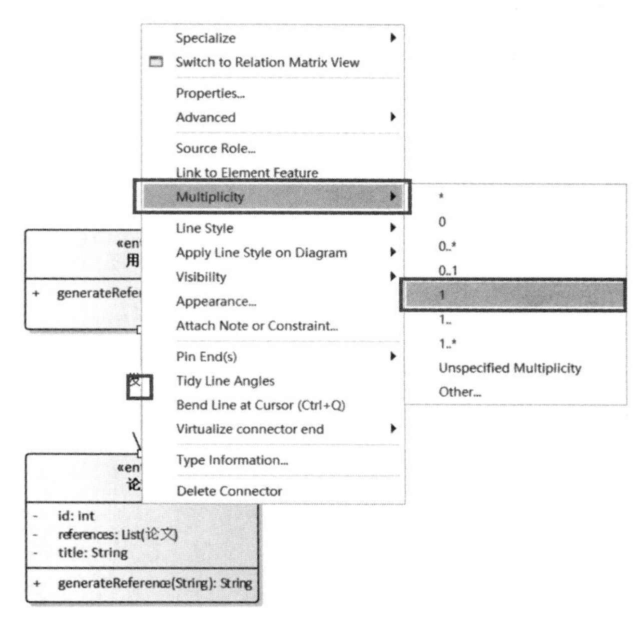

图 3-50 为关系添加多重值

图 3-51 完成关联关系的创建

用自动路由(auto routing)可以使线条变得规整。自动路由会约束线条只能直角转弯,每一段都只能是水平或垂直。在关系连线上右击,再单击 Line Style→Auto Routing 选项即可设置,如图 3-52 和图 3-53 所示。

如果要添加其他的类关系,可以调整对应的步骤操作,如表 3-2 所示。

表 3-2 如果要添加其他的类关系,可以调整对应的步骤操作

关系名称	改变的步骤
继承关系	在步骤(1)选择“一般化”工具
聚合关系	在步骤(1)选择“聚合”工具
组合关系	在步骤(1)选择“复合”工具
依赖关系	在步骤(1)选择“公共关系”中的“依赖”工具
实现关系	在步骤(1)选择“实现”工具
关联类	在步骤(1)选择“关联类”工具

4. 简化接口实现

EA 也支持用简化形式来绘制接口的实现,下面为创建步骤。

(1) 选择工具箱的“公开接口”工具,如图 3-54 所示,单击要实现接口的类,创建一个实现。

(2) 双击实现的圆点,或者右击实现的圆点,再单击 Properties 选项,打开特性窗口,可以为实现设置名称,如图 3-55 所示。

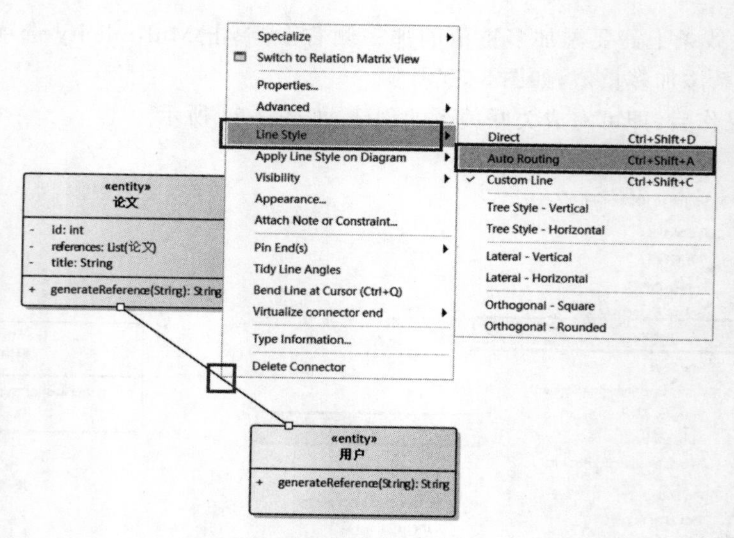

图 3-52　设置自动路由 1

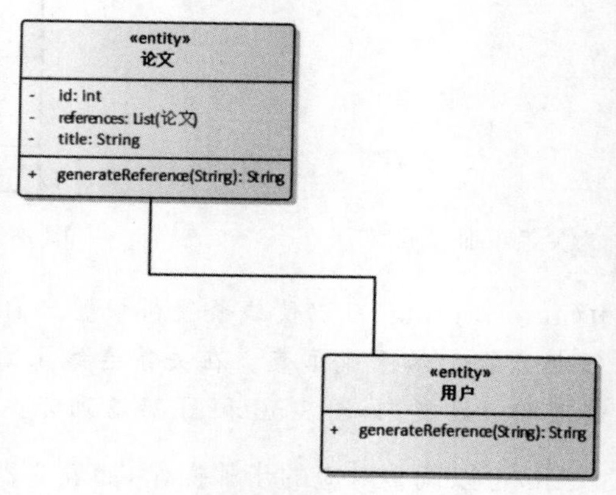

图 3-53　设置自动路由 2

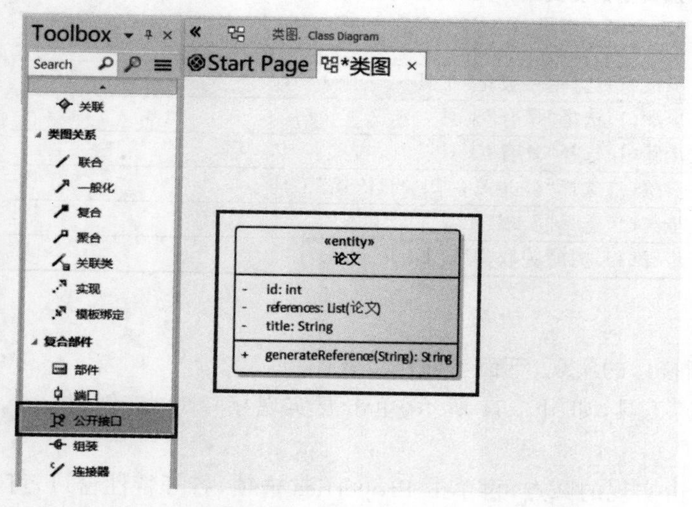

图 3-54　创建一个实现

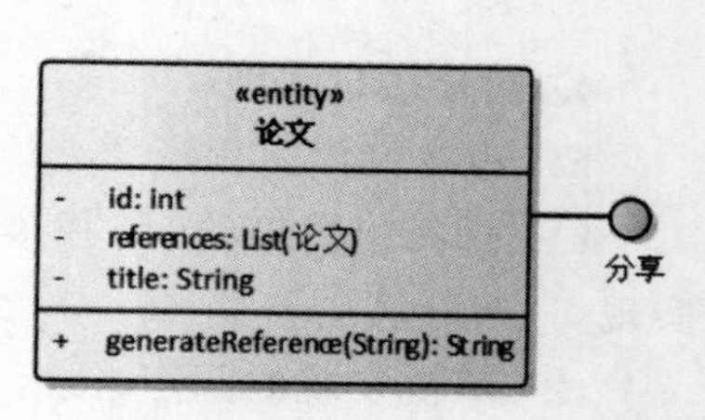

图 3-55　为实现设置一个名称

3.5 绘制"论文检索系统"的顺序图

3.5.1 基本概念

顺序图作为交互图最常见的一种，描述一个用例的具体行为，侧重于消息在生命线间的传递。

顺序图中包含了交互框架、生命线和消息，此外，还可以给顺序图添加组合片段以描述更复杂的交互。

1. 交互框架

交互框架(interaction fragment)描述了交互图的边界，所有的交互图都有交互框架，包围着交互图中所有的内容。在EA绘制交互图时，不需要额外绘制交互框架，因为EA在导出UML图时会自动加上交互框架。

2. 生命线

生命线(lifeline)代表一个类实例(对象)的整个生命周期。

3. 消息

消息(message)代表了发送事件到接收事件的跟踪(trace)，可以理解为事件的传达。消息可以根据消息分类(message sort)来划分类别，消息分类可能的取值如下。

- 同步调用(synch call)：代表发送的生命线在接收到返回前，不能执行其他的操作。
- 异步调用(asynch call)：代表发送的生命线在接收到返回前，还可以进行其他操作。
- 异步信号(asynch signal)：代表生命线发出一个信号，信号与操作相比，信号没有返回。
- 创建消息(create message)：代表创建一条生命线。
- 销毁消息(destroy message)：代表收到消息的生命线将会销毁，即生命周期结束。
- 返回消息(reply)：代表对调用的返回。

在消息分类的基础上，消息还可以有两种特性。

- 丢失(lost)：代表不知道消息的接收方，如接收方不在顺序图描述范围内。
- 找到(found)：代表不知道消息的发送方，如发送方不在顺序图描述范围内。

4. 组合片段

组合片段(combined fragment)描述了顺序图进行过程中的一些具体信息，在顺序图中体现为一个组合片段框，说明在组合片段框中的消息传递活动存在某些条件或信息。组合片段共有12种类型，其中8种常用类型，具体说明如表3-3所示。

表3-3 8种常用组合片段的说明

组合片段名称	组合片段缩写	组合片段说明
可选片段(alternatives)	alt	可选片段中通常会划分有多个区域，每个区域都有一个条件，只有满足了条件才能进入该区域执行；如果同时满足多个条件，则选择其中一个区域执行，类似于if-else if结构。 此外，else可以作为其中一个条件，在其他条件都为假时则进入该区域执行

续表

组合片段名称	组合片段缩写	组合片段说明
选项片段(option)	opt	选项片段通常只有一个区域,如果满足了区域的条件则执行其中的内容,否则不执行,类似于 if 结构
并行片段(parallel)	par	并行片段中通常会划分有多个区域,每个区域间并行执行,区域间执行的顺序不确定
循环片段(loop)	loop	循环片段通常只有一个区域,如果满足了区域的条件,则进入该区域执行,并且一直会循环执行,直到不满足区域的条件,类似于 while
中断片段(break)	break	中断片段通常只有一个区域,如果满足了区域的条件,则立即执行其中的内容,且执行后不再执行顺序图中其他的部分
弱顺序片段(weak sequencing)	seq	弱顺序片段中通常会划分有多个区域,如果两个区域间的消息涉及了同一条生命线,则这两个区域间按弱顺序片段的顺序执行;否则,这两个区域间的执行顺序不确定
强顺序片段(strict sequencing)	strict	强顺序片段中通常会划分有多个区域,区域间的执行严格按照它们在强顺序片段中的顺序
临界区域片段(critical region)	critical	临界区域片段通常只有一个区域,在执行该区域的内容时,不能执行区域外的操作;区域中的操作可以理解为是一个原子操作;通常,临界区域片段会和并行片段和强顺序片段一起使用

3.5.2 创建顺序图

(1) 在 EA 项目中,右击浏览器窗口的 Model 选项,单击 Add View 选项,创建一个视图。

(2) 创建的视图会成为一个包,在弹出的 New Package 对话框中对包进行设置,如图 3-56 所示。

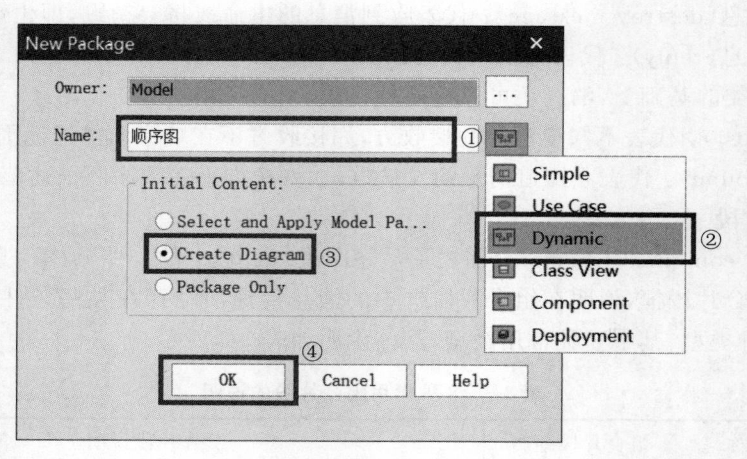

图 3-56 对包进行设置

① 给包进行命名,这里命名为“顺序图”。

② 单击右侧按钮,选择 Dynamic 选项。

③ 选择 Create Diagram 单选按钮。

④ 单击 OK 按钮确认。

(3) 选择图的类型：单击“UML 行为”→Sequence→OK 按钮，如图 3-57 所示。

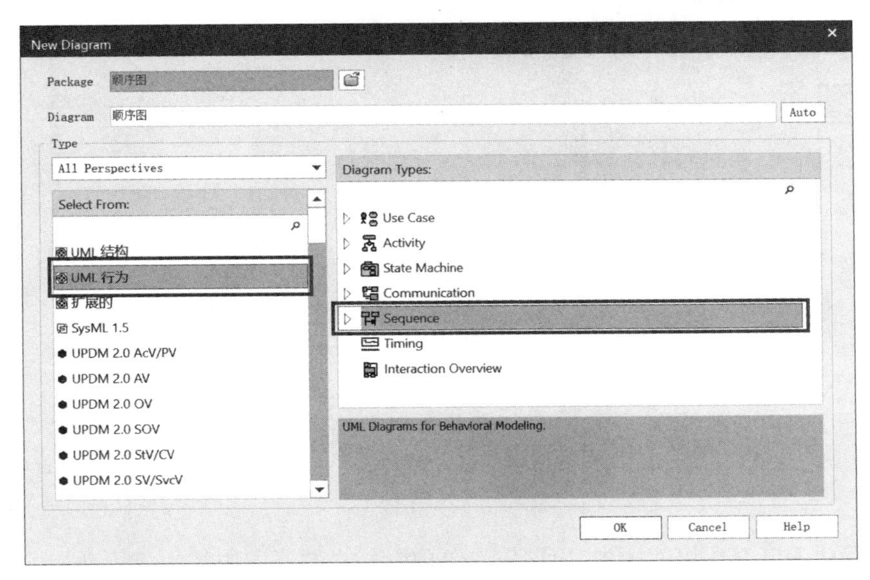

图 3-57　选择图的类型

(4) 双击浏览器窗口的“顺序图”选项后，主视图会打开顺序图，如图 3-58 所示。

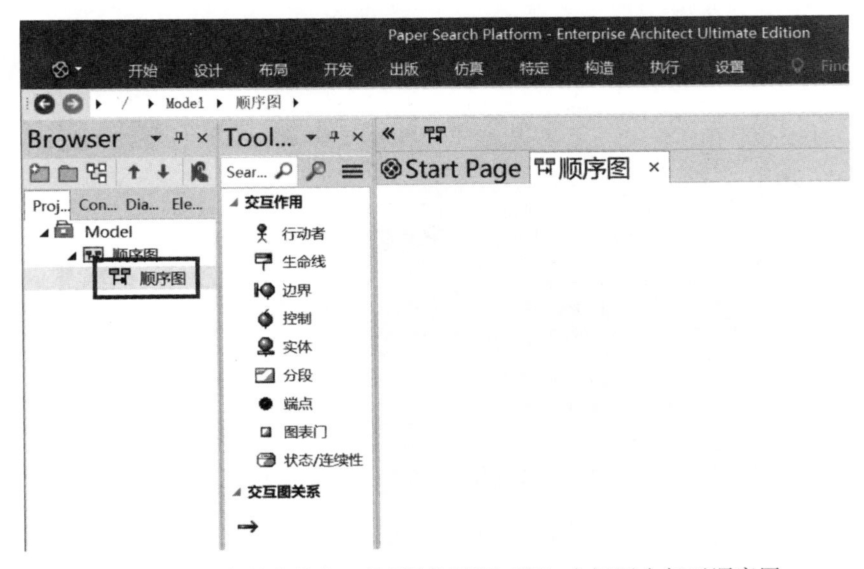

图 3-58　双击浏览器窗口的“顺序图”选项后，主视图会打开顺序图

3.5.3 绘制顺序图元素

(1) 选择工具箱的“行动者”工具，如图 3-59 所示在主视图空白处单击，创建一个行动者。

(2) 给元素命名为“用户”，单击空白处即可创建完成，且拖动下方的边框可以增加生命线的长度，如图 3-60 所示。

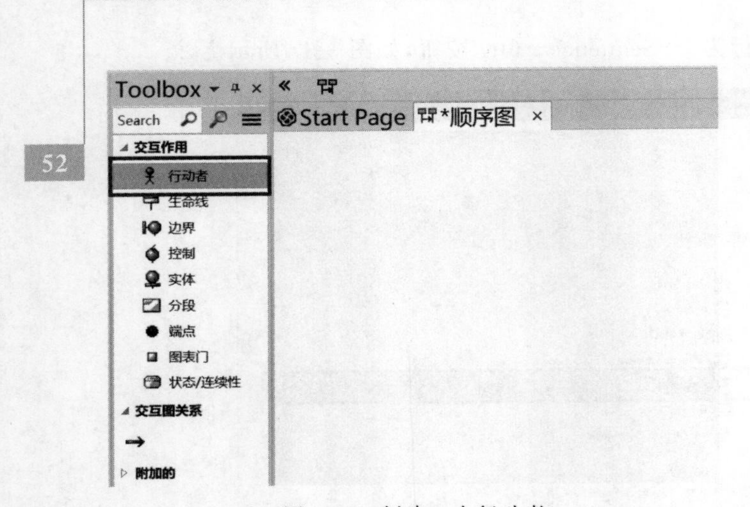

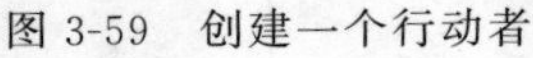
图 3-59　创建一个行动者

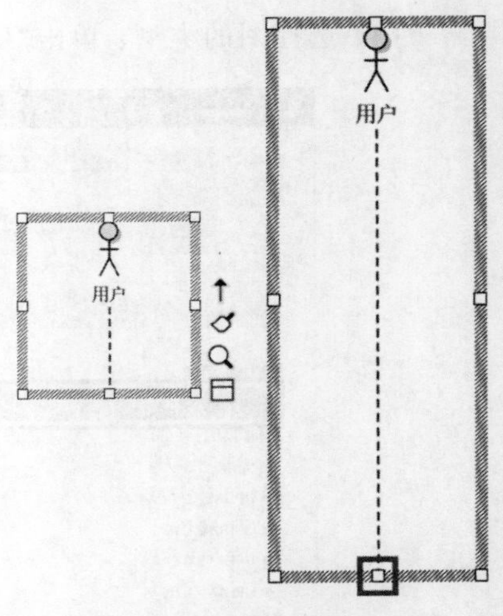

图 3-60　完成创建行动者,且拖动下方的边框可以增加生命线的长度

如果行动者已经在用例图中,应该以对象的形式在顺序图中添加该行动者。

(1) 在浏览器窗口将用例图的行动者拖动到主视图的顺序图中。

(2) 在“Paste 用户”对话框的 Drop as 下拉菜单中选择 Lifeline 选项,如图 3-61 所示。

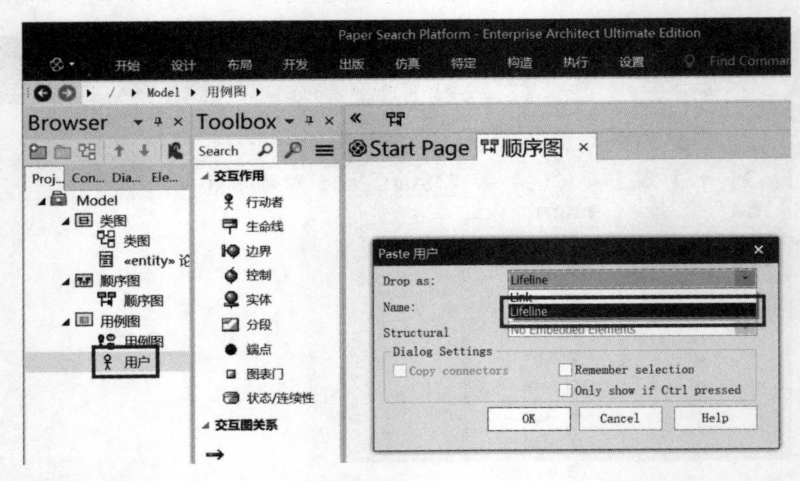

图 3-61　在“Paste 用户”对话框的 Drop as 下拉菜单中选择 Lifeline 选项

(3) 单击 OK 按钮确认,行动者名称前面会出现“:”,说明是一个对象,如图 3-62 所示。

提示

Drop as link:元素会完全和原来的元素关联,数据会保持一致,此时是一个类。

Drop as lifeline:元素会以副本的形式作为单独的生命线创建在顺序图中,此时是一个对象。

1. 边界类、控制类和实体类

(1) 选择工具箱的“边界”“控制”或“实体”工具,在主视图空白处单击,创建一条类的生命线,如图 3-63 所示。

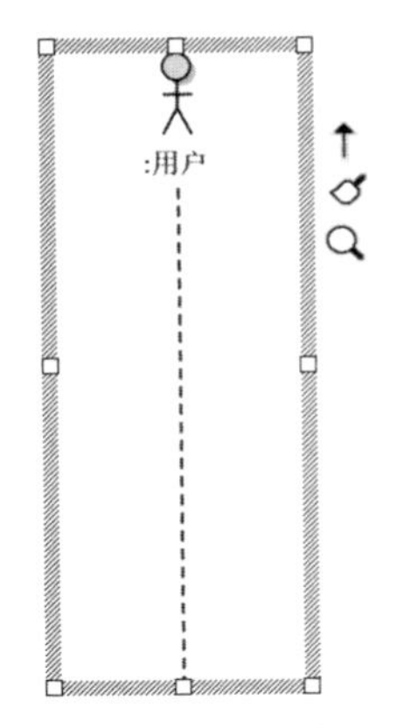

图 3-62　完成创建行动者，且行动者是一个对象

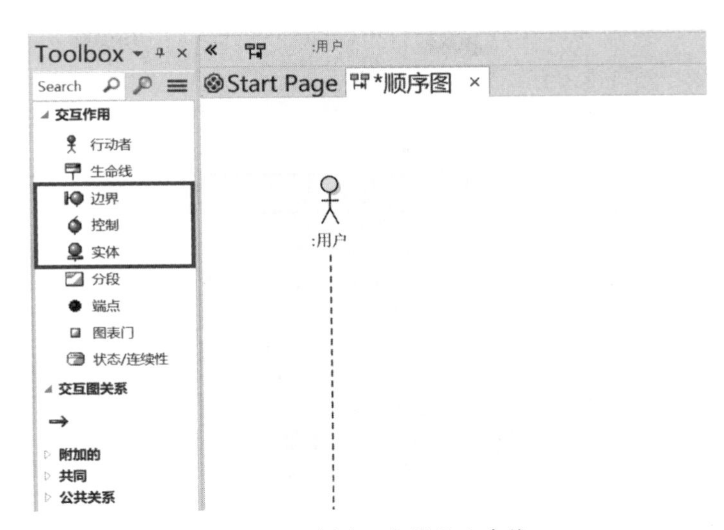

图 3-63　创建一条类的生命线

(2) 给元素命名，单击空白处即可创建完成，如图 3-64 所示。

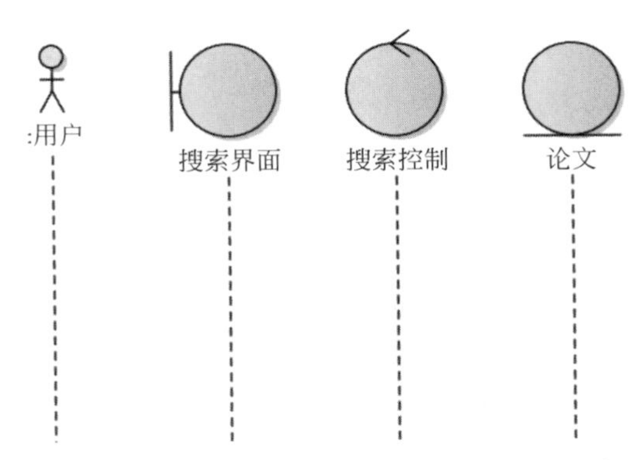

图 3-64　完成边界类、控制类和实体类的创建

如果类已经在类图中创建，应该以对象的形式在顺序图中添加该类，其部分步骤类似于将用例图的行动者添加到顺序图中。

① 在浏览器窗口将类图的类拖动到主视图的顺序图中。

② 在"Paste 论文"对话框的 Drop as 下拉菜单中选择 Lifeline 选项，如图 3-65 所示。

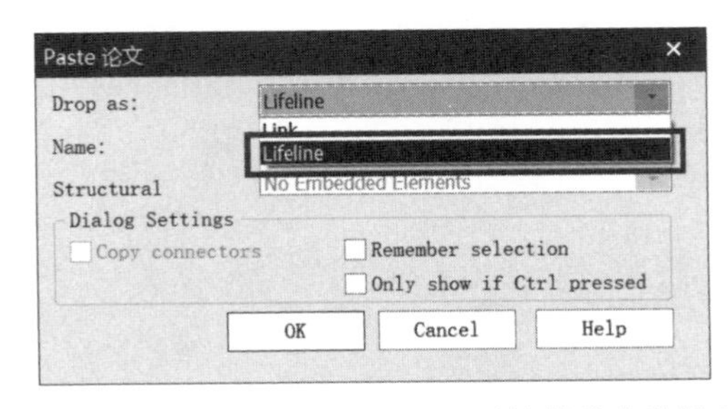

图 3-65　在"Paste 论文"对话框的 Drop as 下拉菜单中选择 Lifeline 选项

(3) 双击类图标,或者右击类图标,再单击 Properties→Properties 选项,打开特性窗口,如图 3-66 所示。

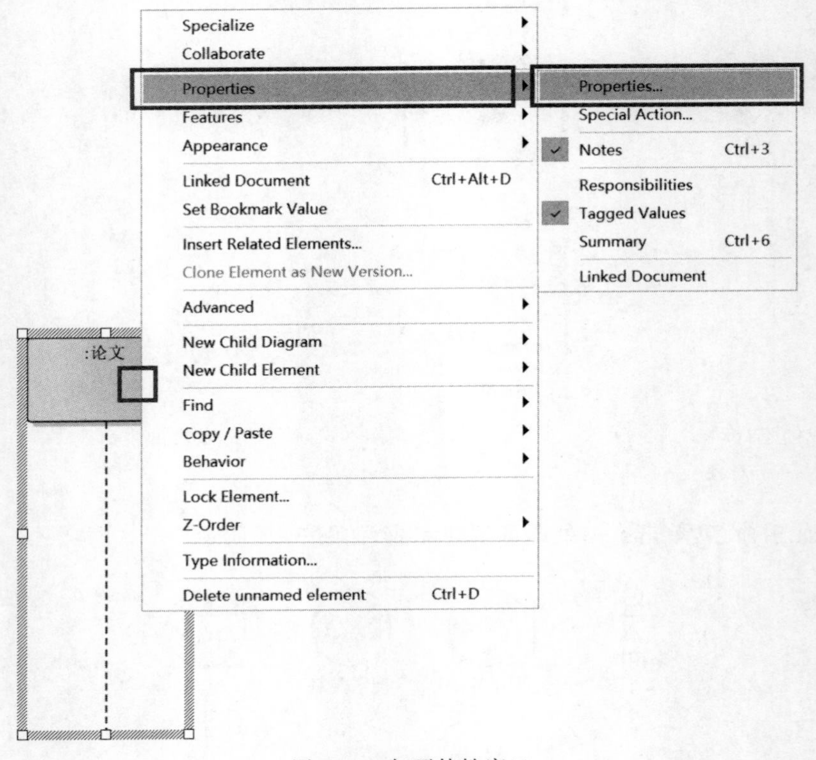

图 3-66 打开特性窗口

(4) 在特性窗口右侧单击 Stereotype 下拉菜单右侧的"..."按钮,如图 3-67 所示。

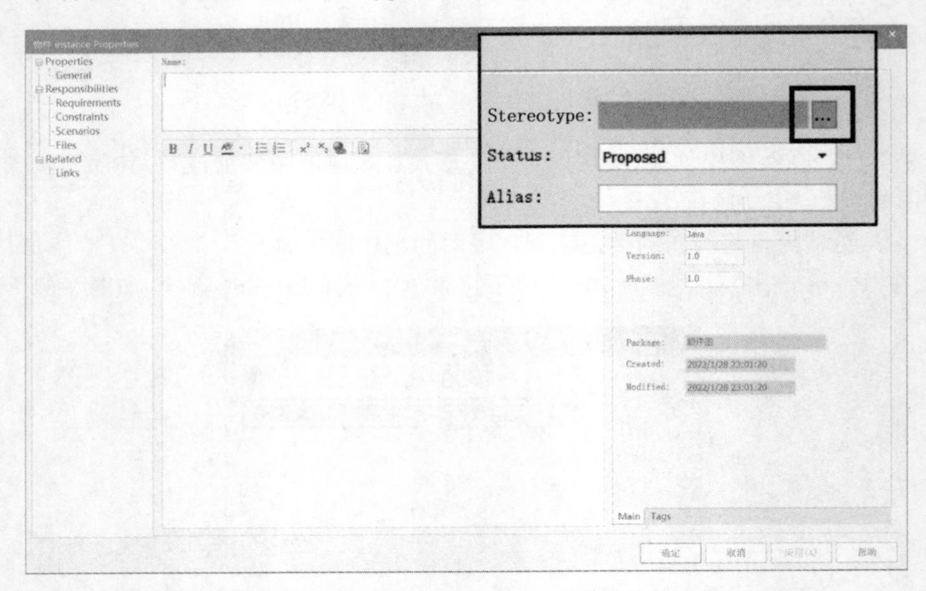

图 3-67 在特性窗口右侧单击 Stereotype 下拉菜单右侧的"..."按钮

(5) 在 Stereotype for 对话框的 Perspective 下拉菜单中选择 All Perspectives 选项，在 Profile 下拉菜单中选择 EAUML 选项，根据边界类、控制类或实体类分别在下方勾选 boundary、control 或 entity 复选框，确定类图标显示类型，如图 3-68 所示。

(6) 确认以上设置，类以对象的形式创建完成，并且显示边界类、控制类和实体类对应的正确图标，如图 3-69 所示。

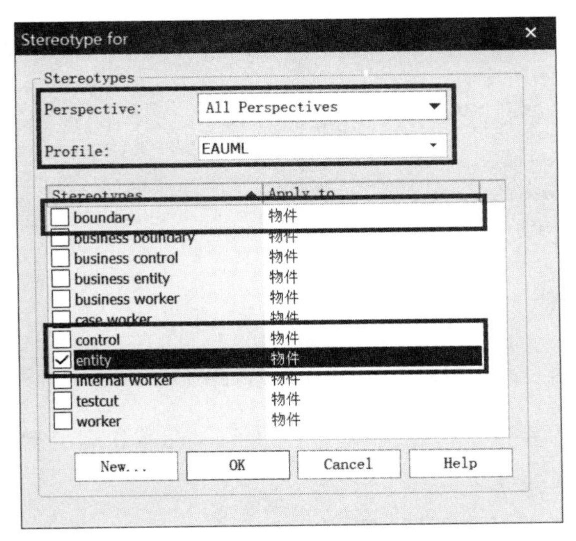

图 3-68　设置类图标显示类型

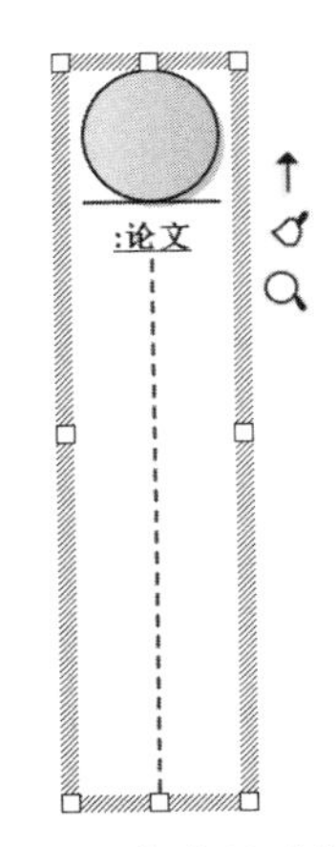

图 3-69　完成以对象的形式创建类，且图标显示正确

2. 消息

(1) 选择工具箱的消息箭头工具，将鼠标悬停在发送消息的生命线上，按住鼠标左键，将鼠标从发送消息的生命线拖动到接收消息的生命线，松开鼠标后即可创建消息线条，如图 3-70 所示。

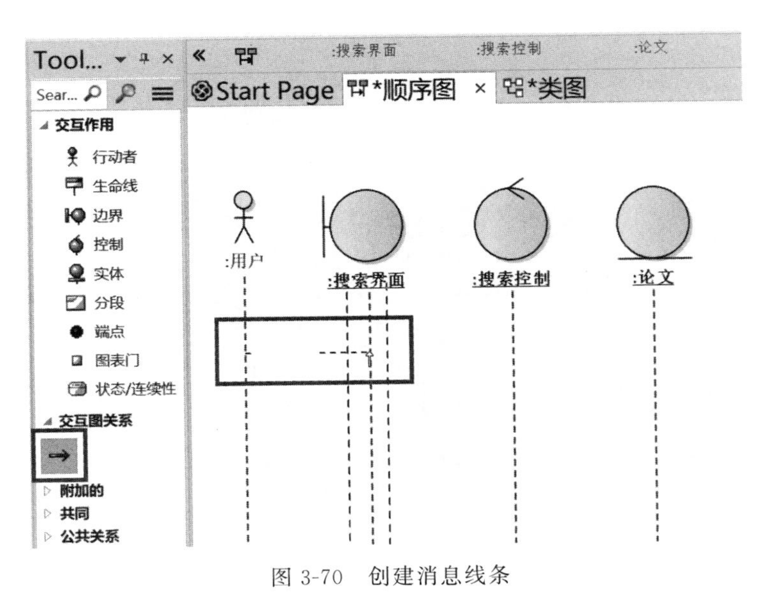

图 3-70　创建消息线条

(2) 双击消息线条,或者右击消息线条,再单击 Properties 选项,如图 3-71 所示。

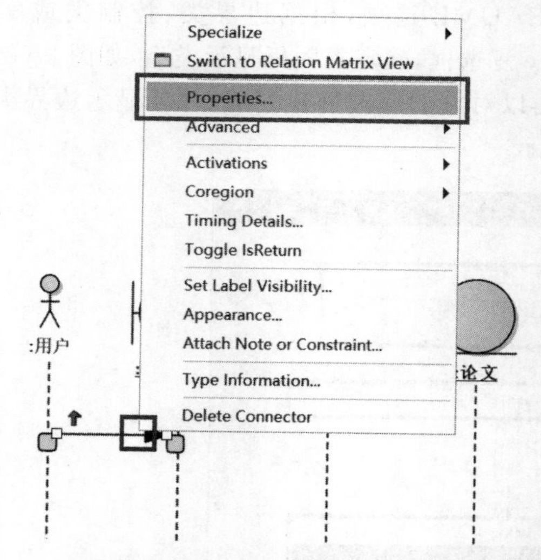

图 3-71　双击消息线条,或者右击消息线条,再单击 Properties 选项

(3) 在特性窗口可以修改消息具体的参数,修改后单击左上角的保存按钮即可保存设置,如图 3-72 所示。特性窗口的关键参数说明如表 3-4 所示。

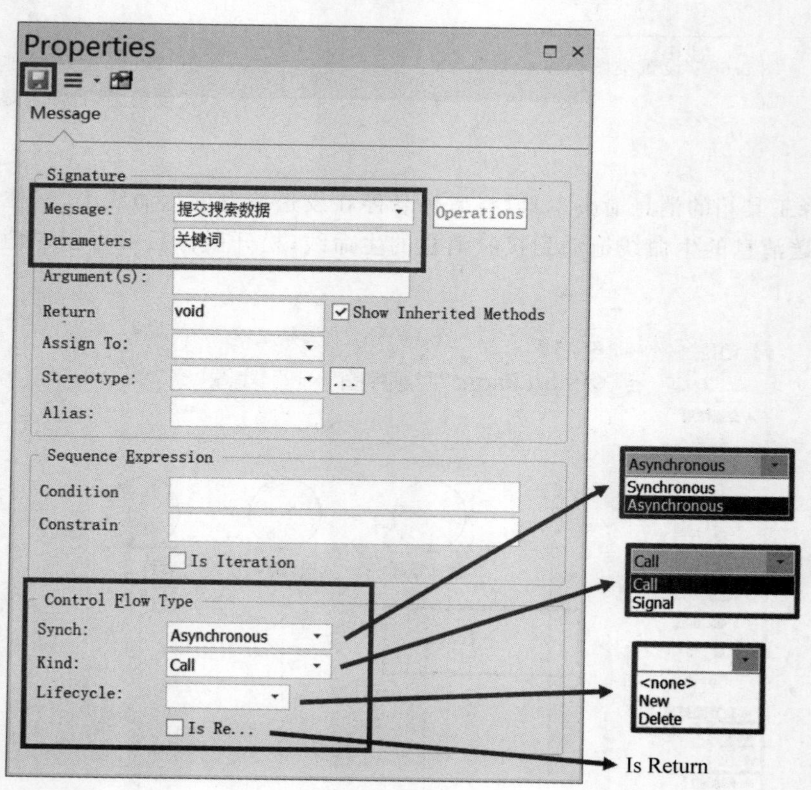

图 3-72　消息特性窗口

表 3-4 特性窗口的关键参数说明

关键参数名称	关键参数说明
Message	消息的调用方法名称
Parameters	调用方法的参数
Synch	在没有勾选 Is Return 选项的情况下，选择 Synchronous 选项时代表消息为同步消息，选择 Asynchronous 选项时代表消息为异步消息
Lifecycle	选择 New 选项时代表消息为创建消息，选择 Delete 选项时代表消息为销毁消息，选择< none >选项时则代表消息既不是创建消息也不是销毁消息
Kind	选择 Call 选项时代表消息为调用，选择 Signal 时代表消息为信号
Is Return	勾选该选项时为返回消息

下面对不同类型的消息与生命线激活状态之间的关系进行简单说明，读者可以结合示例理解，如图 3-73 所示。

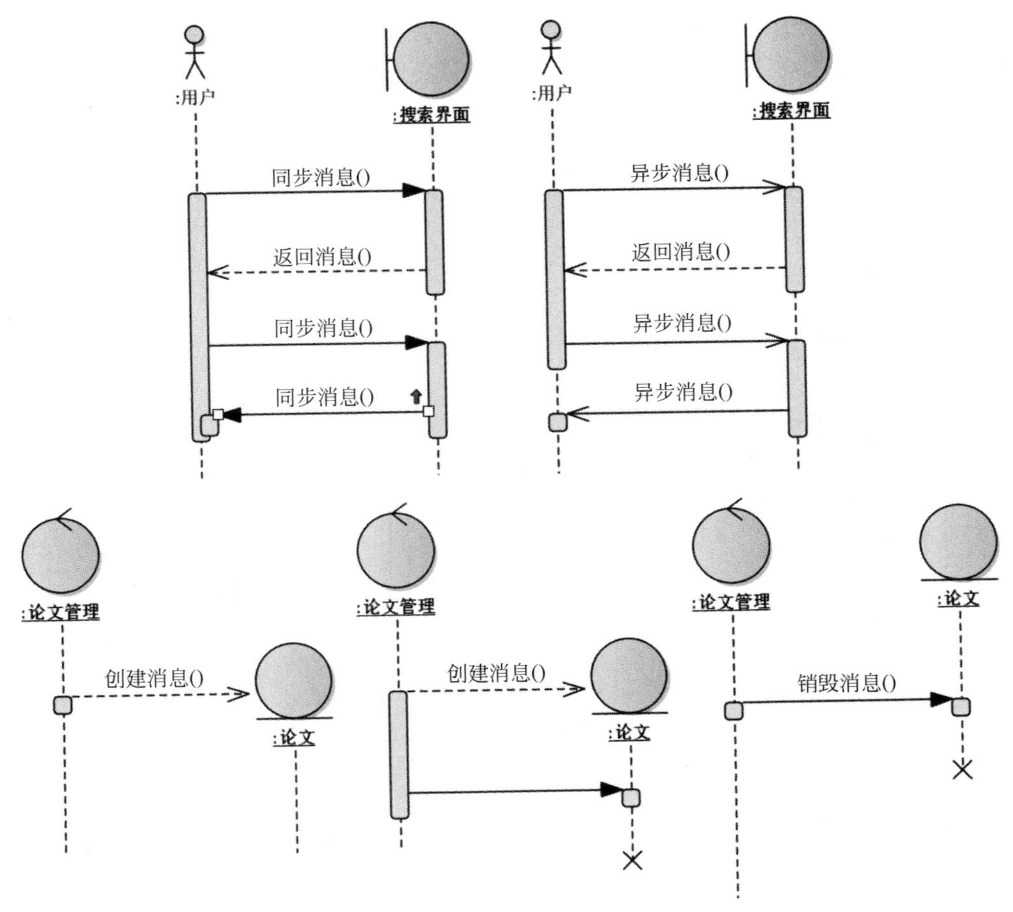

图 3-73 不同类型的消息与生命线激活状态间的关系说明

① 无论什么类型的消息，只要生命线发出了消息，激活状态就会从上一个激活状态延续到发出消息的时候。

② 返回消息：接收的生命线如果在接到返回消息前有发出过同步消息或异步消息，激活状态就会从发出消息时延续到收到返回消息的时候。

③ 同步消息：同步消息发出后，发送的生命线在下一次发送或接收消息前，会一直保持激活状态。

④ 异步消息：异步消息发出后，如果后续没有发送消息或接收返回消息，发送的生命线会停止它的激活状态。

⑤ 创建消息：发送的生命线在发送结束后会停止激活状态；接收的生命线会从收到创建消息的时候开始；如果该生命线后续有发送消息或接收消息，它会在最后一次发送消息或接收消息后终止。

⑥ 销毁消息：发送的生命线在发送结束后会停止激活状态；接收的生命线会在最后一次发送消息或接收消息后终止。

除了使用创建消息或销毁消息之外，无法在生命线后面加上生命终止符。

如果要绘制丢失消息或找到消息，可以通过工具栏的“端点”工具绘制一个端点，再以端点作为消息的发出端(丢失消息)或接收端(找到消息)即可，如图 3-74 所示。

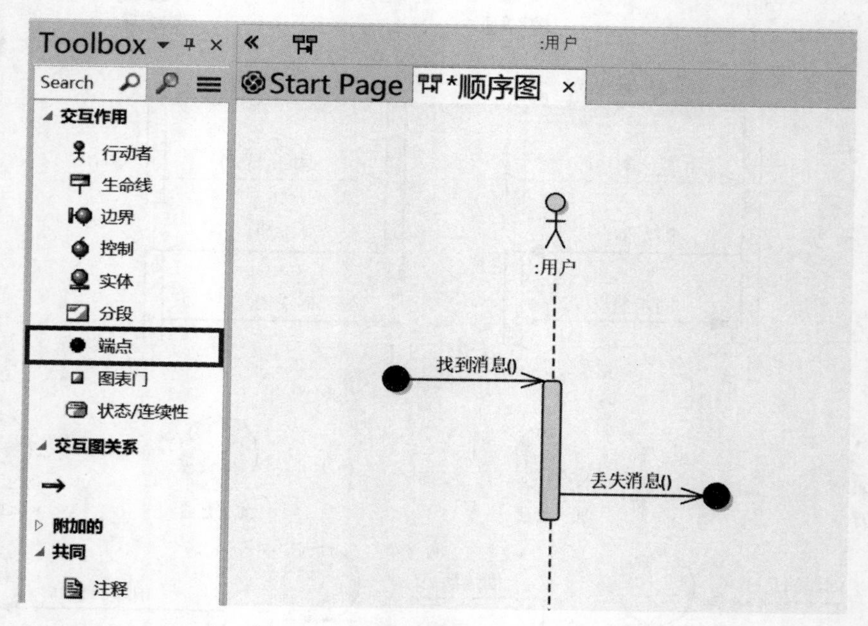

图 3-74　绘制丢失消息或找到消息

3. 组合片段

(1) 选择工具箱的“分段”工具，在主视图空白处单击，创建一个组合片段，如图 3-75 所示。

(2) 双击组合片段框，或者右击组合片段框，再单击 Properties→Properties 选项，打开 Combined Fragwent 对话框，可以设置具体的内容，如图 3-76 所示。

Type 下拉菜单可以选择组合片段的类型；Conditions 可以设置进入组合片段框中不同区域的条件。

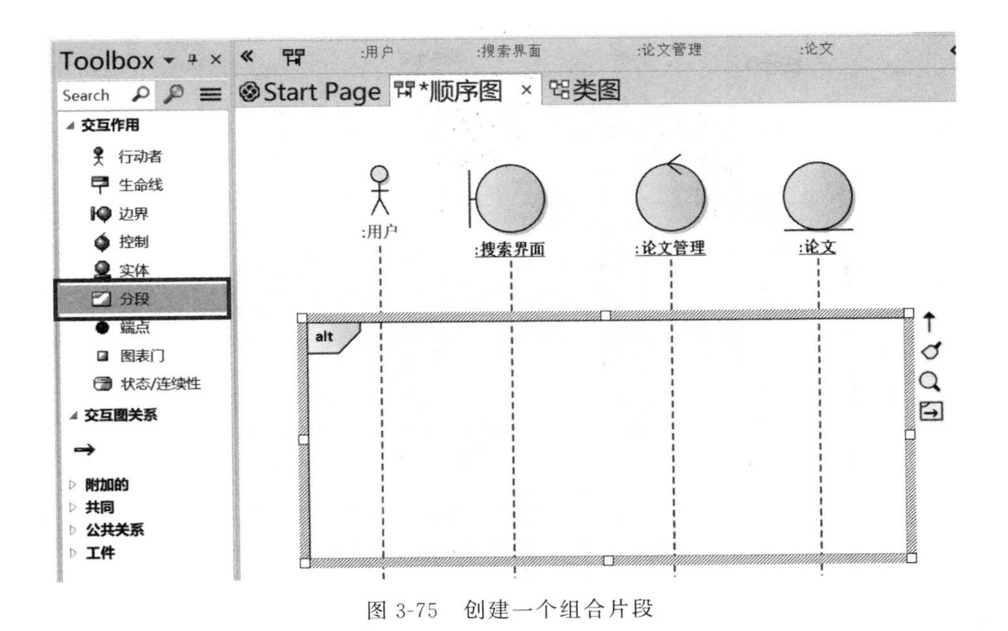

图 3-75 创建一个组合片段

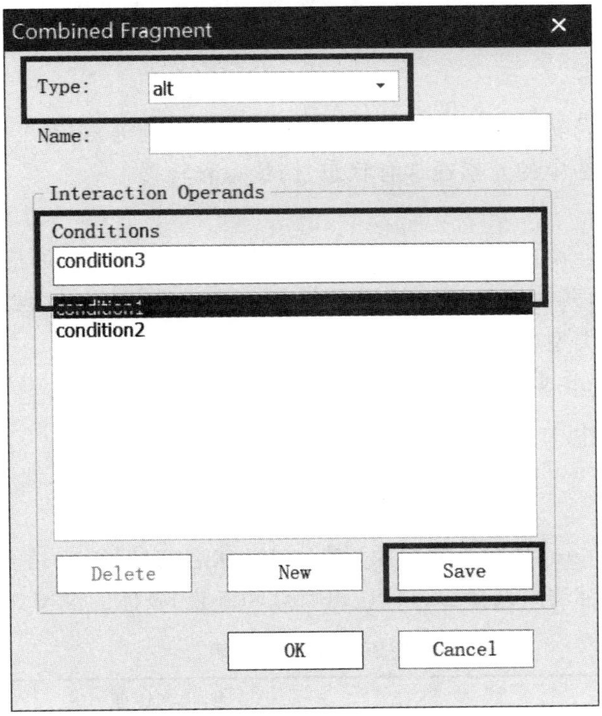

图 3-76 组合片段特性窗口

Conditions 的设置方法为：单击 New 按钮，然后在 Conditions 下方的输入框中输入条件的说明，最后再单击 Save 按钮，即可添加 Conditions 说明。确认设置后即可完成组合片段的创建，如图 3-77 所示。

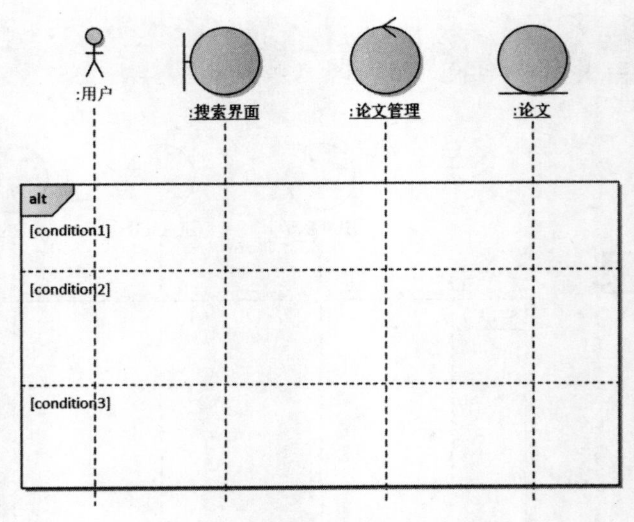

图 3-77　完成组合片段的创建

3.6　绘制"论文检索系统"的状态图

3.6.1　基本概念

状态图通过状态及转移来描述一个实体(类、操作、用例等)在某个事件下可能的状态与状态变化情况。状态图中的元素通常有状态、伪状态和转移。

1. 状态

状态(state)为最基本的元素；每个状态可以被分为多个部分,称其为区域(region)；状态的名称占一个区域,其他区域可以放置子状态；同一个状态的区域间正交,表示并发转移。状态可分为3种类型。

➢ 简单状态(simple state)：只有一个区域的状态。

➢ 复合状态(composite state)：有两个或以上区域的状态。

➢ 子机状态(submachine state)：代表整个状态机,用于引用其他状态机。

2. 伪状态

伪状态(pseudo state)是状态的抽象,用于辅助状态的转换,包括开始、深历史记录、浅历史记录、分支、结合、汇合、选择、入口点、出口点和终止,具体的说明如表3-5所示。

表 3-5　伪状态说明

伪状态名称	伪状态说明
开始(initial)	开始节点表示状态机中一个区域的起点,只能有一个传出转移；这个转移不能有触发器或守卫条件；一个区域最多有一个开始节点
深历史记录(deep history)	深历史记录保存了退出其所在区域前的状态,在此之后再转移到该状态可以恢复到退出前的状态；如意外停电后,可以通过转移到深历史记录来恢复到停电前的状态

续表

伪状态名称	伪状态说明
浅历史记录(shallow history)	浅历史记录和深历史记录的功能类似,但浅历史记录只能恢复到和它同层级区域的状态。 例如,浅历史记录和状态 A 在同一层级,状态 B 和状态 C 为状态 A 的子状态,假如设备在状态 C 时因为意外停电而中断,则在恢复后通过浅历史记录只能恢复到状态 A(从开始节点执行),而不能直接恢复到状态 C
分支(fork)	转移进入分支节点后,会被分割成多个并行的转移;这些传出的转移不能有触发器或守卫条件,且指向位于不同的正交区域的状态
结合(join)	多个转移进入结合节点后,会被结合成一个转移,传入转移间会保持同步,即在每个传入转移都到达后才会转移出去;此外,传入的转移不能有触发器或守卫条件,且源于不同的正交区域的状态
汇合(junction)	如果多个状态具有相同的传出转移,可以使用汇合节点作为中间点,以此简化状态图内容
选择(choice)	选择节点用于做逻辑判断,需要根据守卫条件在传出转移间做出选择;同时满足多个守卫条件时选择节点会选择其中的一个转移
入口点(entry point)	入口点代表复合状态的一个可能的入口,这个入口对外是可见的,且可以直接跳转到复合状态中的某一个子状态(子状态是对外不可见的);入口点只能有一个传出转移
出口点(exit point)	出口点和入口点定义类似,目的是对外暴露一个复合状态的出口
终止(terminate)	终止节点代表状态机已经执行完毕

3. 转移

转移(transition)连接了两个状态,代表状态转移;转移的参数有:触发器、守卫条件和效果。

(1) 触发器(trigger):描述某一个事件,当事件发生时,触发器会触发。

(2) 守卫条件(guard):描述一个条件,在触发器触发后,只有在守卫条件为真时才会发生转移。

(3) 效果(effect):描述转移发生时的动作。

3.6.2 创建状态图

(1) 在 EA 项目中,右击浏览器窗口的 Model 选项,单击 Add View 选项,创建一个视图。

(2) 创建的视图为一个包,在弹出的 New Package 对话框中对包进行设置,与创建顺序图的操作类似。

(3) 选择图的类型,选择"UML 行为"→State Machine 选项,单击 OK 按钮确认,如图 3-78 所示。

(4) 双击浏览器窗口的"状态图"选项后,主视图会打开状态图,如图 3-79 所示。

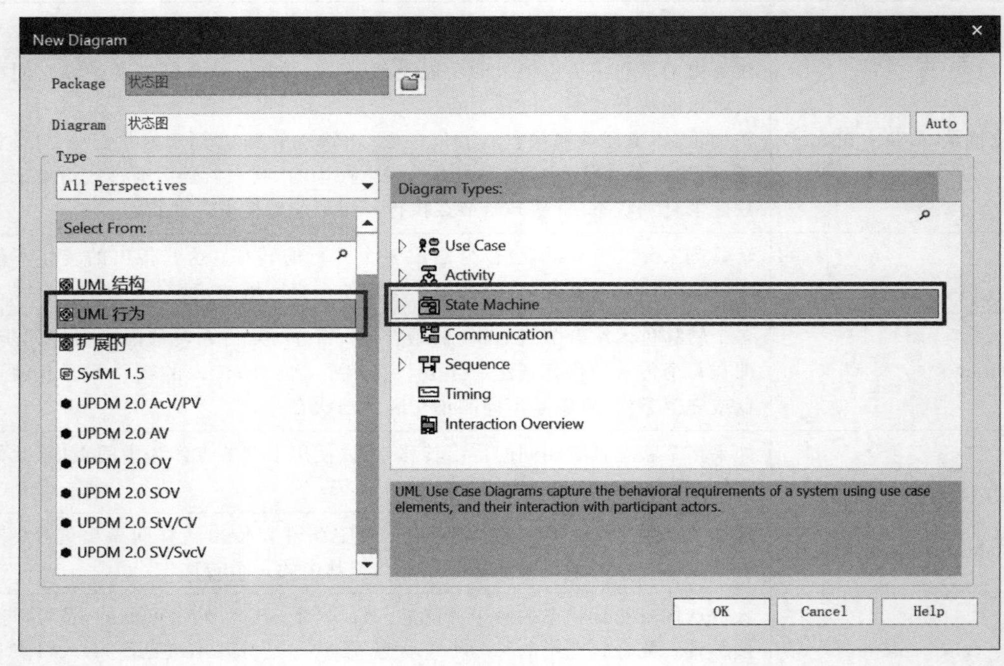

图 3-78　选择图的类型

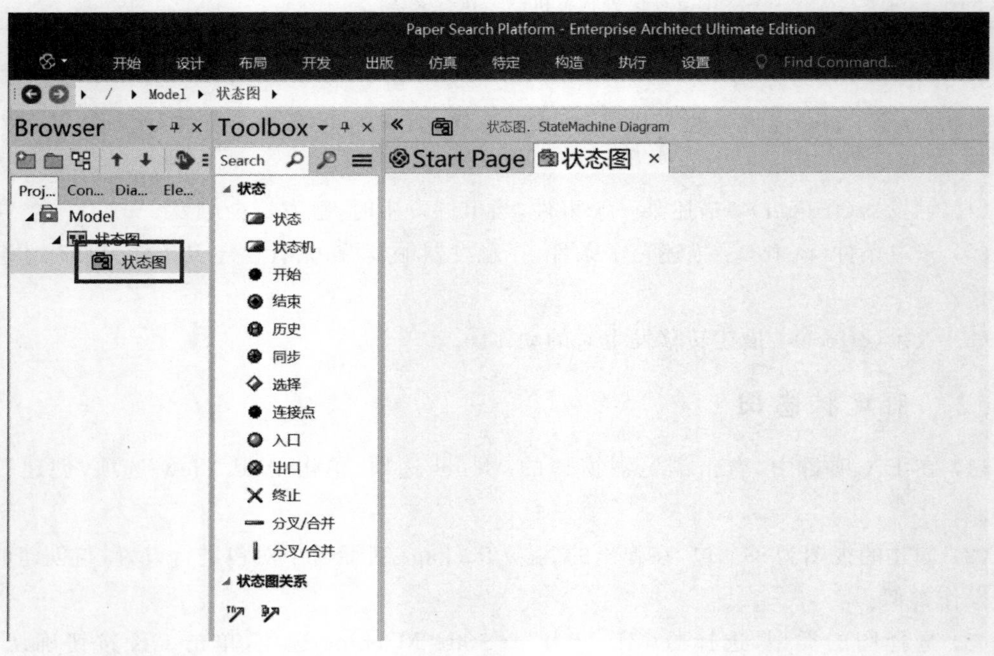

图 3-79　打开状态图

3.6.3 绘制状态图元素

1. 简单状态

选择工具箱的“状态”工具，在主视图空白处单击，创建一个简单状态；给元素命名为“论文审核中”，单击空白处即可创建完成，如图 3-80 所示。

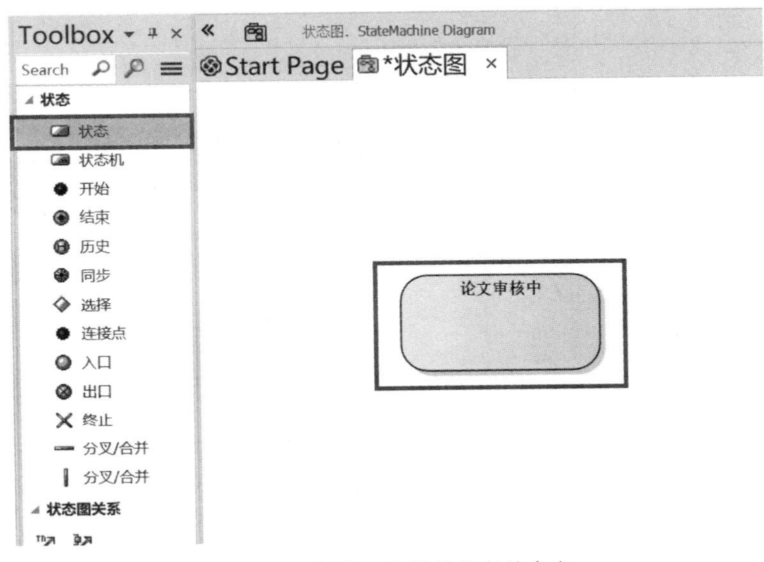

图 3-80 创建一个简单状态并命名

如果要绘制其子状态，可以先增加父状态的大小，将子状态及其他节点拖动进去即可加入父状态，如图 3-81 所示。子状态会随父状态一起移动，并且不能通过拖动操作来移出父状态的区域。

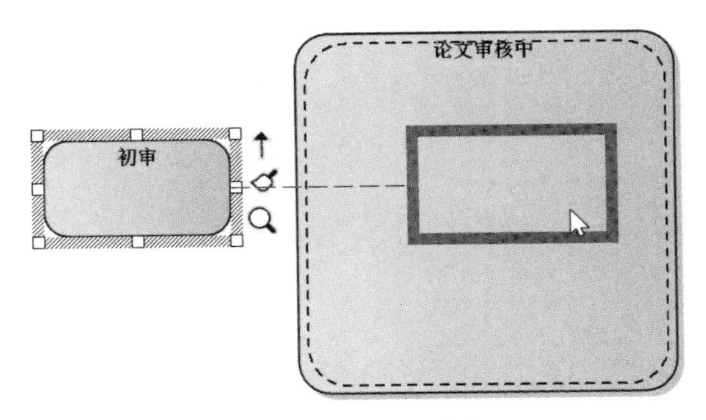

图 3-81 添加子状态

2. 复合状态

(1) 先创建一个简单状态，然后右击简单状态，单击 Advanced→Define Concurrent Substates 选项，打开 State Regions 对话框，如图 3-82 所示。

(2) 在 State Regions 对话框中单击 New 按钮和 Save 按钮创建一定数量的区域(使用匿名名称< anonymous >)后，单击 Close 按钮即可保存设置，如图 3-83 所示。

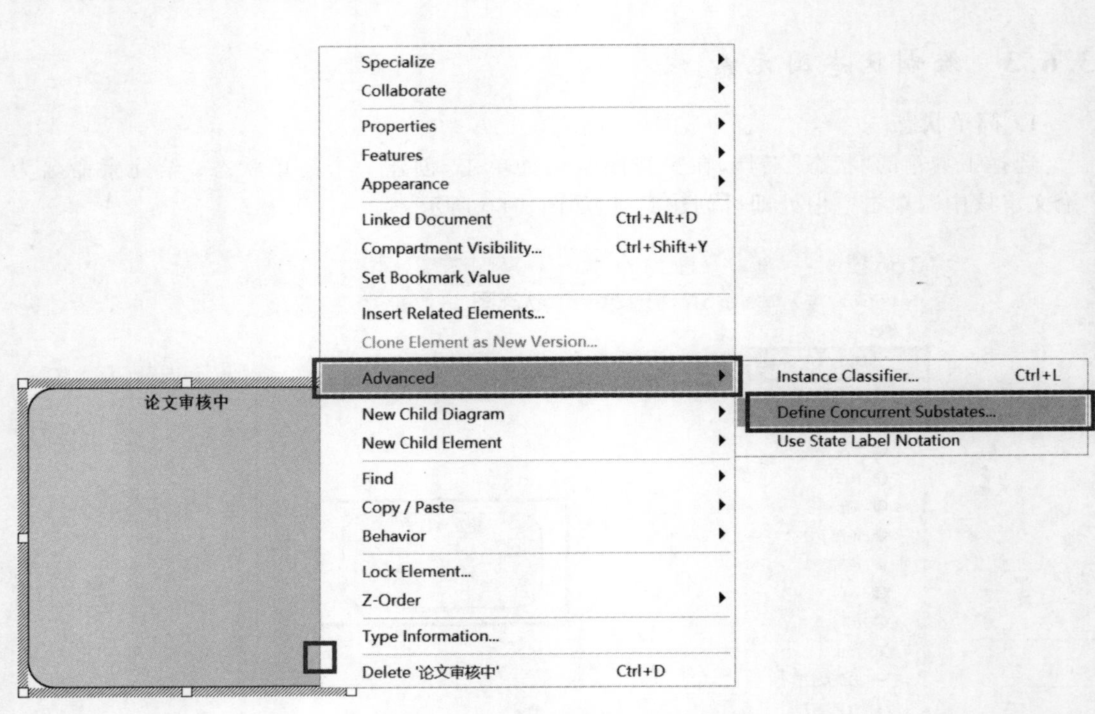

图 3-82　打开 State Regions 对话框

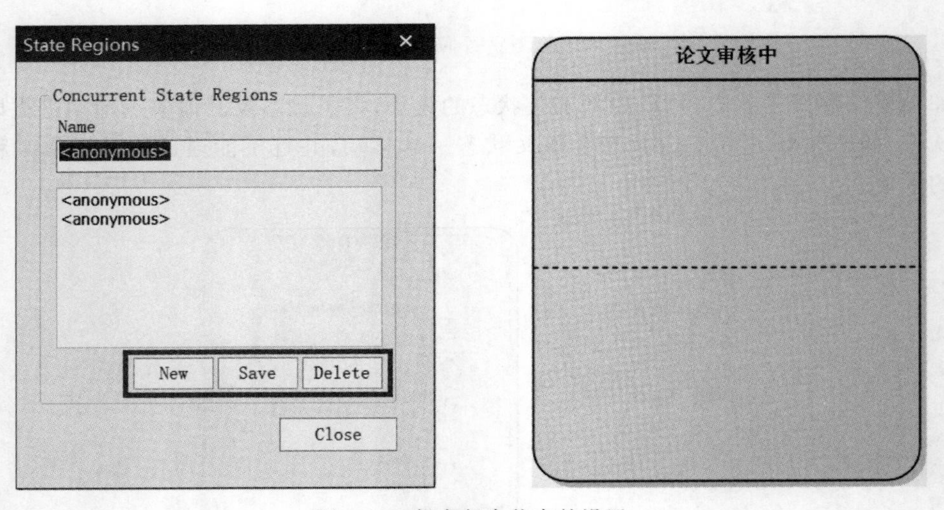

图 3-83　保存复合状态的设置

3. 子机状态

选择工具箱的“状态机”工具，在主视图空白处单击，创建一个子机状态；给元素命名为“论文维护”，单击空白处即可创建完成，如图 3-84 所示。

双击子机状态还可以设置该状态机内部的状态。

4. 伪状态

创建伪状态的操作和创建简单状态的操作类似，根据表 3-6 和图 3-85 所示的工具和操作可以创建对应的伪状态。

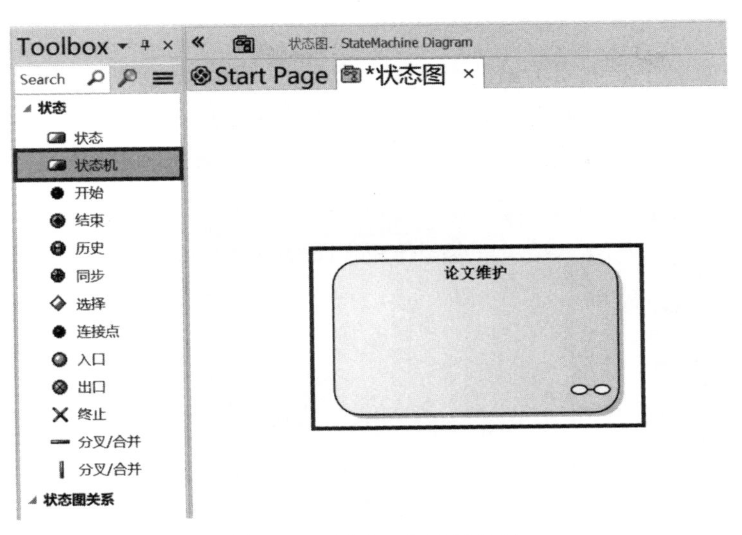

图 3-84 创建一个子机状态

表 3-6 创建状态图伪状态操作

伪状态名称	创建伪状态操作
开始	选择工具箱的"开始"工具
浅历史记录	选择工具箱的"历史"工具
深历史记录	创建一个浅历史记录节点，右击节点，单击 Advanced→Deep History 选项
分支/结合	选择工具箱的"分叉/合并"工具
汇合	选择工具箱的"连接点"工具
选择	选择工具箱的"选择"工具
入口点	选择工具箱的"入口"工具
出口点	选择工具箱的"出口"工具
终止	选择工具箱的"结束"工具

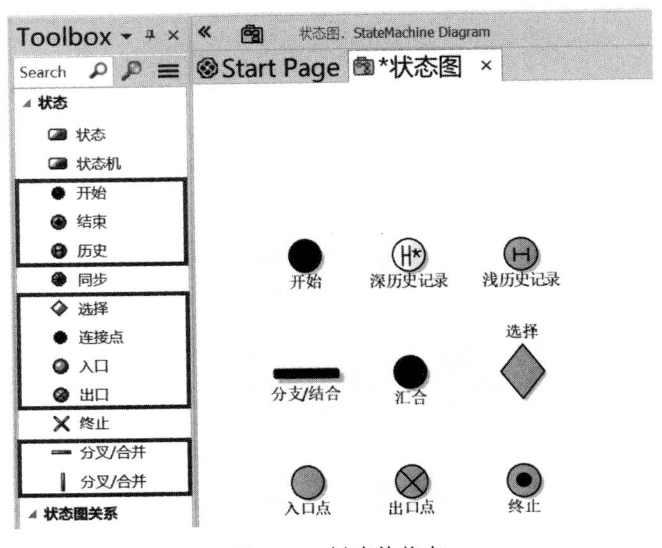

图 3-85 创建伪状态

5. 转移

(1) 选择工具箱中状态图关系的第一个箭头工具,将鼠标悬停在前驱状态或伪状态上,按住鼠标左键,将鼠标从前驱状态或伪状态拖动到后继状态或伪状态,松开鼠标后即可创建转移线条,如图 3-86 所示。

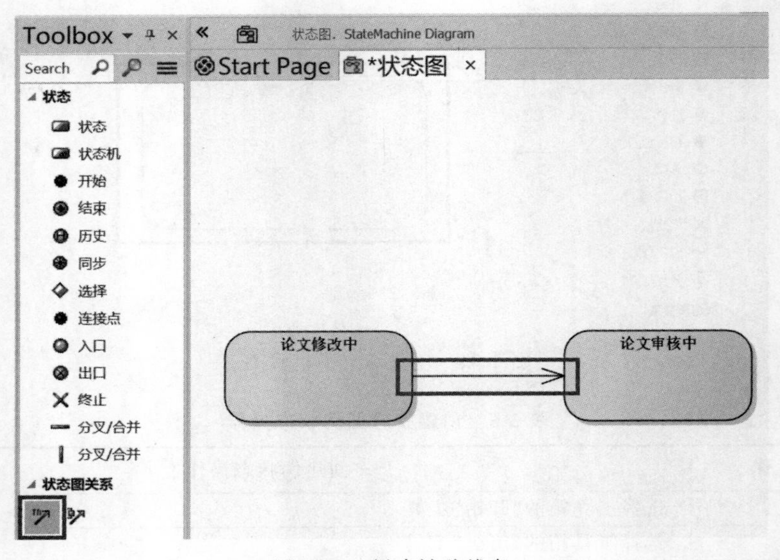

图 3-86 创建转移线条

(2) 双击转移线条,或者右击转移线条,再单击 Properties 选项,打开特性窗口,如图 3-87 所示。

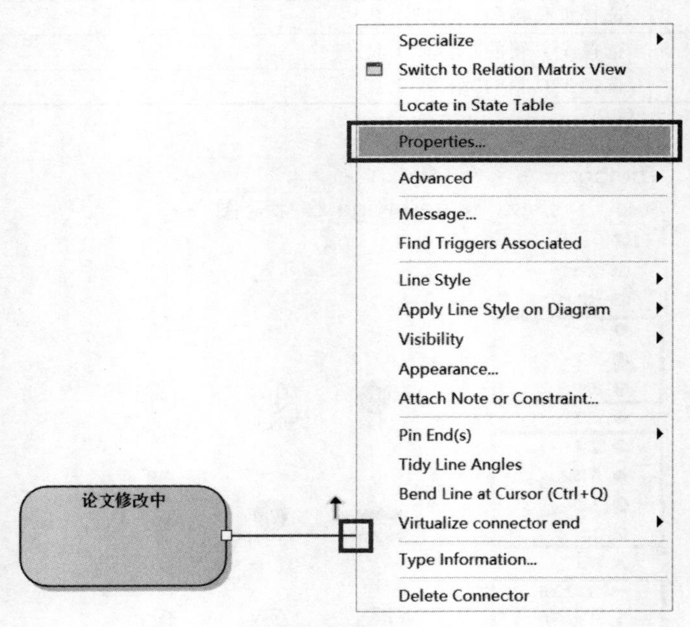

图 3-87 打开特性窗口

(3) 在特性窗口中,在左侧打开 Constraints 页面,可以在右侧 Triggers、Guard 和 Effect 输入框处分别对触发器、守卫条件和效果进行设置,如图 3-88 和图 3-89 所示。

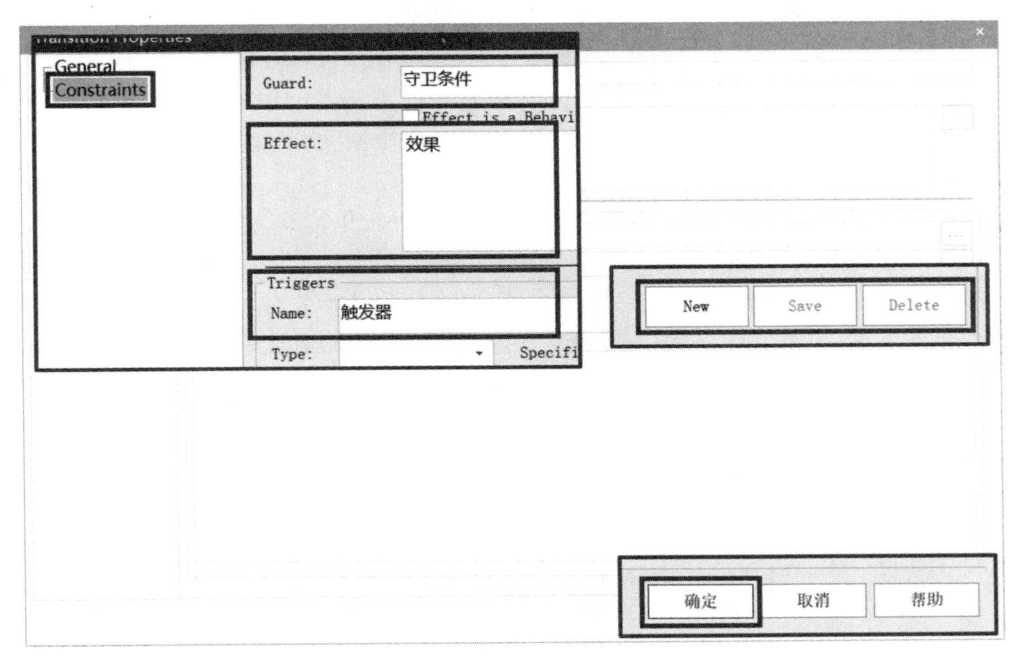

图 3-88 转移的特性窗口

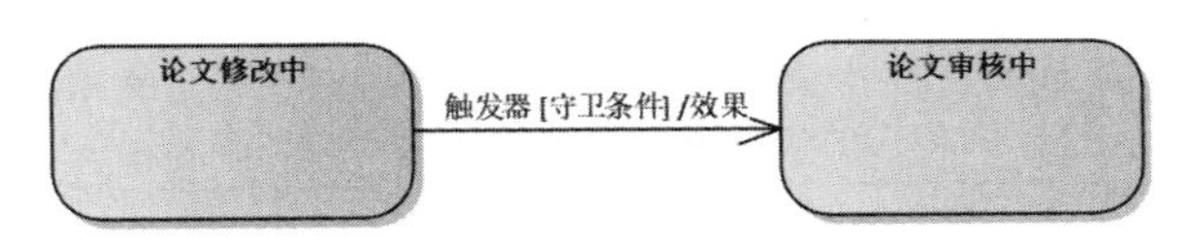

图 3-89 完成转移的创建

3.7 绘制“论文检索系统”的活动图

3.7.1 基本概念

活动图利用行为和之间的关系来描述系统或软件执行的一系列操作或业务工作流程中发生的事件,行为在活动图中可理解为活动。

在活动图中,所有的节点都是活动节点,活动节点间通过活动流相连。

活动图的执行依赖于令牌在活动流上的传递。令牌(token)用于描述活动的执行,活动节点只有在同时满足以下情况时才会激活并执行。

(1) 活动节点从活动流收到令牌。

(2) 令牌满足活动流的条件。

活动在执行结束后,会删除这个令牌,生成新的令牌并沿着其传出的活动流传递。

1. 活动节点

活动节点(activity node)简要概括某一个活动,里面可以包含其他节点来描述内部的活动,甚至还可以用另一个活动图来描述活动节点的内部活动;事实上,活动图本身就是一个大的活动节点。

活动节点具体可分为行动节点、对象节点和控制节点。通常,在活动图中会绘制活动节点表示可以被细分的行为,而行动节点、对象节点和控制节点是不可细分的。

(1) 行动节点(action node):代表一个原子的行为,在活动图中也称为可执行节点(executable node),是活动图的最小单位;例如,在"审核论文"活动中,"撰写评价"可以是里面的一个行动。

(2) 对象节点(object node):代表数据或物质(如评价单),作为活动或行动的输入参数或输出结果,在活动或行动间传递。

(3) 控制节点(control node):会影响令牌传递,分为开始节点、结束节点、分支节点、结合节点、合并节点、决策节点,令牌不能停留在控制节点。控制节点的说明如表 3-7 所示。

表 3-7 活动图控制节点说明

控制节点类型	节点功能说明
开始节点(initial node)	开始节点代表活动起始位置
结束节点(final node)	结束节点代表活动终止位置,分为流结束节点(flow final node)和活动结束节点(activity final node)。 令牌传到流结束节点后会被销毁,但不会影响其他的令牌;令牌传到活动结束节点后也会被销毁,并且其他的令牌也会被销毁,整个活动将停止执行
分支节点(fork node)	活动流传入分支节点后,会被分割成多个并发的活动流;传入的活动流与传出的活动流类型需要保持一致(例如,传入和传出的活动流均为控制流)
结合节点(join node)	多个活动流传入结合节点后,会被结合成一个活动流,传入活动流间会保持同步,即在每条传入活动流的令牌都到达后才继续执行。 此外,传入的活动流与传出的活动流类型需要保持一致
合并节点(merge node)	多个活动流传入合并节点后,会被合并成一个活动流,但传入活动流间不需要保持同步。 此外,传入的活动流与传出的活动流类型需要保持一致
判断节点(decision node)	判断节点用于做逻辑判断,需要在传出的活动流间做出选择;判断节点有一个传入活动流,且至少要有两个传出活动流

2. 活动流

活动流(activity edge)连接了两个活动节点,令牌可以沿着活动流转移。

活动流可以分为控制流和对象流。

(1) 控制流(control flow):连接两个行动节点,或者是连接一个行动节点和一个控制节点。

(2) 对象流(object flow):表示对象可以经过该活动流,其至少有一端是对象节点。

3.7.2 创建活动图

(1) 在 EA 项目中,右击浏览器窗口的 Model 选项,单击 Add View 选项,创建一个视图。

(2) 创建的视图为一个包,在弹出的 New Package 对话框中对包进行设置,与创建顺序图时类似。

(3) 选择图的类型，单击“UML 行为”→Activity 选项，单击 OK 按钮确认，如图 3-90 所示。

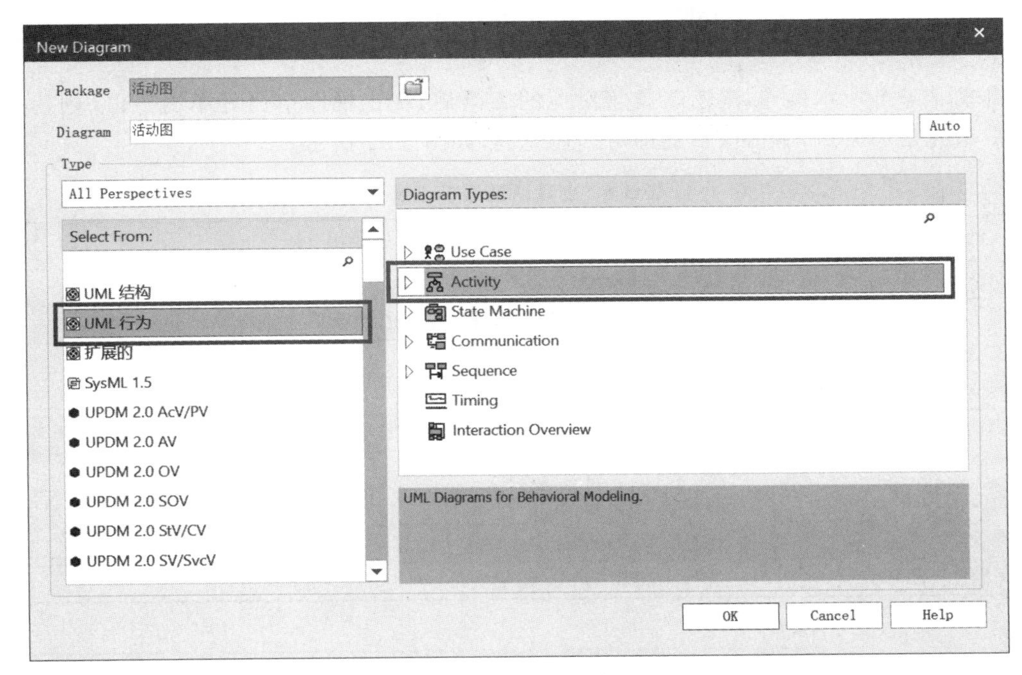

图 3-90 选择图的类型

(4) 双击浏览器窗口的“活动图”选项后，主视图会打开活动图，如图 3-91 所示。

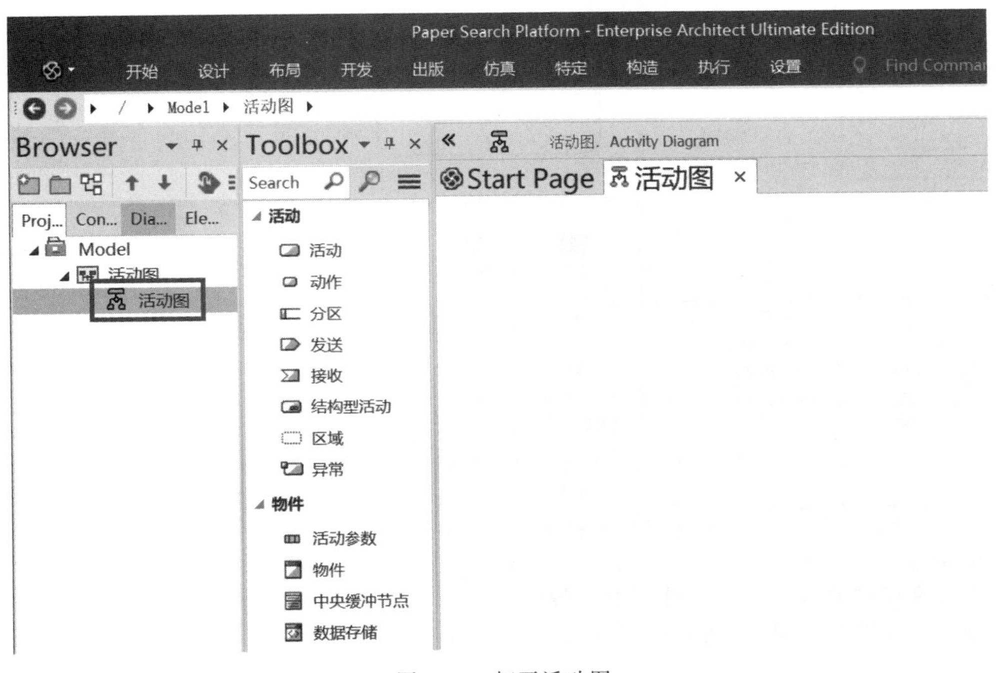

图 3-91 打开活动图

3.7.3 绘制活动图元素

1. 节点

根据表 3-8 所示操作,单击工具箱对应的工具后,在主视图空白处单击,可以创建一个节点;给元素命名后,单击空白处即可创建完成,如图 3-92 所示。

表 3-8 创建活动图节点操作

活动节点名称	节点创建操作
活动节点	选择工具箱的“活动”工具
动作节点	选择工具箱的“动作”工具,在弹出的窗口中选择 Atomic 选项
对象节点	选择工具箱的“物件”工具
开始节点	选择工具箱的“开始”工具
活动结束节点	选择工具箱的“结束”工具
流结束节点	选择工具箱的“流终结点”工具
判断节点	选择工具箱的“决策”工具
合并节点	选择工具箱的“合并”工具
分支节点、合并节点	选择工具箱的“分叉/合并”工具

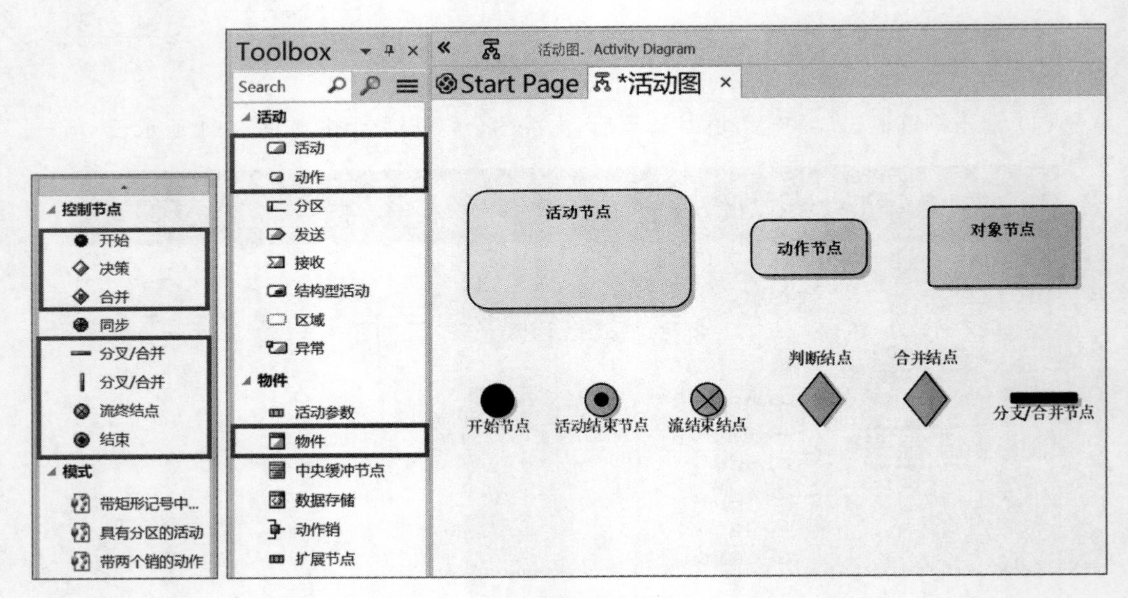

图 3-92 创建活动图节点

与在状态图创建子状态类似,将节点拖入活动节点,可加入该活动并成为子节点。

2. 流

活动流和对象流的图标在外观上一致。

(1) 选择工具箱中活动图关系的第一个箭头工具,将鼠标悬停在前驱节点上,按住鼠标左键,将鼠标从前驱节点拖动到后继节点,松开鼠标后即可创建流线条,如图 3-93 所示。

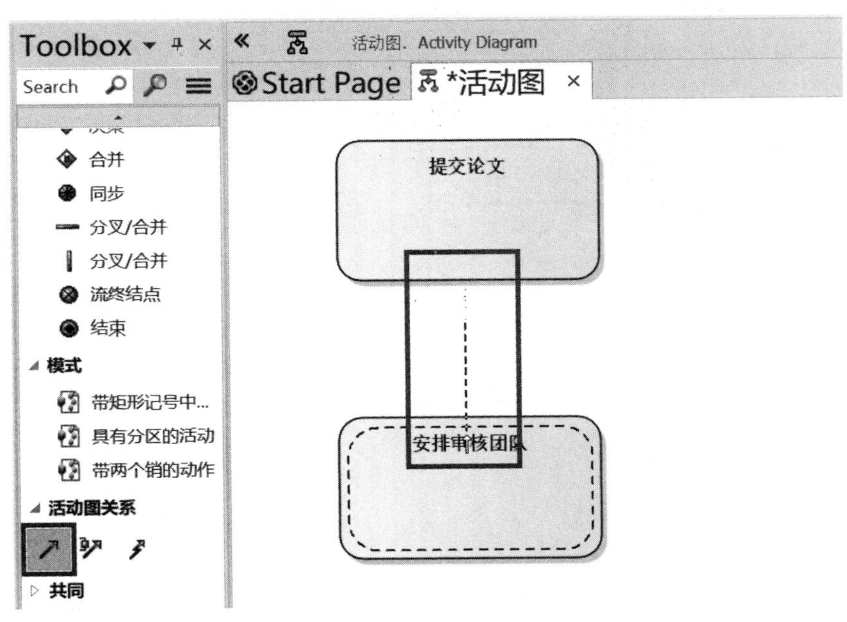

图 3-93　创建流线条

(2) 如果需要标注决策条件,双击流线条,或者右击流线条,再单击 Properties 选项,打开特性窗口,如图 3-94 所示。

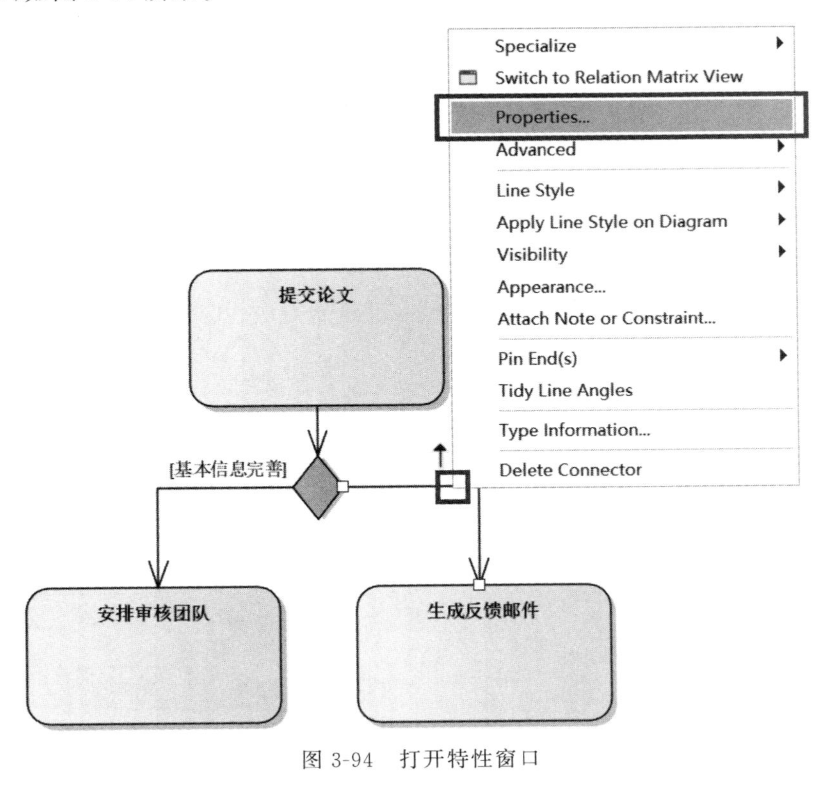

图 3-94　打开特性窗口

(3) 在特性窗口中,单击左侧的 Constraints 选项,可以在右侧 Guard 输入框中设置决策条件,如图 3-95 和图 3-96 所示。

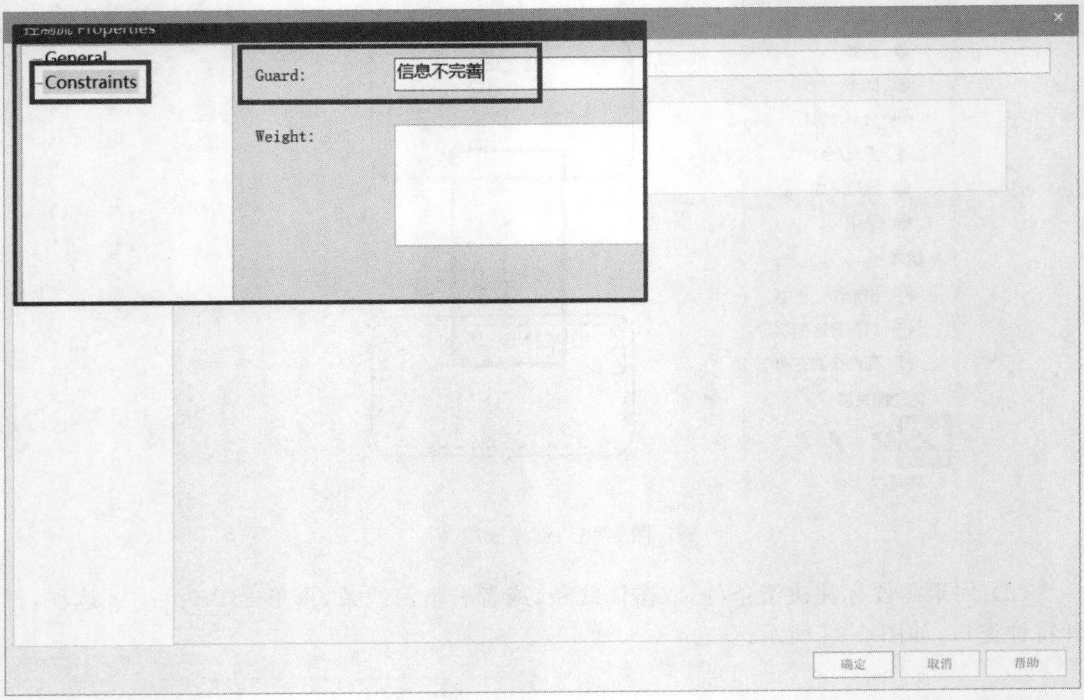

图 3-95　流线条特性窗口

提示 右击流线条,选择 Advanced→Change Type 选项,可以在弹出窗口中的 Connector Type 选择"控制流"或"对象流"设置流类型。但由于二者外观并没有区别,所以在此不特别设置。

3. 对象栓

对象栓(object node pin)是对象节点的另一种绘制方法,其依附在活动节点或行动节点上。如图 3-97 所示的两种画法是等价的。

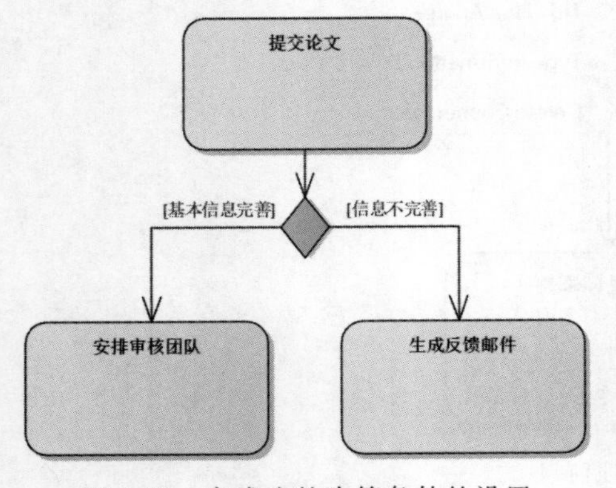

图 3-96　完成流的决策条件的设置

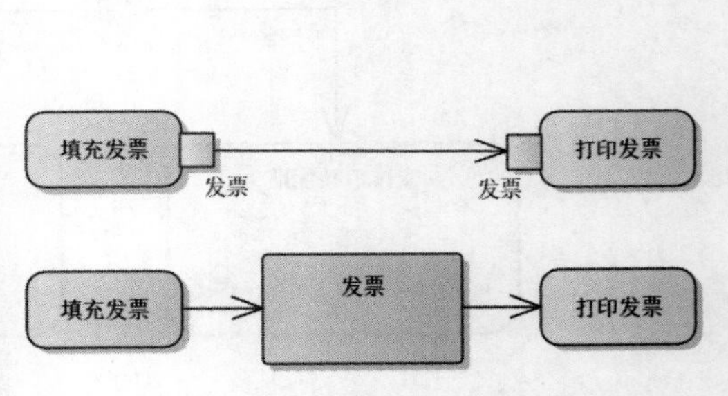

图 3-97　对象栓对应的等价画法

如果要创建一个对象栓，需要先创建好一个活动节点，然后再选择工具箱的“动作销”工具，在依附的活动节点上单击，可以创建一个对象栓，如图 3-98 所示。

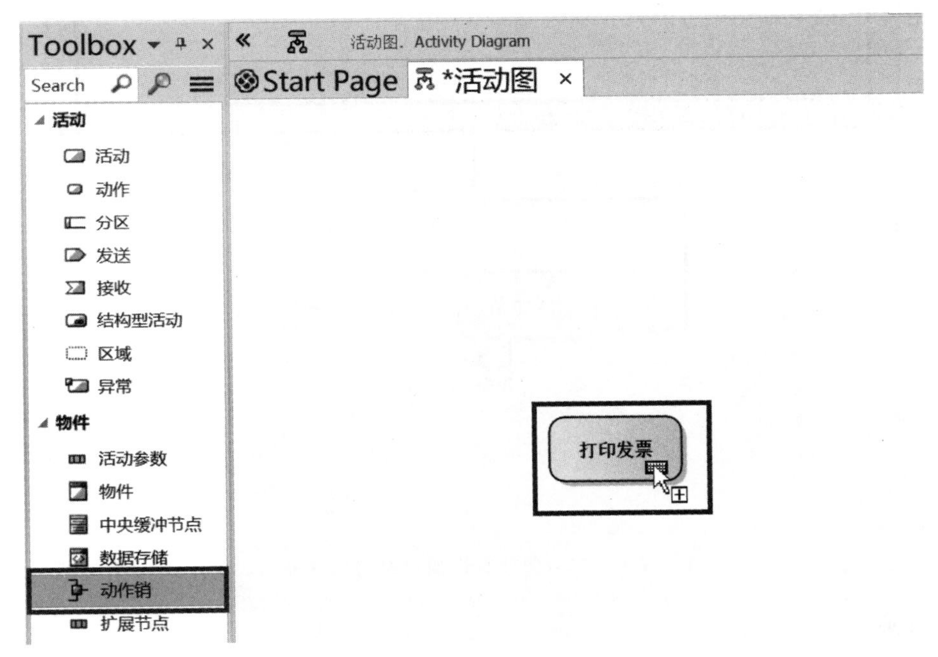

图 3-98　创建一个对象栓

双击对象栓，或者右击对象栓，并且单击 Properties→Properties 选项，打开特性窗口，给对象栓进行命名，如图 3-99 和图 3-100 所示。

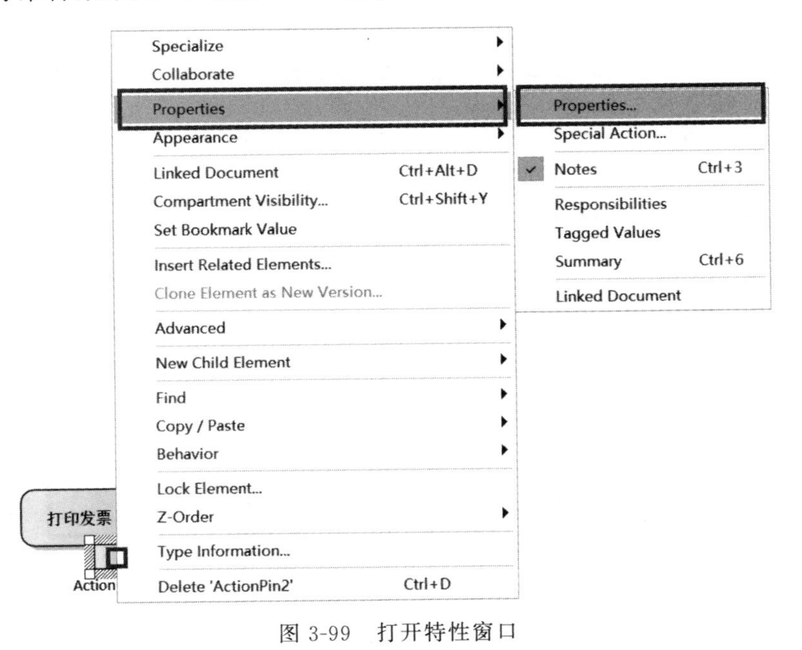

图 3-99　打开特性窗口

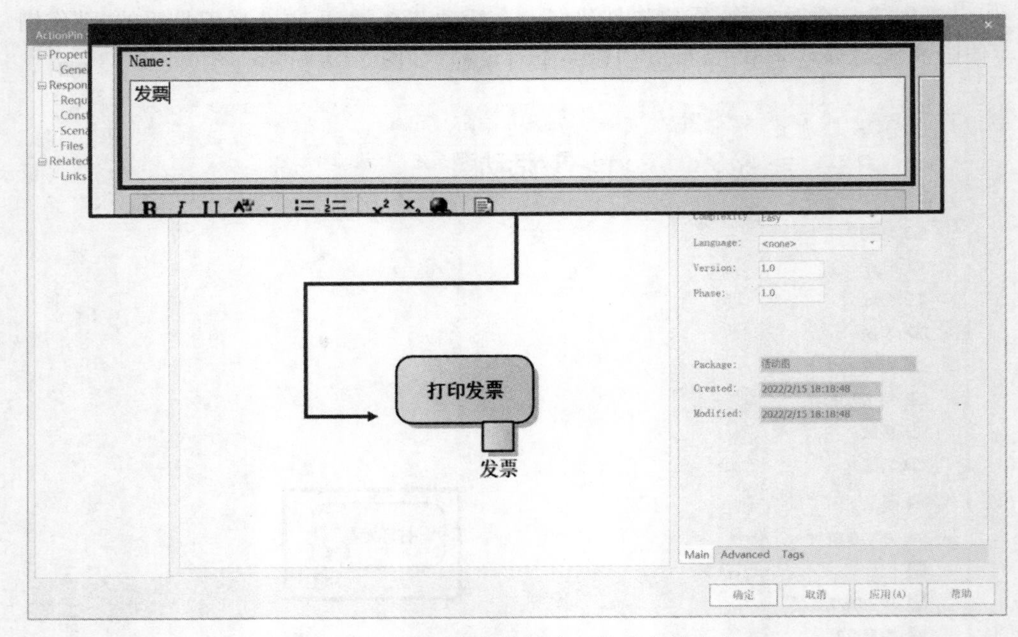

图 3-100　在对象栓特性窗口给对象栓命名

4. 泳道

泳道(swim lane)可以划分活动图,表示不同的活动或行动有不同的参与者。

(1) 选择工具箱的“分区”工具,在主视图空白处单击,创建一条泳道;给泳道命名为“用户”,单击空白处即可创建完成,如图 3-101 所示。

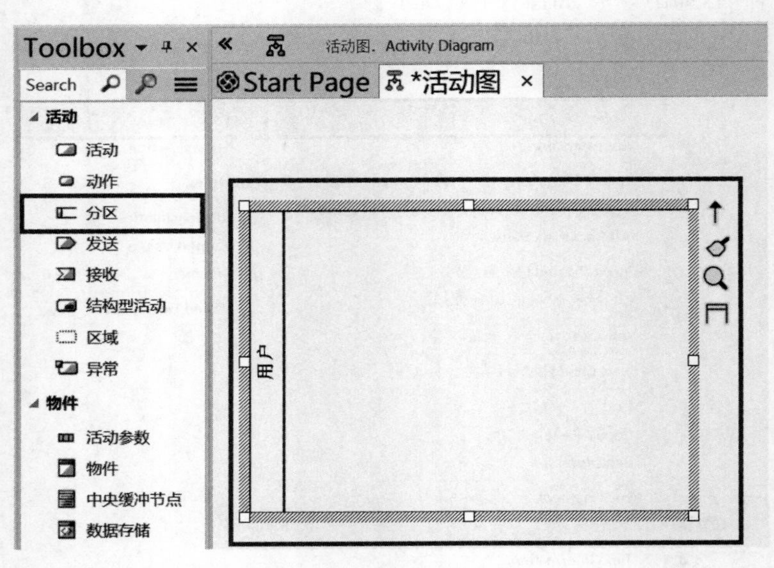

图 3-101　创建一条泳道

(2) 单击泳道右侧的符号可以使泳道旋转为垂直方向,如图 3-102 所示。

(3) 创建多条泳道并调整每一条泳道的大小,将它们拖动到一起即可形成多条泳道,如

图 3-103 所示。将元素拖到泳道之中，EA 会自动将元素和泳道的位置绑定，类似于成为了子节点，泳道移动时里面的元素会一起移动。

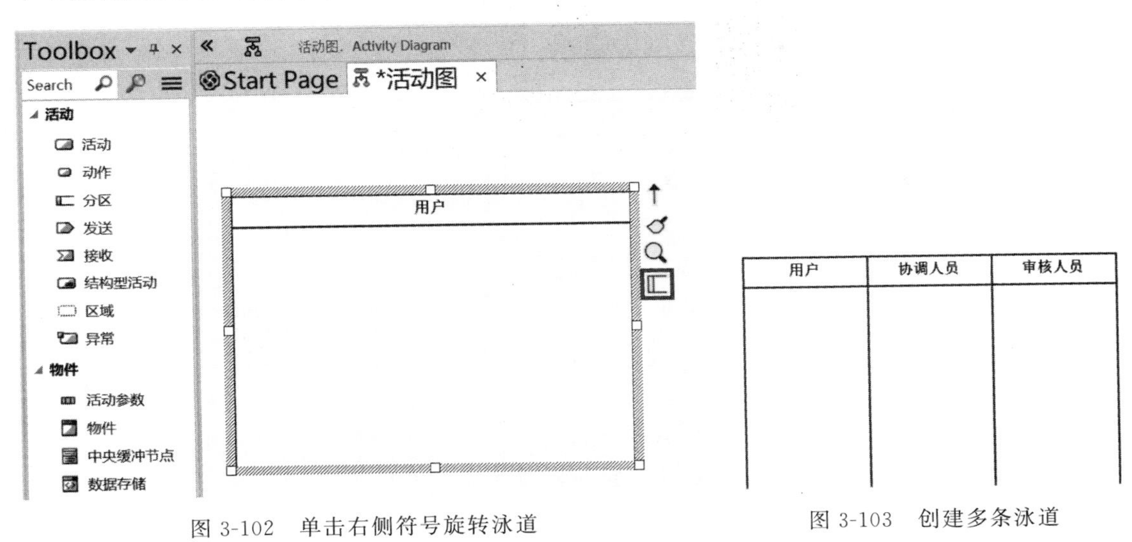

图 3-102　单击右侧符号旋转泳道　　　　图 3-103　创建多条泳道

5. 可中断活动区域

可中断活动区域(interruptible activity region)表示该区域内的活动可以因为某个条件而中断跳转到指定活动中。

(1) 选择工具箱的“区域”工具，在主视图空白处单击，创建一个活动区域，如图 3-104 所示。

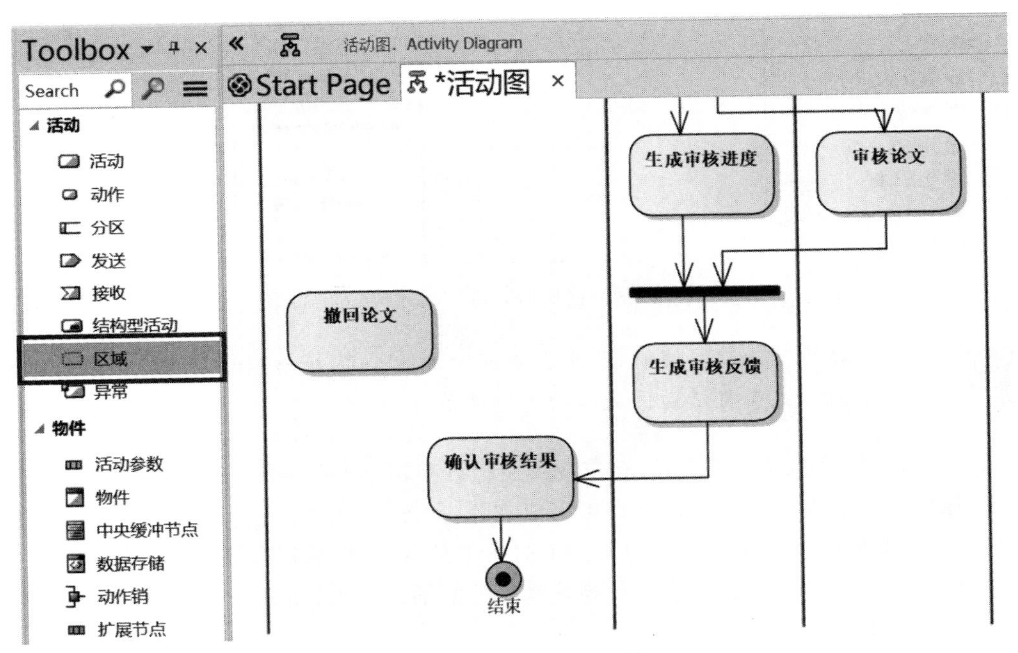

图 3-104　创建一个区域

(2) 在 New Activity Region 对话框中选择 InterruptibleActivityRegion 单选按钮,单击 OK 按钮确认,如图 3-105 所示。

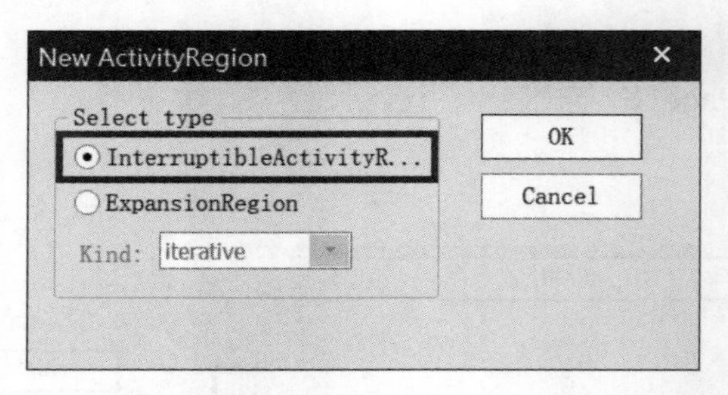

图 3-105　在 New Activity Region 对话框中选择 InterruptibleActivityRegion 单选按钮

(3) 给活动区域命名后,调整到合适的位置,如图 3-106 所示。

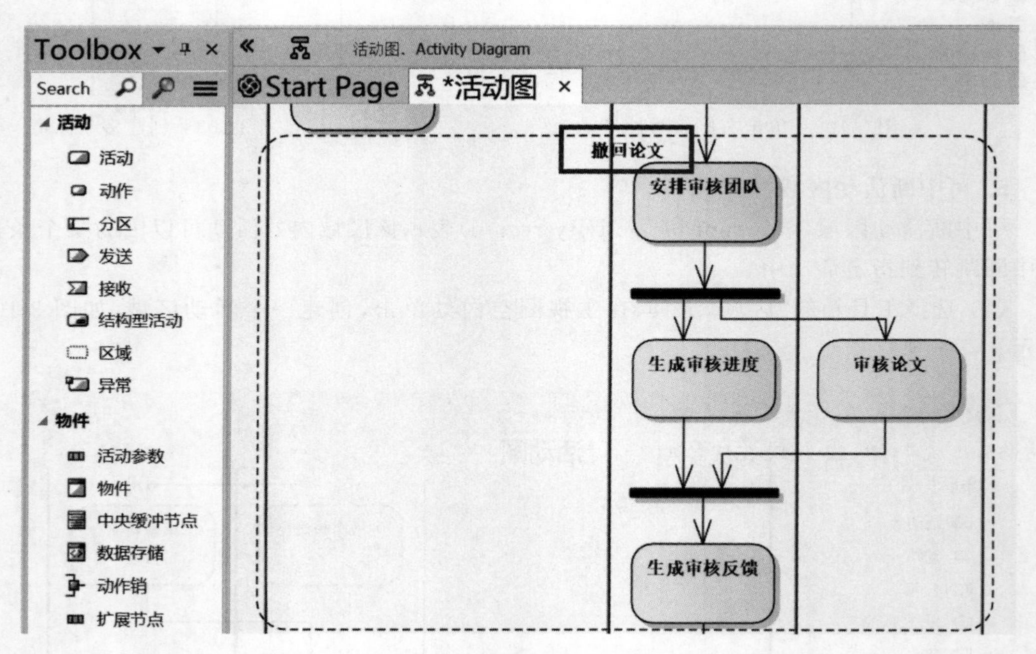

图 3-106　给活动区域命名后,调整到合适的位置

提示　直接拖动活动区域时,原先在里面的元素会随着一起移动,建议通过调整区域大小的方式来将活动区域移动到合适位置。

(4) 选择工具箱的“接收”工具,在主视图空白处单击,创建一个中断接收标志。将元素命名为“撤回论文请求”,单击空白处即可完成创建,如图 3-107 所示。

(5) 选择工具箱中活动图关系的第三个箭头工具,将鼠标悬停在中断接收标志上,按住鼠标左键,将鼠标从中断接收标志拖动到该区域外的活动节点,松开鼠标后即可创建中断线条,如图 3-108 所示。

该中断线条表示令牌在可中断活动区域内且发生了中断接收标志的事件,令牌将会直接被传到中断线条指向的活动节点。

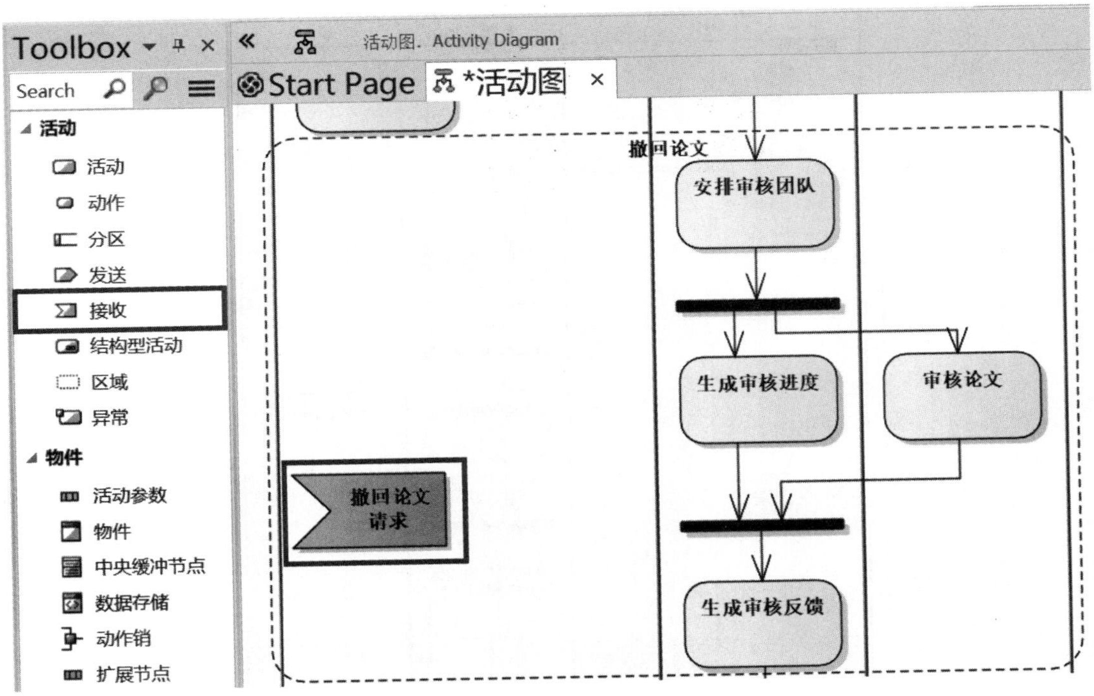

图 3-107　创建一个中断接收标志

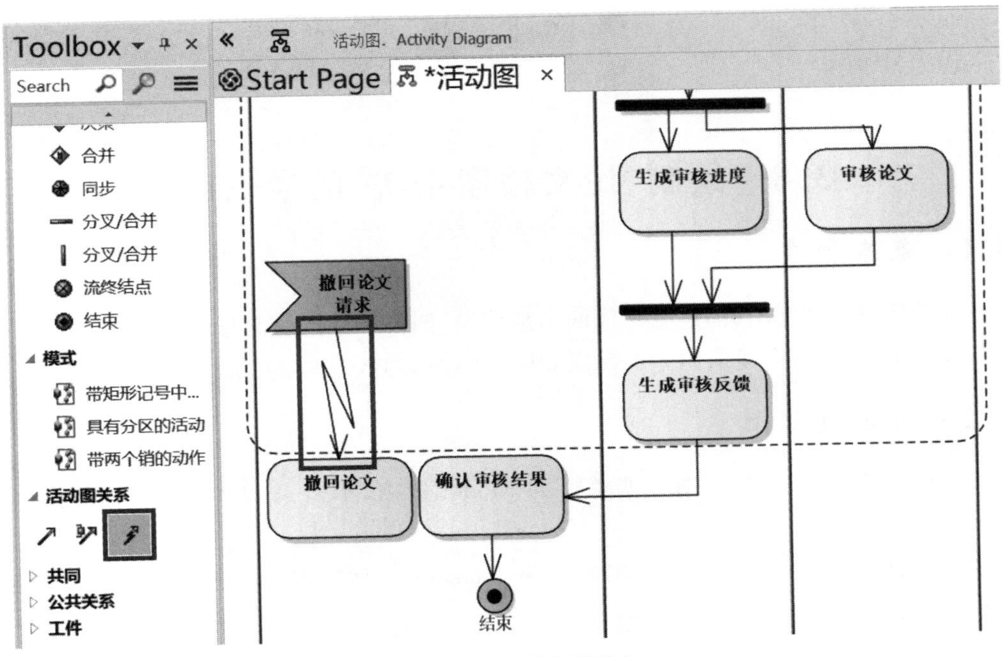

图 3-108　绘制中断线条

利用活动、分区、区域等元素，可以绘制出清晰的活动图，如图 3-109 所示。

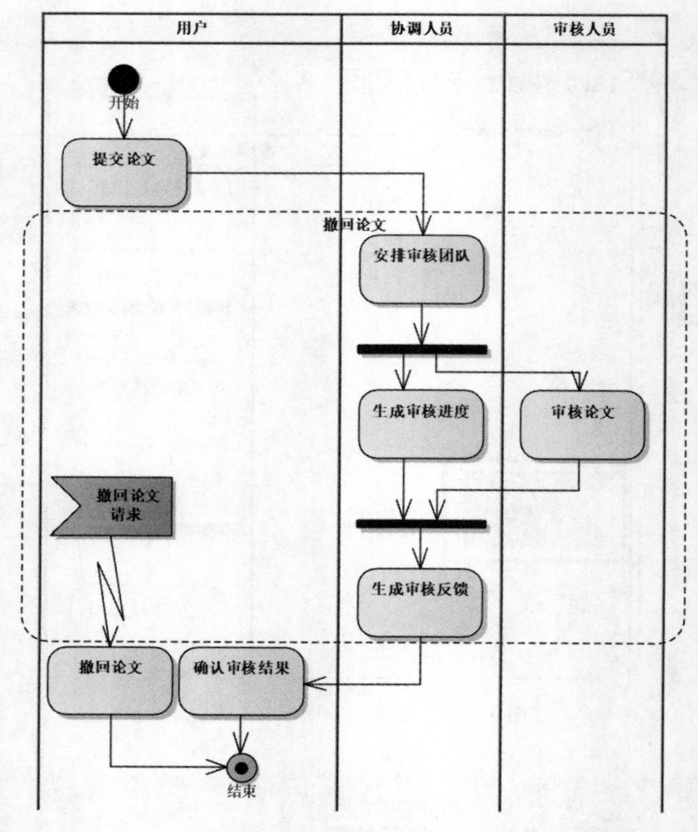

图 3-109　活动图示例

3.8　绘制“论文检索系统”的通信图

3.8.1　基本概念

通信图是一种交互图,描述生命线的消息传递,侧重于对传递消息的描述。

作为交互图的一种,通信图中的元素和顺序图的类似,主要有生命线和消息。

3.8.2　创建通信图

(1) 在 EA 项目中,右击浏览器窗口的 Model 选项,单击 Add View 选项,创建一个视图。

(2) 创建的视图为一个包,在弹出的 New Package 对话框中对包进行设置,与创建顺序图的操作类似。

(3) 选择图的类型,单击“UML 行为”→Communication 选项,单击 OK 按钮确认,如图 3-110 所示。

(4) 双击浏览器窗口的“通信图”选项后,主视图会打开通信图,如图 3-111 所示。

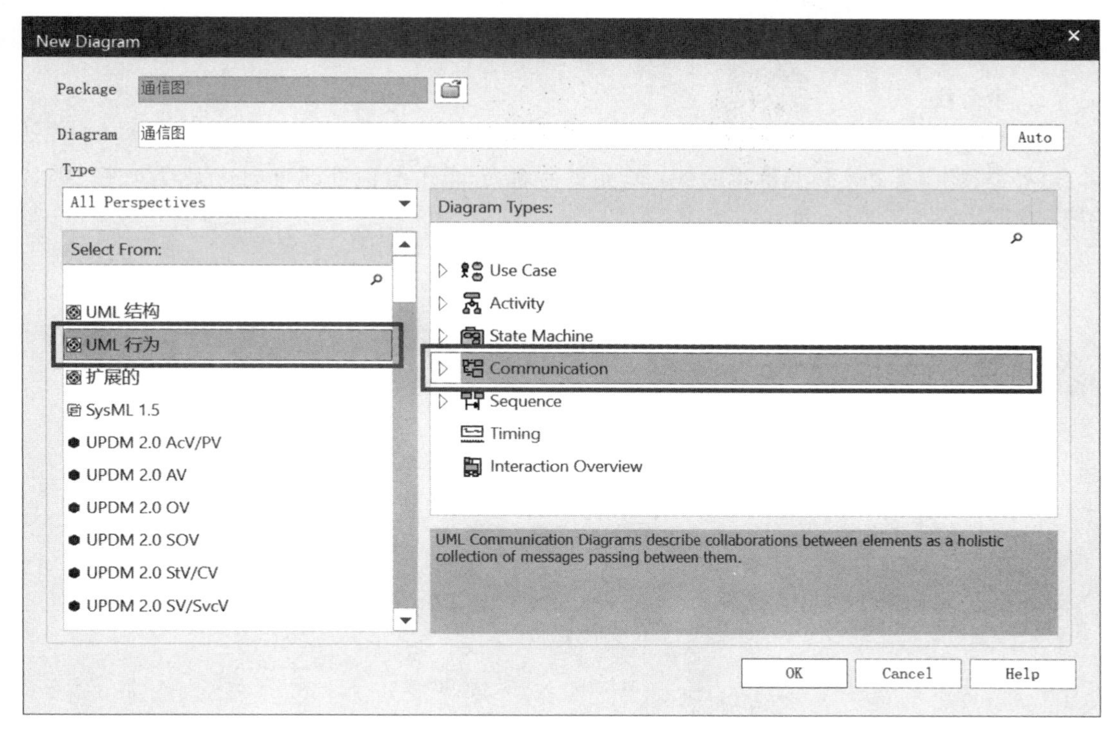

图 3-110 选择图的类型

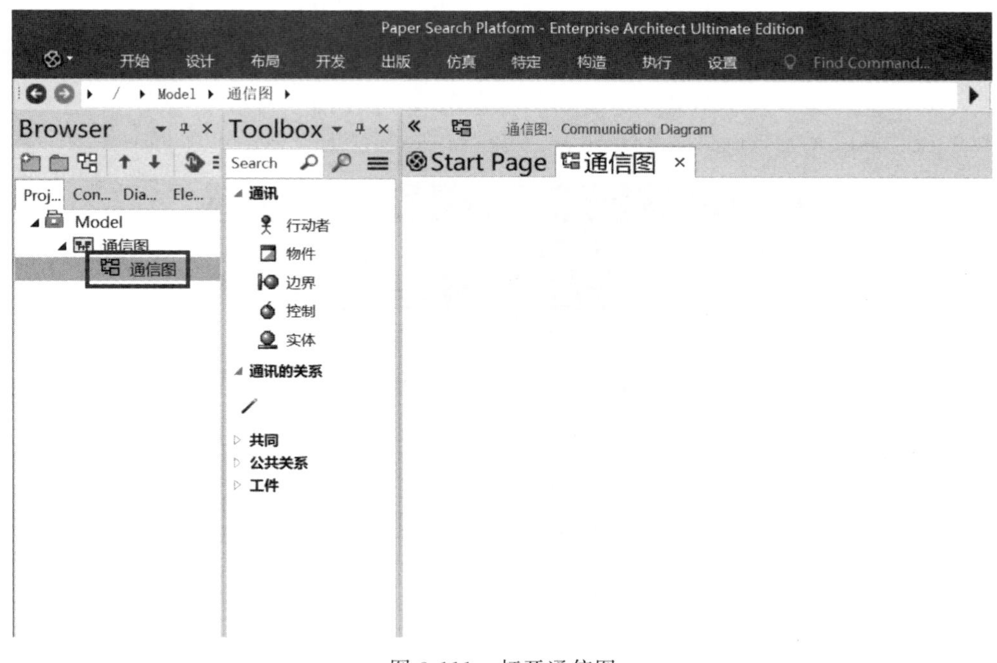

图 3-111 打开通信图

3.8.3 绘制通信图元素

1. 生命线

选择工具箱的"行动者""边界""控制"或"实体"工具,在主视图空白处单击,创建一个行动者、边界类、控制类和实体类的生命线;给元素命名后,单击空白处即可创建完成,如图 3-112 所示。

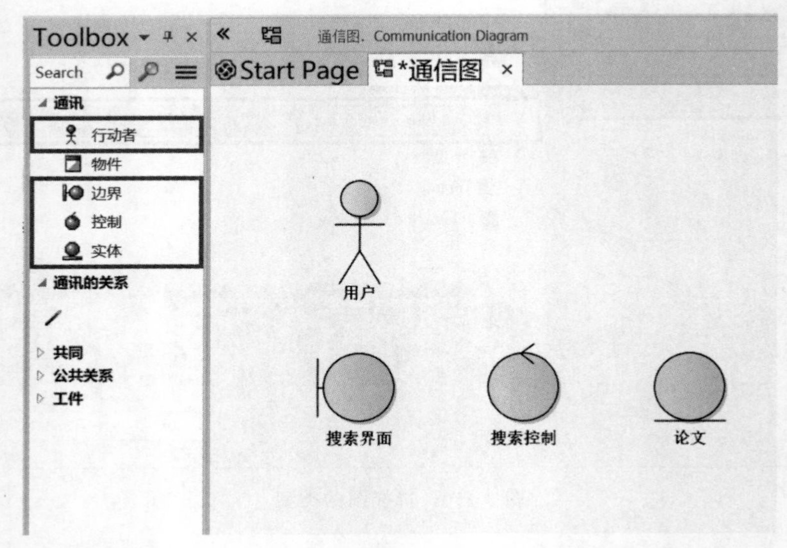

图 3-112 创建一个行动者、边界类、控制类和实体类的生命线

如果行动者或类已经在用例图或类图中,应该以对象的形式在通信图中添加该类。

(1) 在浏览器窗口将参与者或类拖动到主视图的通信图中。

(2) 在"Paste 用户"对话框的 Drop as 下拉菜单中选择 Instance 选项,如图 3-113 所示。

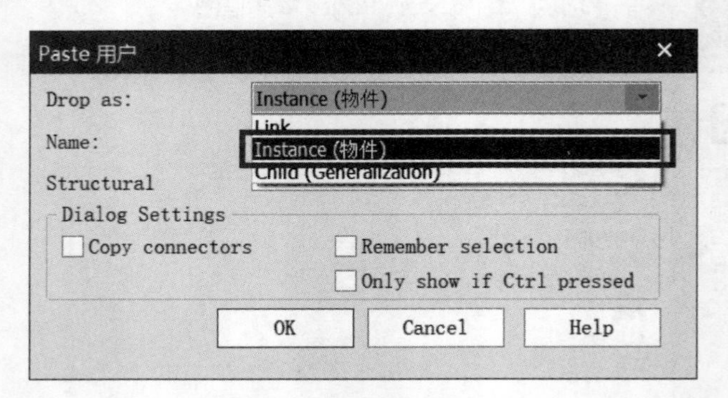

图 3-113 在"Paste 用户"对话框的 Drop as 下拉菜单中选择 Instance 选项

(3) 单击 OK 按钮后完成创建,如图 3-114 所示。

2. 消息

1) 绘制对象间的消息线条

选择工具箱中"通讯的关系"的第一个箭头工具,将鼠标悬停在发送消息的生命线上,按住鼠标左键,将鼠标从发送消息的生命线拖动到接收消息的生命线,松开鼠标后即可创建消

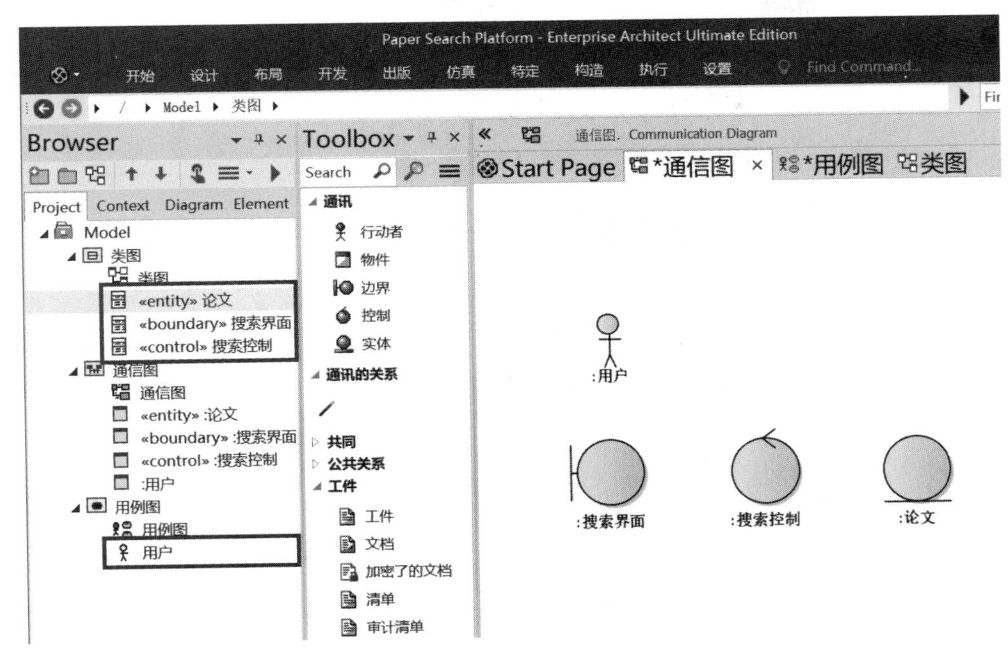

图 3-114 以对象的形式创建生命线

息线条，如图 3-115 所示。

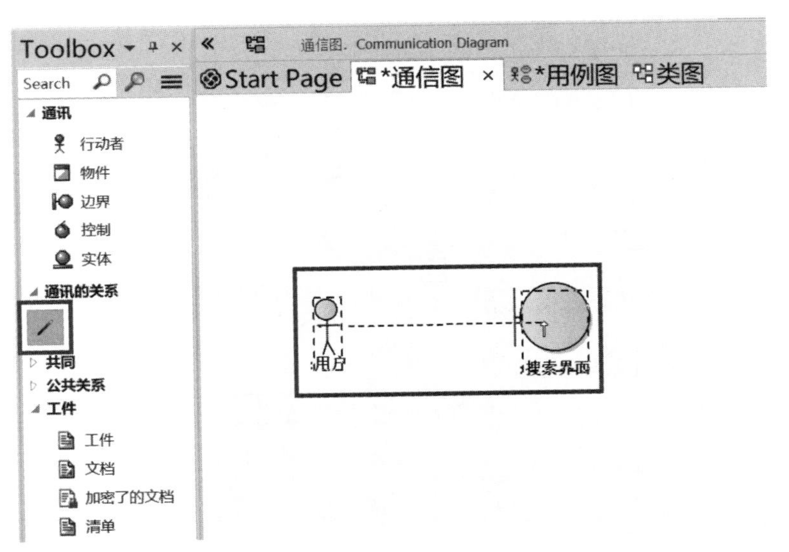

图 3-115 创建消息线条

2）创建消息

右击消息线条，再单击“Add message from :用户 to:搜索界面”选项后，可以创建一条消息，如图 3-116 所示。

双击消息，或者右击消息，再单击 Properties 选项，打开特性窗口，如图 3-117 所示。

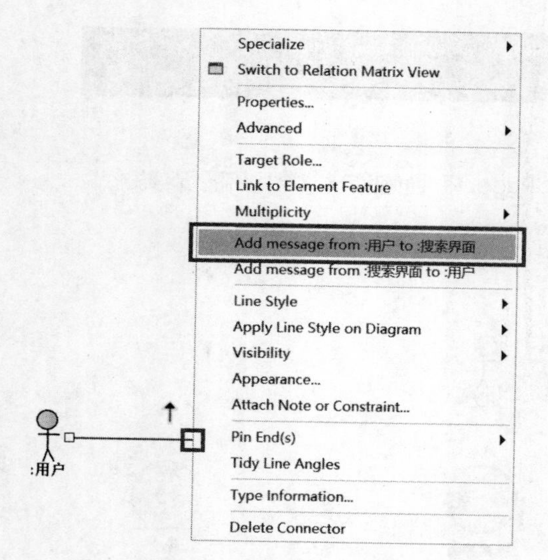

图 3-116　创建一条消息

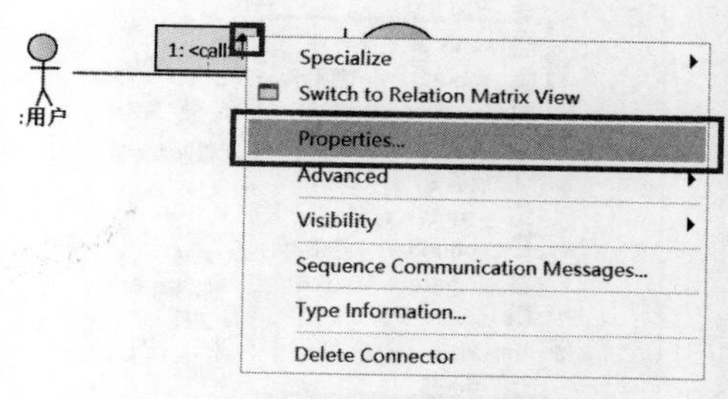

图 3-117　打开特性窗口

在特性窗口中,可以像顺序图的消息一样设置消息的参数,如图 3-118 和图 3-119 所示。

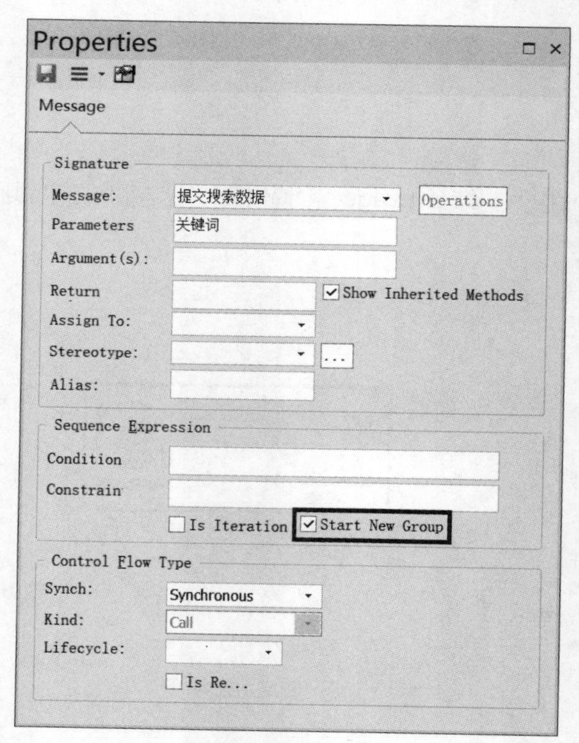

图 3-118　消息特性窗口

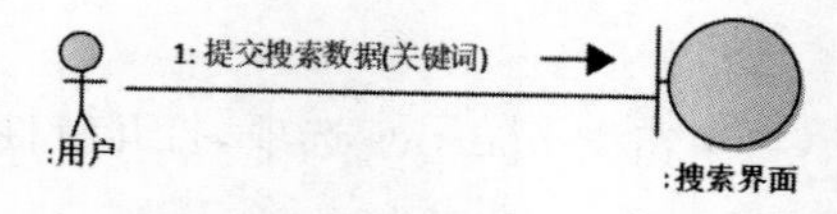

图 3-119　进行如图 3-118 所示设置后消息的效果

但与顺序图不一样的是，在勾选 Start New Group 复选框的情况下，消息将会开始新的一级编号，如"1：提交搜索数据(关键词)"。否则，消息会按顺序使用上一条消息的一级编号。如果没有上一条消息，则一级编号为 0，如"0.1：提交搜索数据(关键词)"。EA 会把不同一级编号的消息用不同颜色区分开。

3）编排消息顺序

在创建完消息后，右击消息，单击 Sequence Communication Messages 选项，可以打开 Communication Messages 对话框，如图 3-120 所示。

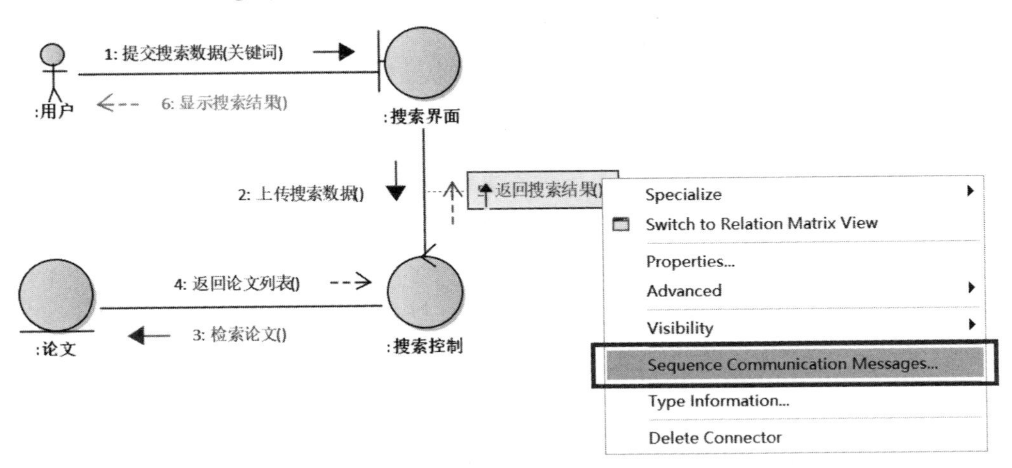

图 3-120　打开 Communication Messages 对话框

在 Communication Messages 对话框中，选中一条消息，单击左下方的按钮可进行相应的调整，如图 3-121 所示。具体调整内容如下。

图 3-121　Communication Messages 对话框

(1) 向上：将消息和前一个消息互换。

(2) 向下：将消息和后一个消息互换。

(3) 向左：采用级数更高的编号；如果消息设置时没有勾选 Start New Group 复选框，则最高只能用二级编号。

(4) 向右：采用级数更低的编号，例如，1.1→1.0.1；如果消息设置时勾选了 Start New Group 复选框，则只能使用一级编号。

通过以上设置可绘制一个清晰的通信图，如图 3-122 所示。

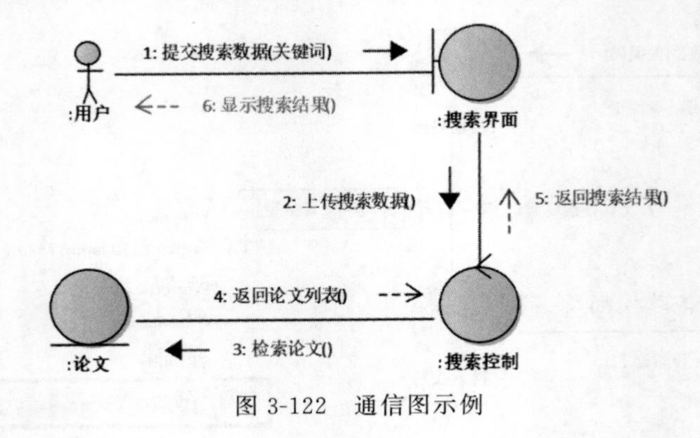

图 3-122　通信图示例

3.9　绘制“论文检索系统”的组件图

3.9.1　基本概念

组件图通过组件及组件间的接口和关系描述了软件系统的结构。

1. 组件

组件(component)表示系统模块化的部分，这部分的内容对外不可见(封装性)；组件可以被能够提供同等功能的组件替换(可替换性)。

2. 接口

接口(interface)类似于组件间的“合同”，用于实现和提供功能，可分为提供接口和需要接口。

(1) 提供接口(provided interface)：描述了组件能够对外提供的服务和功能。

(2) 需要接口(required interface)：描述了组件为了能够实现自己的功能所需要的外界服务。

3. 关系

组件图中的关系主要有依赖关系及组装连接器。

依赖关系(dependency)可表示以下两种情况。

(1) 需要接口依赖于提供接口。

(2) 组件的运行需要另一个组件的支持。

组装连接器(assembly connector)表示组件间完成了接口实现。

3.9.2 创建组件图

(1) 在 EA 项目中,右击浏览器窗口的 Model 选项,单击 Add View 选项,创建一个视图。

(2) 创建的视图为一个包,在弹出的 New Package 对话框中对包进行设置,如图 3-123 所示。

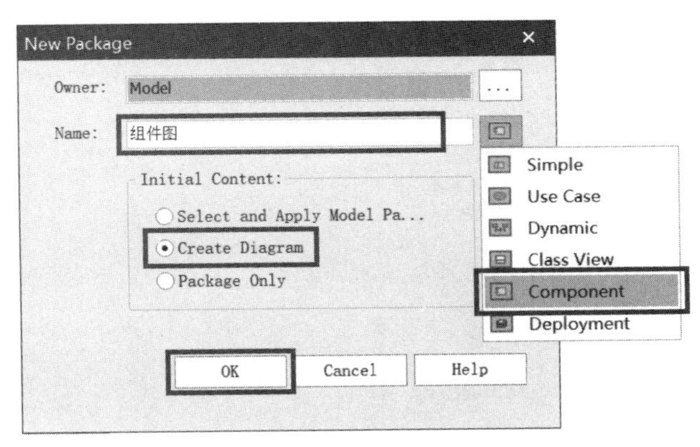

图 3-123　对包进行设置

① 给包进行命名,这里命名为"组件图"。

② 单击右侧按钮,选择 Component 选项。

③ 选择 Create Diagram 单选按钮。

④ 单击 OK 按钮确认。

(3) 选择图的类型,单击"UML 结构"→Component 选项,单击 OK 按钮确认,如图 3-124 所示。

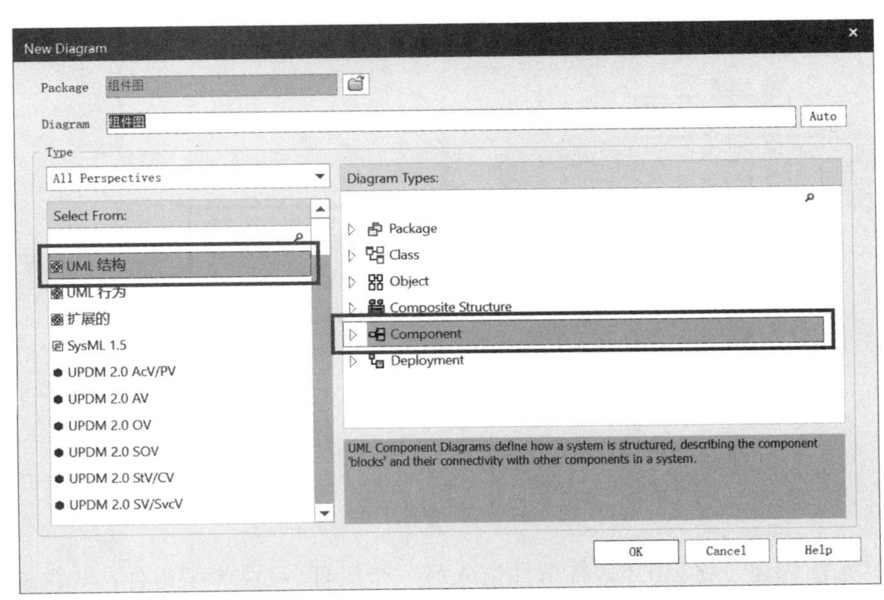

图 3-124　选择图的类型

(4) 双击浏览器窗口的“组件图”选项后,主视图会打开组件图,如图 3-125 所示。

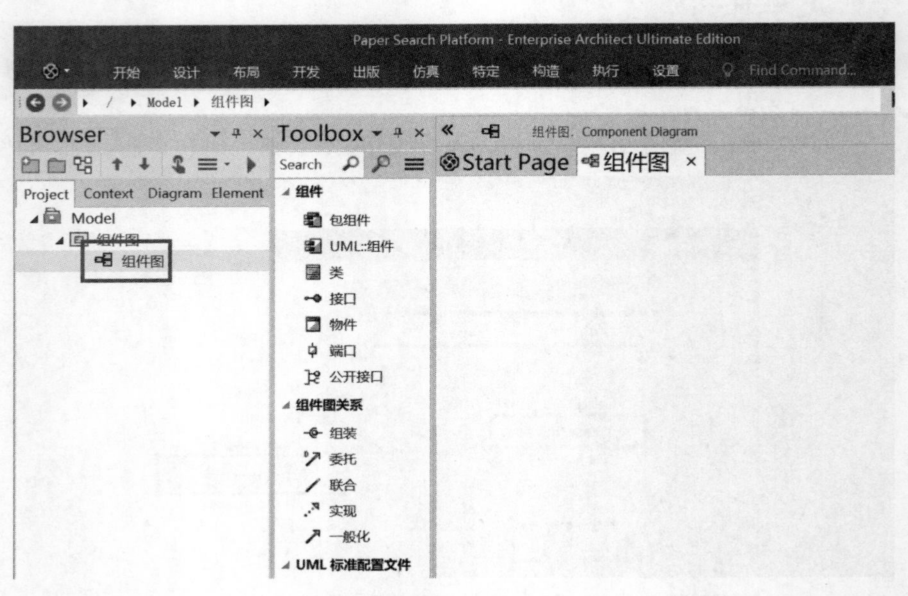

图 3-125　打开组件图

3.9.3　绘制组件图元素

1. 组件

选择工具箱的“UML::组件”工具,在主视图空白处单击,创建一个组件;给元素命名为“管理员交互”,单击空白处即可完成创建,如图 3-126 所示。

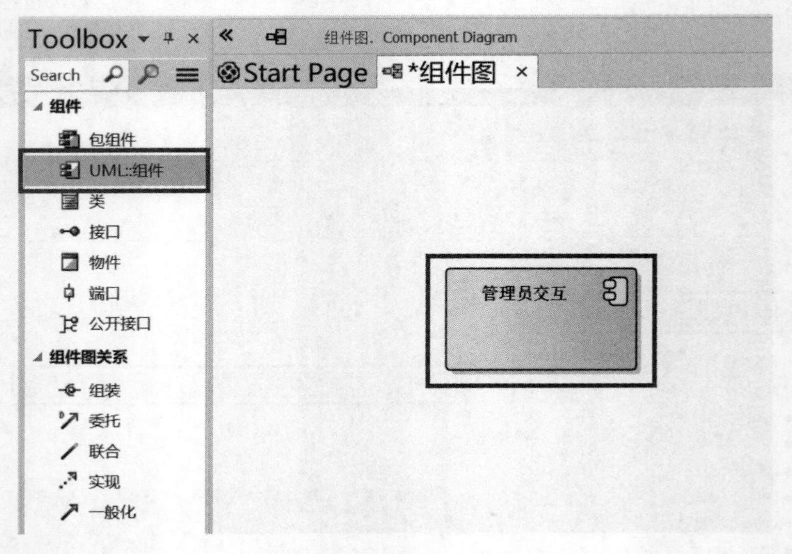

图 3-126　创建一个组件

与在状态图创建子状态类似,将组件拖入另一个组件,可成为子组件;但在组件图中,还可以按住 Alt 键,将子组件拖出父组件。

2. 接口

选择工具箱的"公开接口"工具，在组件上单击，创建一个提供接口，如图 3-127 所示。

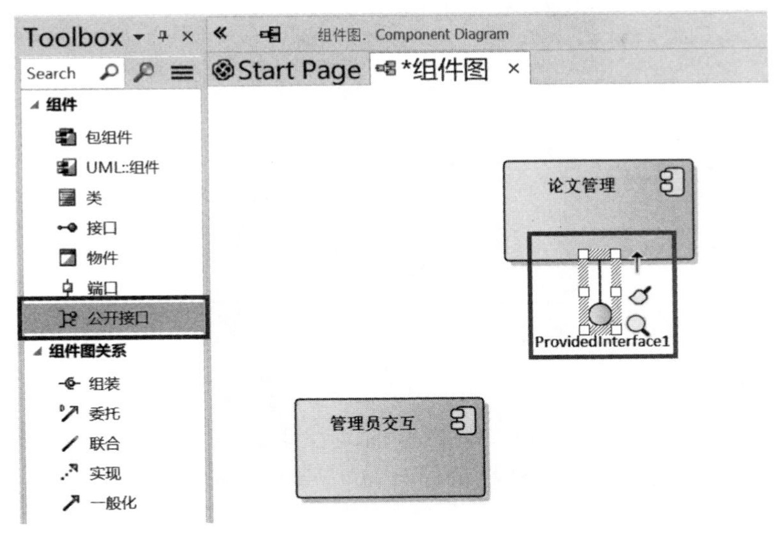

图 3-127　创建一个提供接口

如果需要给接口命名，或者将接口修改为需要接口，可以双击接口图标，或者右击接口图标，再单击 Properties→Properties 选项，打开特性窗口，如图 3-128 所示。

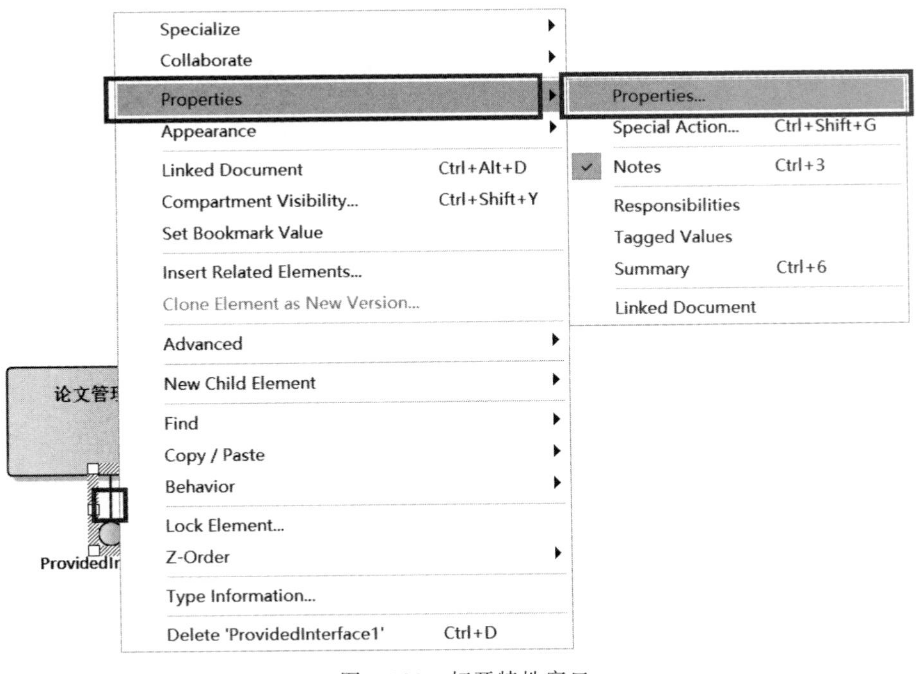

图 3-128　打开特性窗口

在 Exposed Interface 对话框中，可以在 Interface 输入框中修改接口名称，在 Type 处将接口修改为提供(Provided)接口或需要(Required)接口，如图 3-129 和图 3-130 所示。

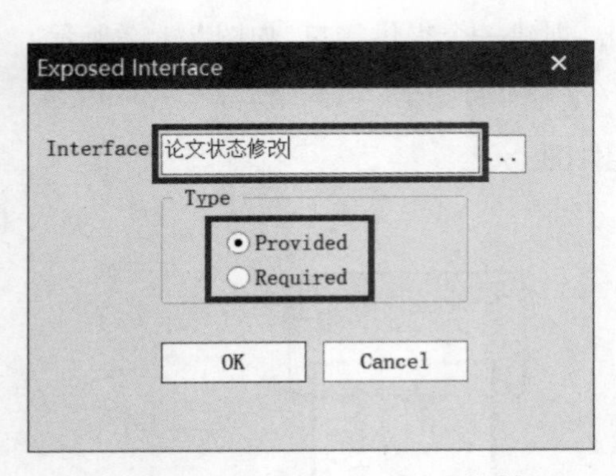

图 3-129　Exposed Interface 对话框

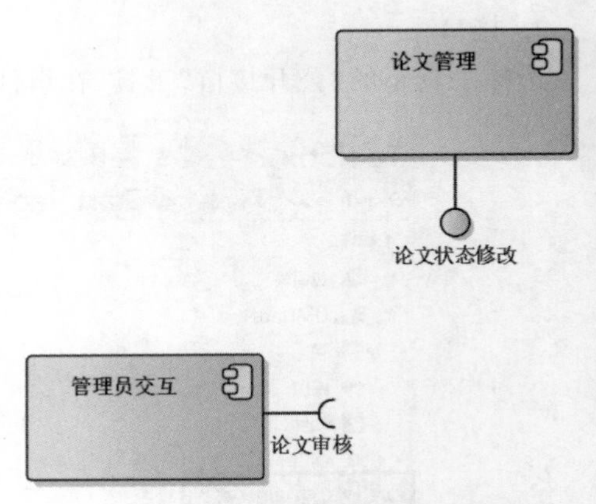

图 3-130　提供接口和需要接口

3. 依赖关系

以接口间的依赖关系为例,选择工具箱的"依赖"工具,将鼠标悬停在需要接口上,按住鼠标左键,将鼠标从需要接口拖动到提供接口,松开鼠标后即可创建依赖关系,如图 3-131 所示。

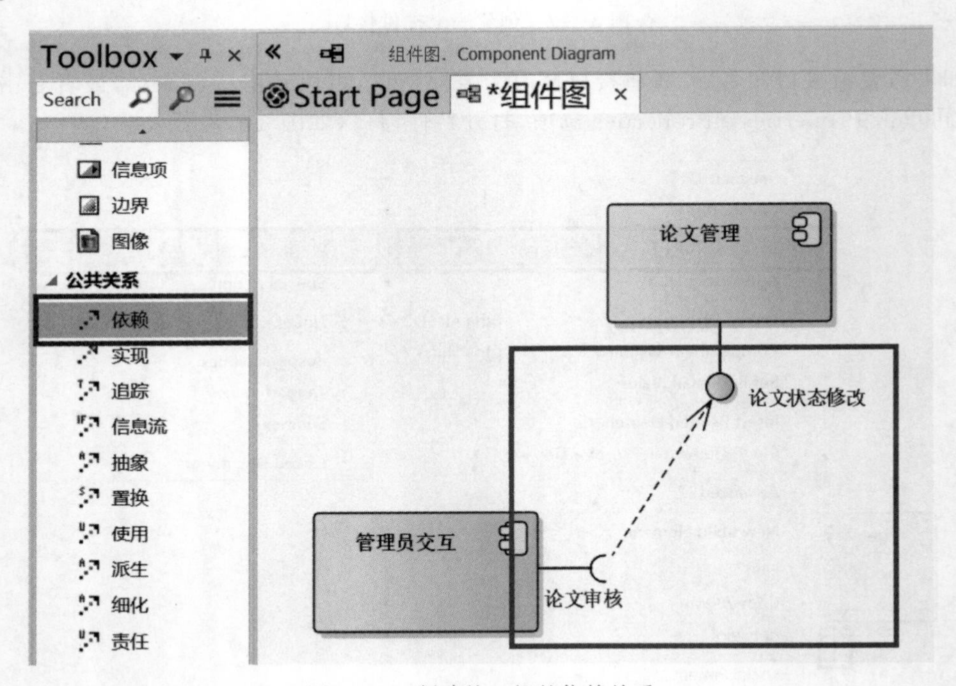

图 3-131　创建接口间的依赖关系

如果读者需要创建组件间的依赖关系,操作步骤与上述操作的类似。

4. 组装连接器

选择工具箱的"组装"工具,将鼠标悬停在需要接口所在的组件上,按住鼠标左键,将鼠标从需要接口所在的组件拖动到提供接口所在的组件,松开鼠标后即可创建组装连接器,如图 3-132 所示。

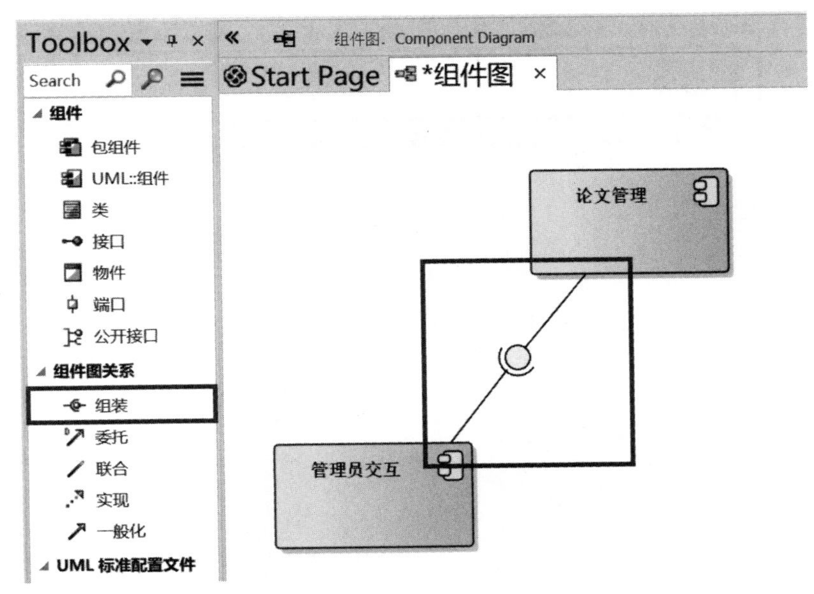

图 3-132　创建组装连接器

双击组装连接器线条,或者右击组装连接器线条,再单击 Properties 选项,打开特性窗口,如图 3-133 所示。

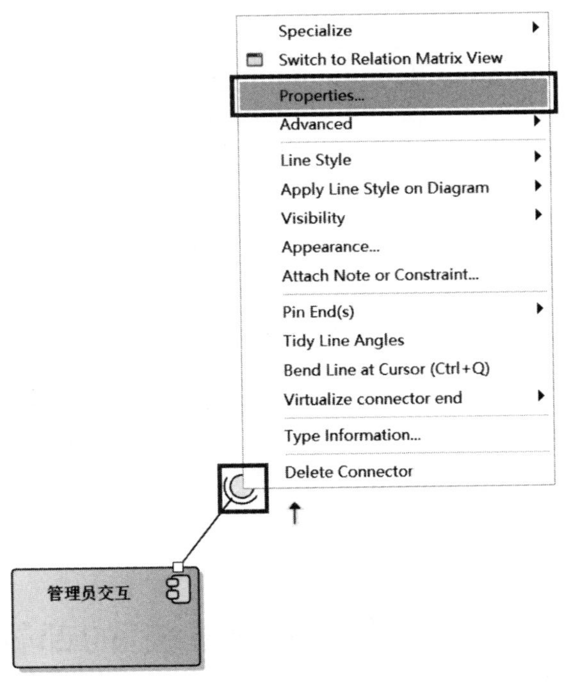

图 3-133　打开特性窗口

在特性窗口中,可以为组装连接器命名,如图 3-134 所示。

通过以上设置可绘制一个清晰的组件图,如图 3-135 所示。

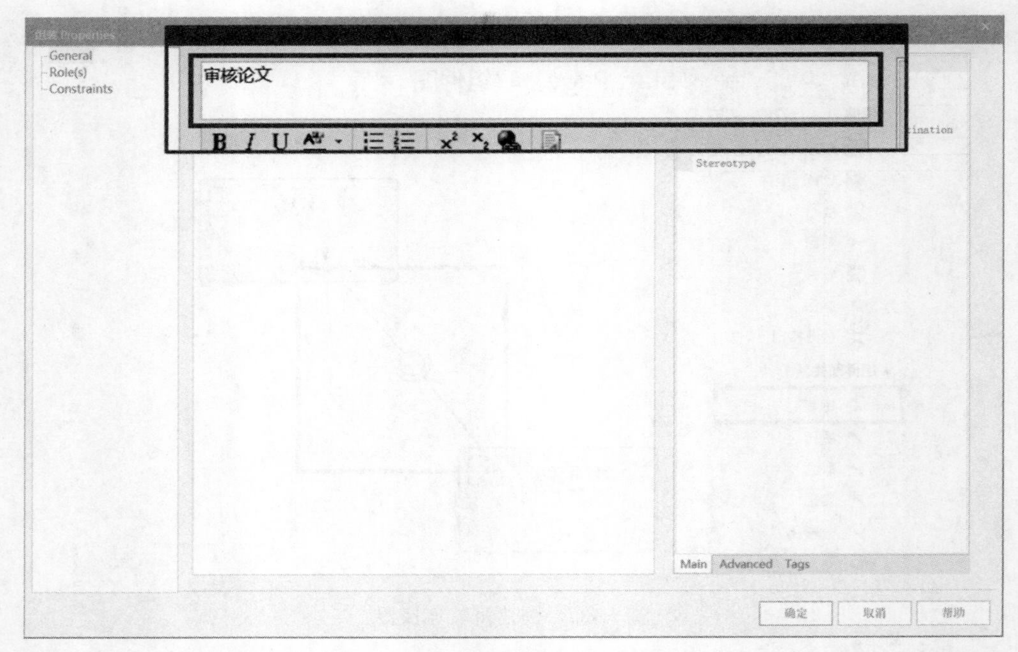

图 3-134　为组装连接器命名

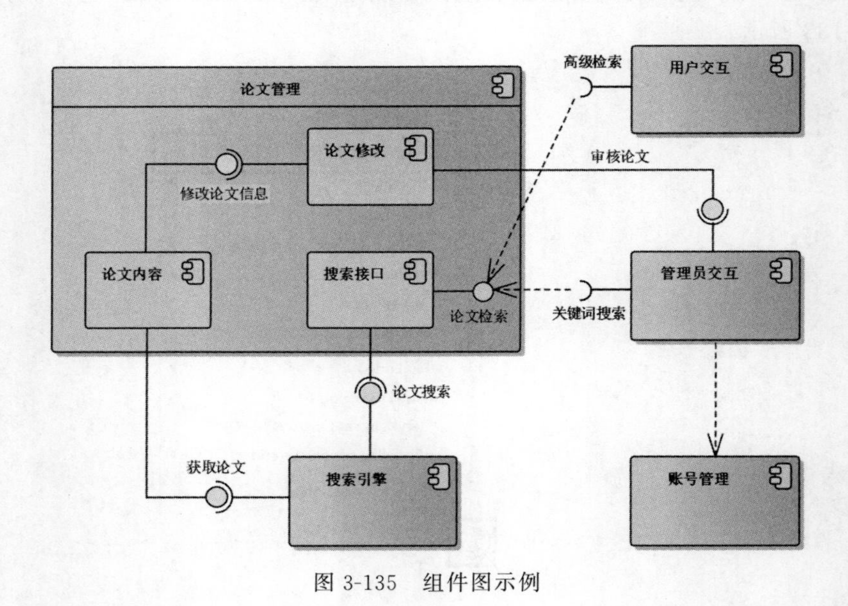

图 3-135　组件图示例

3.10　绘制"论文检索系统"的部署图

3.10.1　基本概念

部署图利用节点、工件及之间的关系来描述系统中硬件设备和软件构件的物理结构。部署图通常包括了节点、工件和关系。

1. 节点

节点(node)描述了系统的可计算资源。节点可以根据其不同种类标记为不同的构造型。常见的两种构造型为设备节点和执行环境节点。

- 设备节点(device):具有处理能力的物理计算资源,如一台计算机或智能手机。
- 执行环境节点(execution environment):在外部节点内运行的软件计算资源,其本身在系统运行时提供软件服务,如一个数据库或操作系统。

此外,用户还可以根据需要自定义其他构造型,用来表示具有某种特性的节点,如节点的运算速度快慢、内存大小、是否为移动设备等;因为这些问题可能是最终限制系统性能,或者强化系统运行效率的关键参数。虽然这些节点的附加特性在UML中没有进行预定义,但是开发者可以使用构造型或标记值自行创建。

2. 工件

工件(artifact)代表了开发过程中使用的或产生的一些信息项目,例如,源代码、脚本或可执行文件。

3. 关系

部署图中的关系主要有通信关系及部署关系。

- 通信关系(communication):表示两个节点间存在信号或消息交换。
- 部署关系(deployment):表示工件部署在节点中。

3.10.2 创建部署图

(1) 在EA项目中,右击浏览器窗口的Model选项,单击Add View选项,创建一个视图。

(2) 创建的视图为一个包,在弹出的New Package对话框中对包进行设置,如图3-136所示。

① 给包进行命名,这里命名为"部署图"。

② 单击右侧按钮,选择Deployment选项。

③ 选择Create Diagram单选按钮。

④ 单击OK按钮确认。

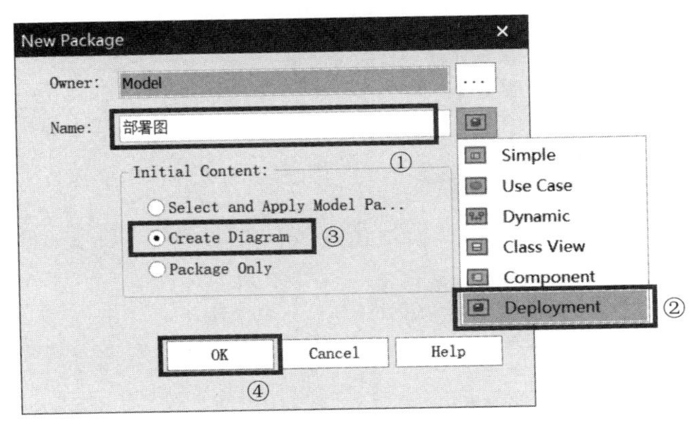

图3-136 对包进行设置

(3) 选择图的类型,单击“UML 结构”→Deployment 选项,单击 OK 按钮确认,如图 3-137 所示。

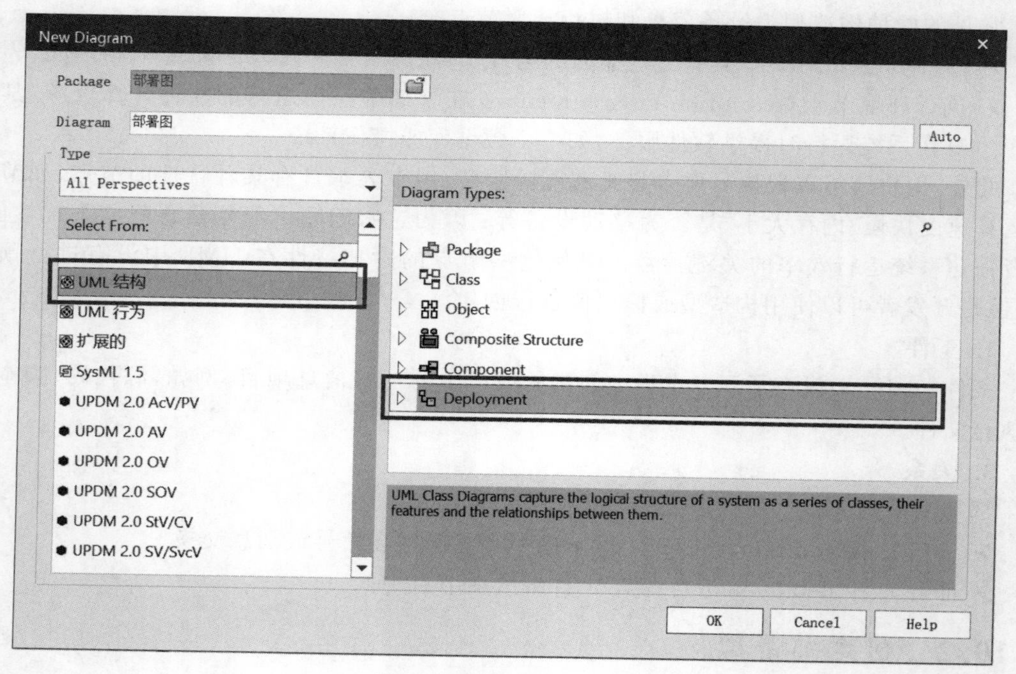

图 3-137 选择图的类型

(4) 双击浏览器窗口的“部署图”选项后,主视图会打开部署图,如图 3-138 所示。

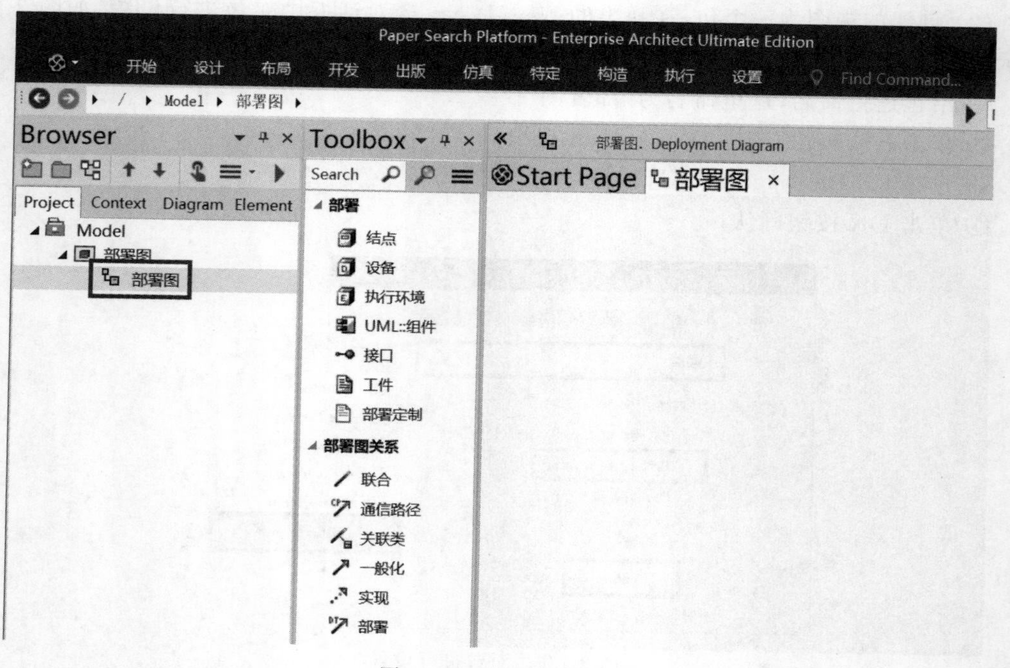

图 3-138 打开部署图

3.10.3 绘制部署图元素

1. 节点

选择工具箱的“设备”或“执行环境”工具，在主视图空白处单击，创建一个设备节点或执行环境节点；给元素命名后，单击空白处即可创建完成，如图 3-139 所示。

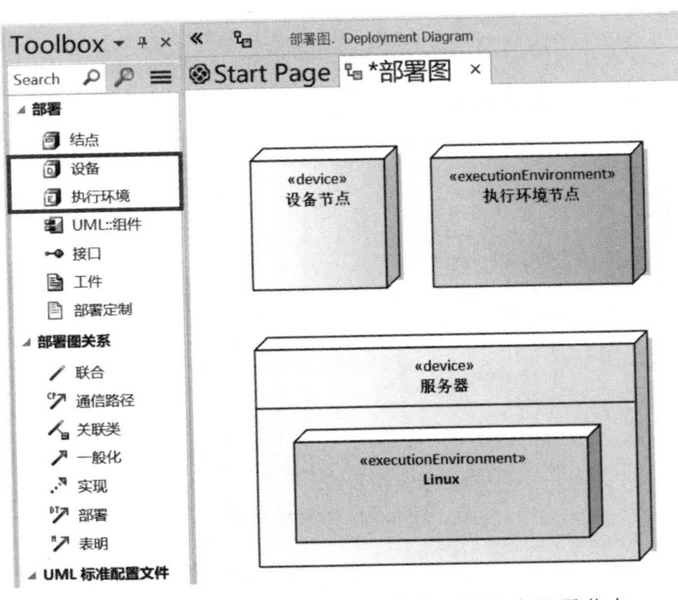

图 3-139　创建一个设备节点、执行环境节点和子节点

与在组件图创建子组件类似，将节点拖入另一个节点可成为子节点，按住 Alt 键可将子节点拖出父节点。

如果要自定义构造型，可以选择工具箱的“节点”工具，在主视图空白处单击，创建一个空白节点；给元素命名后，单击空白处即可完成创建，如图 3-140 所示。

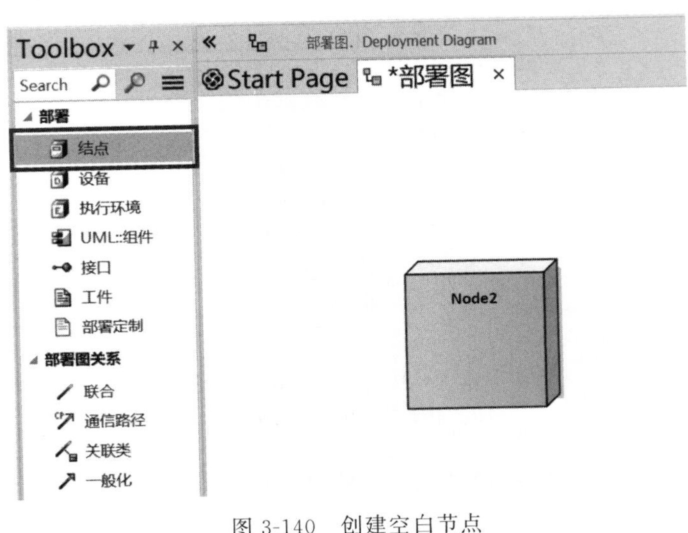

图 3-140　创建空白节点

双击空白节点,或者右击空白节点,再单击 Properties→Properties 选项,打开特性窗口,如图 3-141 所示。

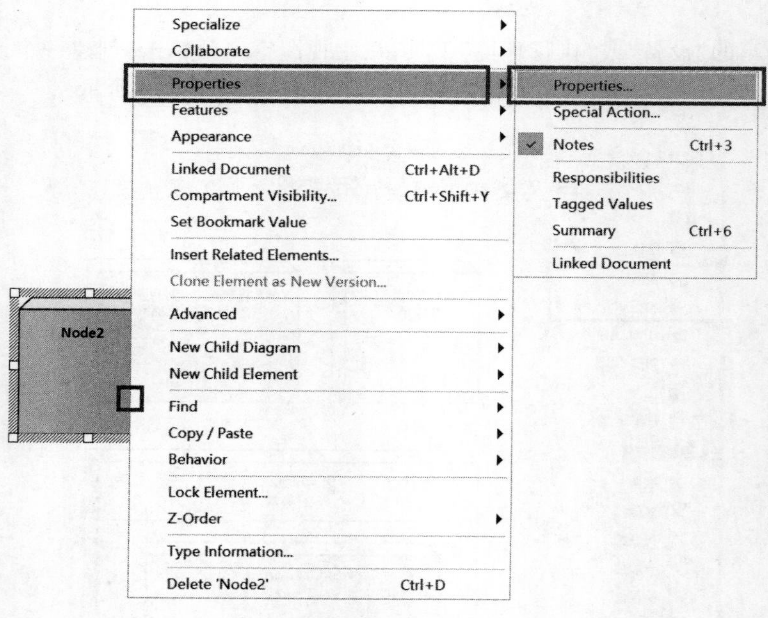

图 3-141　打开特性窗口

在特性窗口右侧单击 Stereotype 的“...”按钮,如图 3-142 所示,打开 Stereotype for Node2 对话框。

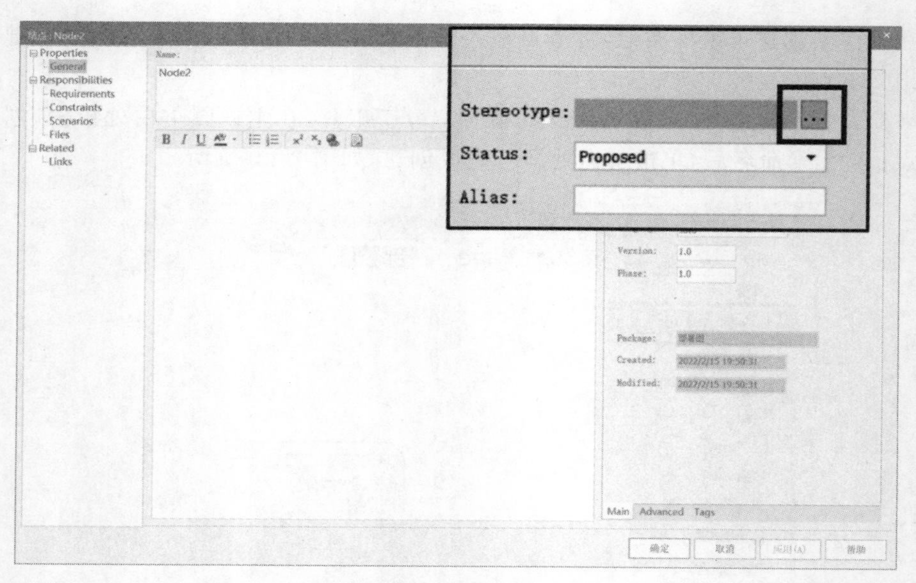

图 3-142　打开构造型窗口

单击 New 按钮,在对话框中新建构造型,如图 3-143 所示;在输入自定义构造型的名称后单击 OK 按钮保存构造型设置。

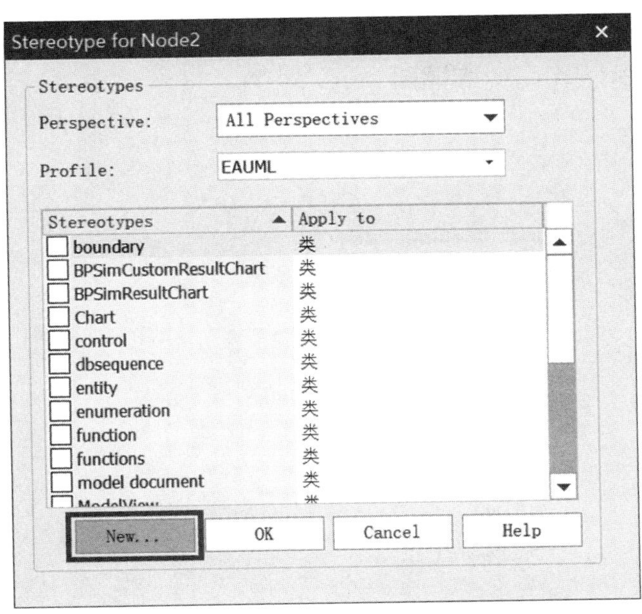

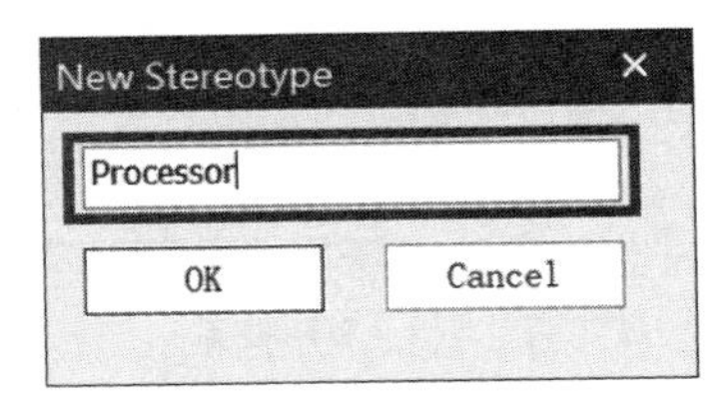

图 3-143　新建构造型

在构造型窗口的列表中找到新创建的构造型，勾选后单击 OK 按钮，即可创建完成，如图 3-144 所示。

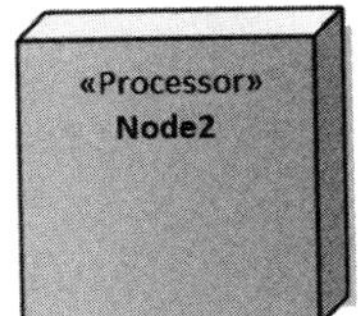

图 3-144　使用新建构造型

2. 工件

选择工具箱的"工件"工具，在主视图空白处单击，创建一个工件。给元素命名为 utilities.py，单击空白处即可完成创建，如图 3-145 所示。

如果工件只需要部署到一个节点之中，也可以成为节点的属性：右击节点，单击 Features→Attributes 选项，打开 Features 窗口，如图 3-146 所示。

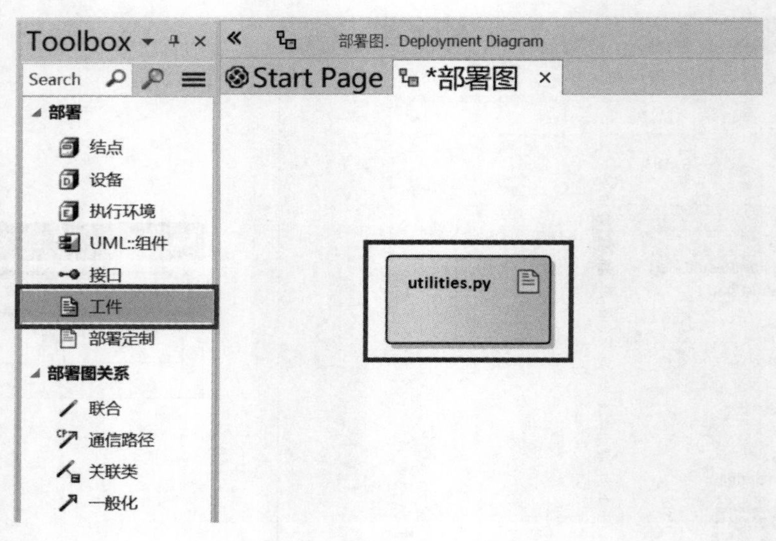

图 3-145　创建一个工件

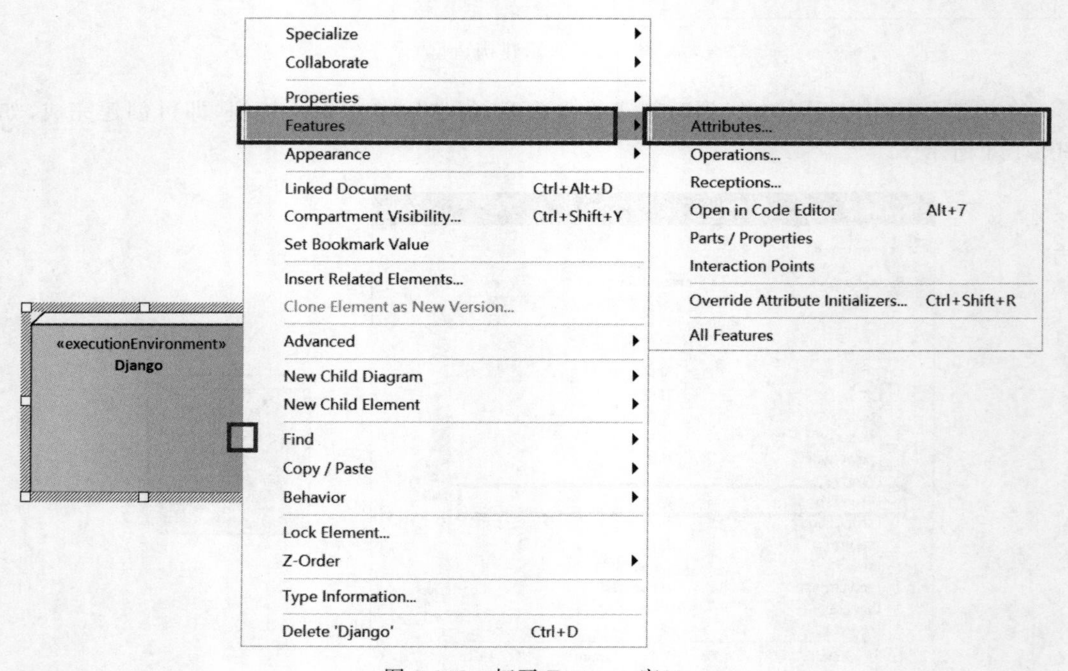

图 3-146　打开 Features 窗口

在 Features 窗口中添加新属性，操作与在类图中为类添加属性的操作类似，在 Type 下拉菜单中选择< none >选项，添加完成后关闭窗口即可，如图 3-147 所示。

3. 关系

选择工具箱的“联合”或“部署”工具，将鼠标悬停在节点(或工件)上，按住鼠标左键，将鼠标从节点(或工件)拖动到另一个节点上，松开鼠标后即可创建通信关系或部署关系，如图 3-148 所示。

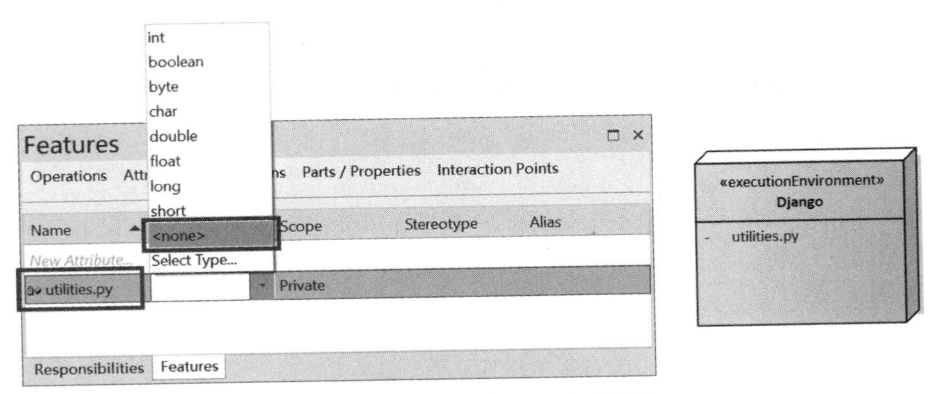

图 3-147　将工件添加进节点的属性

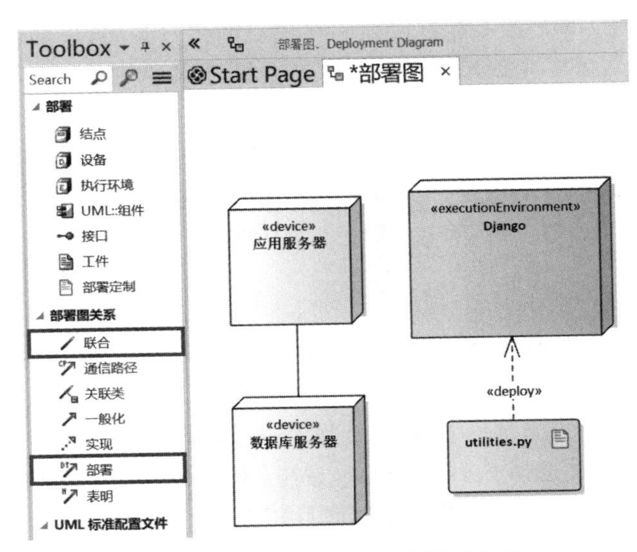

图 3-148　创建通信关系或部署关系

3.11　绘制“论文检索系统”的包图

3.11.1　基本概念

包图描述了包及包元素的组织关系。

1. 包

包(package)可以认为是命名空间,由包中的元素及导入的元素组成。

2. 常用的关系

包中元素常用的关系包括合并关系、导入关系和嵌套连接器。

(1) 合并关系(merge):将被合并包(merged package)的特征合并到接收包(receiving package)中;被合并包是箭头所指的包,接收包是发出箭头的包。合并关系与泛化关系类似,但是这是隐式的泛化,即接收包和被合并包之间元素的定义不会相互影响。

(2) 导入关系(import):表示一个包引用另一个包的元素,被指向的包不会受到影响。

(3) 嵌套连接器(nesting connectors):表示一个包完全包含在被指向的包之中。

用户在绘制的过程中如果不确定需要使用哪一种关系,可以使用泛化关系来简单表示两个包之间存在着关系。

3.11.2 组织项目目录

在讲解如何绘制包图前,需要先了解 EA 中的项目结构应该如何组织,以方便后续的项目管理及包图的绘制。

1. 视图

视图(view)表示从某一个特定的方面去观察项目,例如,在 RUP 模型中的"逻辑视图",或是瀑布模型中的"测试";视图内包含的内容都是和这个方面相关的图或元素。视图可以划分项目模型,划分的方式可以基于阶段、视角等,由开发者自行确定。

在 EA 中,每一张 UML 图不能直接存放在项目的根目录中,根目录中只能包含视图。因此在之前的绘图中,需要先创建一个视图来存放接下来的图,并把视图简单命名为图的名称。

在真实的项目中,开发者可能不会直接将视图命名为图中的名称,同时图的命名也应该能够明确地概括并反映图中的内容。视图的命名可以参考视图划分项目的方式,而图的命名可以直接反映图中描述的主题,如"发表论文"顺序图的名称,表示该顺序图描述了"发表论文"用例中的交互。

2. 包

包在 EA 目录的体现就是文件夹,用于划分目录;事实上视图也可以理解为是一个包。如果要创建包可以按照以下的步骤进行。

(1) 在需要创建包的目录名称上右击,选择 Add a Package 选项。

(2) 给包进行命名,并选择 Package Only 选项,单击 OK 按钮即可创建一个包。

通过视图与包可以划分项目,明确分类项目相关的文件,项目目录的例子如图 3-149 所示。

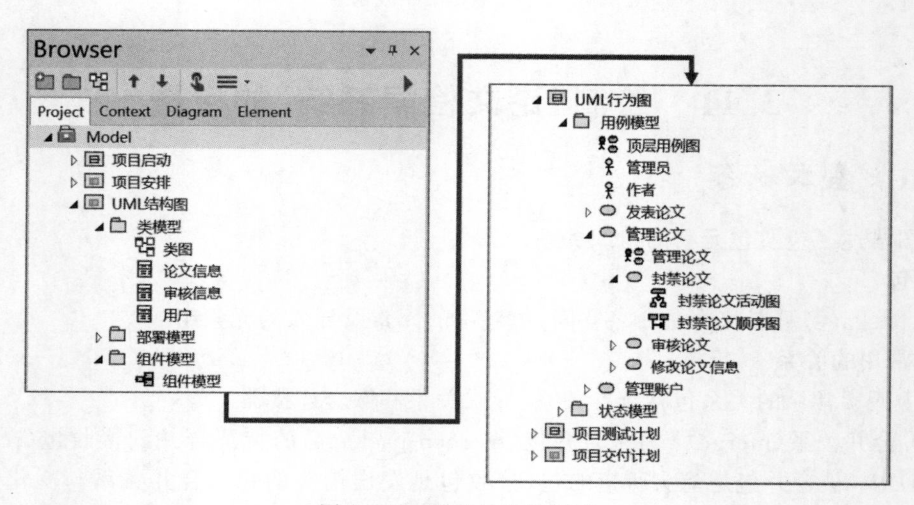

图 3-149 项目目录的例子

3.11.3 创建包图

包图通常会描述一个文件夹内的包间的关系，因此不再为包图单独创建一个视图。

(1) 右击视图文件夹或包文件夹，单击 Add Diagram 选项，创建一张图，如图 3-150 所示。

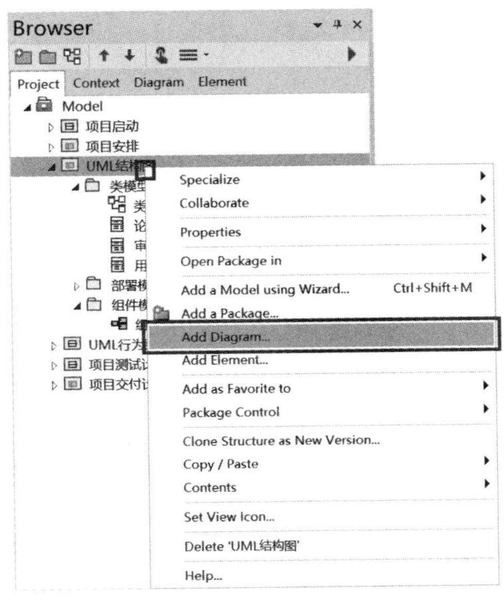

图 3-150 创建一张图

(2) 选择图的类型，单击"UML 结构"→Package 选项，单击 OK 按钮确认，如图 3-151 所示。

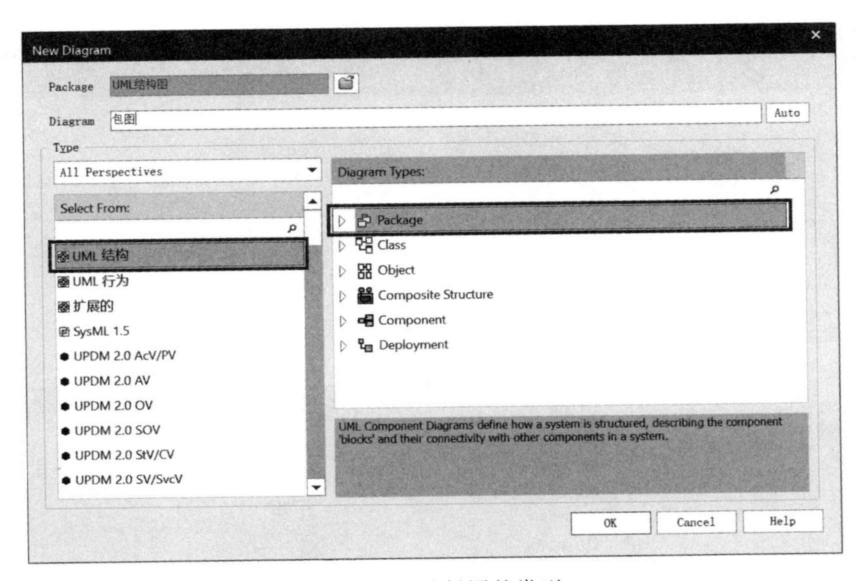

图 3-151 选择图的类型

(3) 双击浏览器窗口的“包图”选项后,主视图会打开包图,如图 3-152 所示。

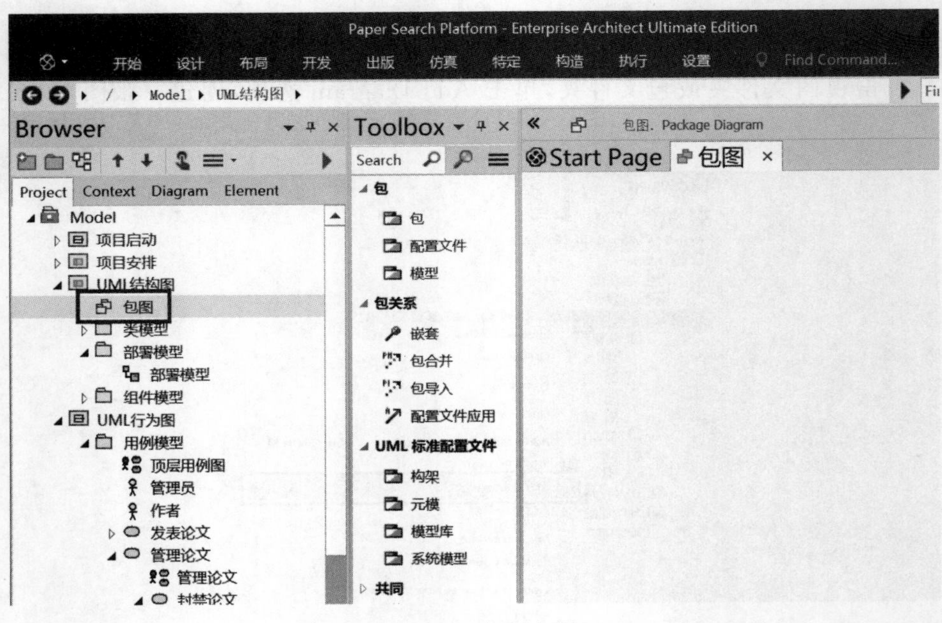

图 3-152 打开包图

3.11.4 绘制包图元素

1. 包

将浏览器窗口的文件夹拖动到包图的空白处,单击 Package element 选项,创建一个包,如图 3-153 所示。

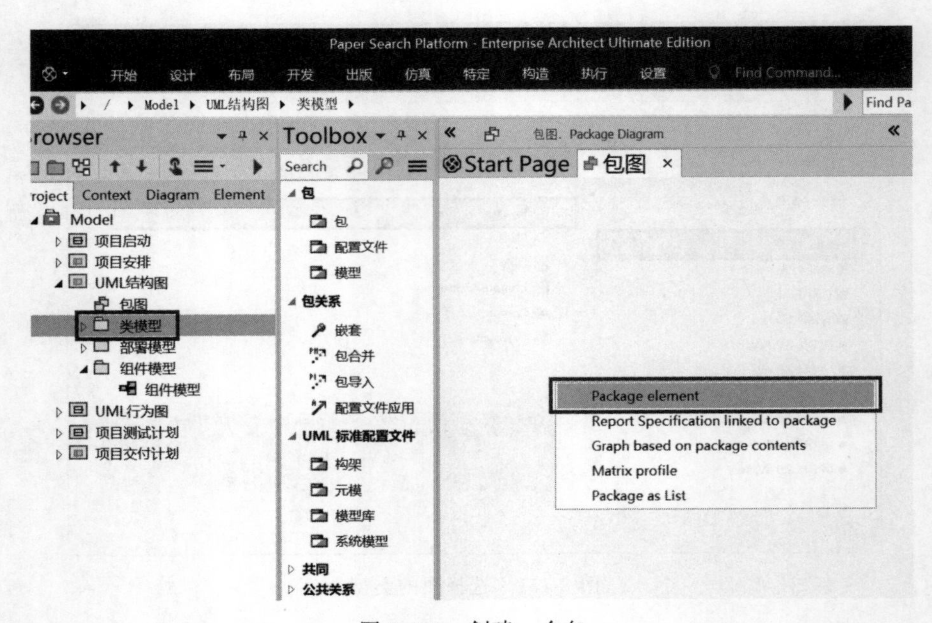

图 3-153 创建一个包

您也可以在工具栏中使用“包”工具来创建一个包元素，但通常包图的元素都应该在浏览器窗口中有体现，即能通过上述方法进行创建，而不是凭空创建出来的，因为这些创建出来的包元素并不存在于实际项目中。

2. 关系

选择工具箱的“嵌套”“包合并”或“包导入”工具，将鼠标悬停在前驱元素上，按住鼠标左键，将鼠标从前驱元素拖动到后继元素，松开鼠标后即可创建关系，如图 3-154 所示。

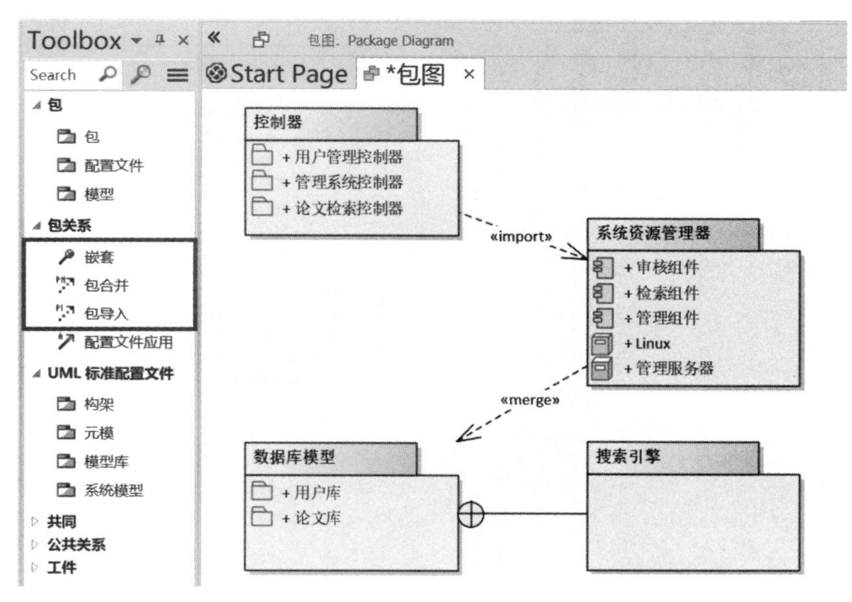

图 3-154　创建关系

3.12　双向工程

双向工程包括正向工程(forward engineer)和逆向工程(reverse engineer)。正向工程是从模型生成代码的过程，而逆向工程是从代码到模型的过程。本节以 Python 语言为例，在 EA 中进行正向工程和逆向工程。

3.12.1　正向工程

1. 设置项目的默认语言

单击菜单栏的“设置”→“选项”选项，如图 3-155 所示，打开 Manager Project Options 对话框。

如图 3-156 所示，单击左侧的 Source Code Engineering 选项，在右侧设置 Default Language for Code Generation 为 Python，决定目标生成的编程语言；在右下方的 Code page for source editing 下拉菜单中可以设置编码类型，这里选择使用 UTF-8 编码。

如果没有设置默认语言，则创建的类会默认使用 Java，需要手动在类的特性窗口中将它们的语言修改成 Python。

图 3-155　在菜单栏单击“设置”→“选项”选项

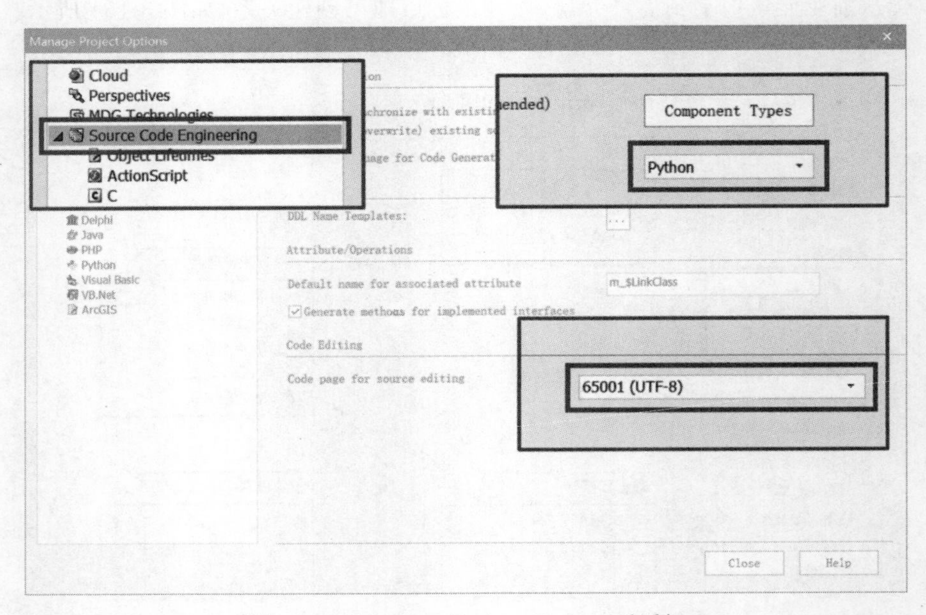

图 3-156　Manager Project Options 对话框

2. 生成目标代码

在浏览器窗口选择需要生成代码的类图，单击“开发”→“生成”→“生成所有”选项，如图 3-157 所示，打开 Generate Package Source Code 对话框。

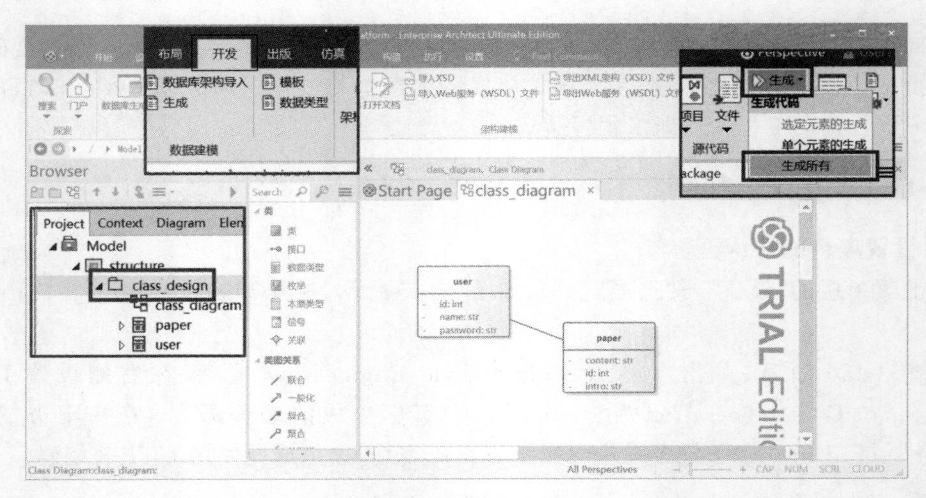

图 3-157　单击菜单栏的“开发”→“生成”→“生成所有”选项

在生成代码的窗口单击 Select All 按钮后，再单击 Generate 按钮，EA 会给每个类依次生成代码文件，如图 3-158 所示。

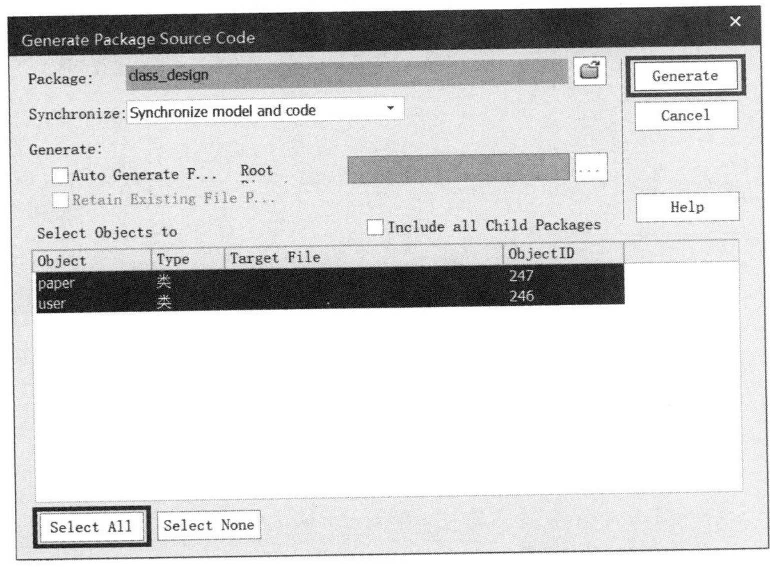

图 3-158　为每个类依次生成代码文件

EA 为 user 类生成的代码如代码 3-1 所示。

代码 3-1　EA 为 user 类生成的代码

```
1  #########################################
2  #
3  # user.py
4  # Python implementation of the Class user
5  # Generated by Enterprise Architect
6  # Created on:
7  # Original author:
8  #
9  #########################################
10 from structure.class_design.paper import paper
11
12 class user:
13     m_paper = paper()
```

注意　如果要进行正向工程，需要在设计过程中全程使用英文命名，防止代码中包含中文导致代码无法正常运行。

3.12.2　逆向工程

在浏览器窗口选中要导入工程代码的文件夹后，单击“开发”→“文件”→Import Source Directory 选项，如图 3-159 所示，打开 Import Source Directory 对话框。

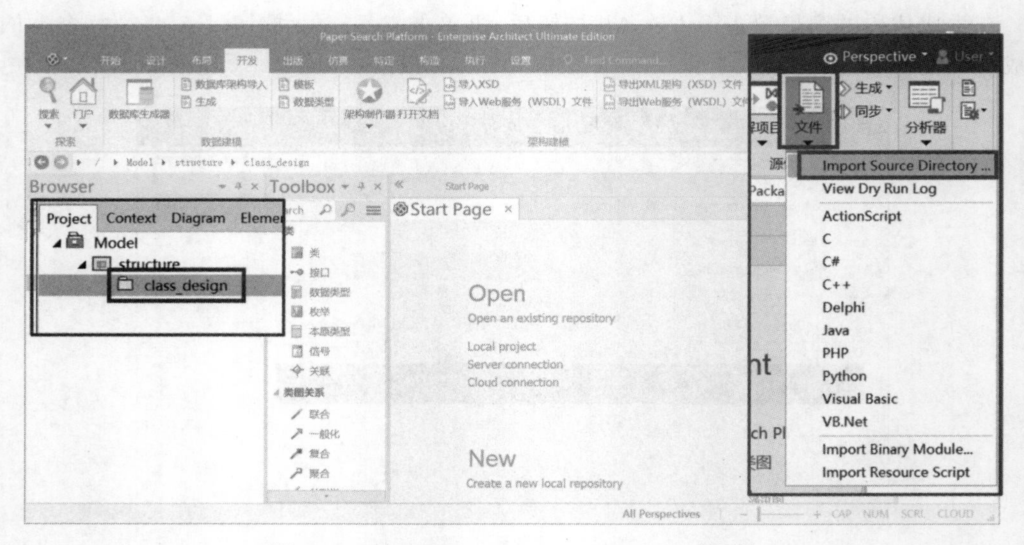

图 3-159　打开 Import Source Directory 对话框

在 Import Source Directory 对话框中，在 Root 输入框中填写项目源代码的根目录；在 Source Type 下拉菜单中选择代码的语言为 Python，设置后 EA 只导入以 py 为后缀名的文件；最后，单击下方的 OK 按钮，开始导入源代码，如图 3-160 所示。

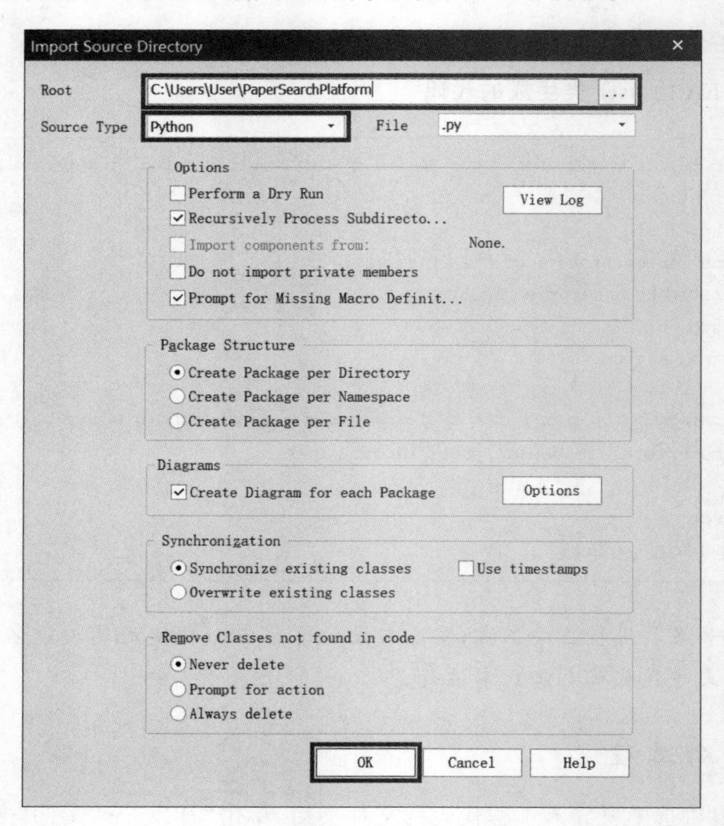

图 3-160　导入源代码

EA 会根据源代码生成对应的 UML 图,即逆向工程。开发人员可以在此基础上进行修改,以进一步完善软件工程项目的文档管理,方便后续进一步开发与维护。

3.13 小结

本章介绍了 EA 的主要功能,并对基本使用方法加以说明,主要包括了 UML 图的绘制和双向工程的基本使用方法。EA 的功能非常强大,以至于能够帮助整个项目的内容进行规划,读者如果感兴趣可以前往官网查看更详细的介绍。

3.14 习题

思考题

组织 EA 项目目录结构的方式有很多种思路,试想一下除了按照项目进度和阶段组织目录(类似 3.11.2 节),还可以通过什么其他的思路对项目目录进行组织。

实验题

根据“论文检索系统”的需求,利用 EA 绘制 UML 图。

1. 绘制用例图和类图。
2. 选取其中一些业务流程,绘制对应的顺序图、活动图、通信图和状态图。
3. 绘制系统的组件图和部署图。
4. 绘制项目的包图。

3.15 参考文献

[1] UML[EB/OL]. https://www.uml.org/,2022-3-12.

[2] About the Unified Modeling Language Specification Version 2.5.1[EB/OL]. https://www.omg.org/spec/UML/,2022-3-12.

[3] Enterprise Architect-维基百科[EB/OL]. https://zh.wikipedia.org/wiki/Enterprise_Architect,2022-3-12.

[4] Enterprise Architect-UML Design Tools and UML CASE tools for software development[EB/OL]. https://sparxsystems.cn/products/ea/,2022-3-12.

[5] UML 教程-UML 统一建模语言-Sparx Systems[EB/OL]. https://sparxsystems.cn/resources/tutorial/uml-tutorial.html,2022-3-12.

[6] UML 2 Tutorial | Sparx Systems[EB/OL]. https://sparxsystems.com/resources/tutorials/uml2/index.html,2022-3-12.

[7] Designing and modeling-IBM 文档[EB/OL]. https://www.ibm.com/docs/zh/rsar/9.5? topic=designing-modeling,2022-3-12.

第 4 章　软件数据模型建模工具 PowerDesigner

4.1　概　　述

PowerDesigner 是一款 SAP 公司旗下的企业建模与设计系统，在软件开发过程中主要用于数据建模，还可以用于对团队设计模型进行控制。

PowerDesigner 采用模型驱动方法，提供了强大而简明的数据模型设计解决方案，用户可以从概念数据模型、逻辑数据模型、物理数据模型等多个层面利用其内置的多种标准数据建模技术进行快速而便捷的数据模型设计。

此外，PowerDesigner 还与.NET、WorkSpace、PowerBuilder、Eclipse 等主流开发平台集成，支持 60 多种数据库管理系统，用户可以在不同层次的数据模型间快速转换，以迅速部署有效的企业体系架构，加速软件开发。

PowerDesigner 包含 6 个紧密集成的模块，允许开发人员根据自身需要选取不同模块进行设计工作，6 个模块分别如下。

(1) PowerDesigner ProcessAnalyst：主要用于数据分析或数据发现。

(2) PowerDesigner DataArchitect：主要用于两层(概念层和物理层)的数据库设计和数据库构造。

(3) PowerDesigner AppModeler：主要用于物理数据库的设计和应用对象及数据敏感组件的生成。

(4) PowerDesigner MetaWorks：主要通过模型共享的方式支持高级的团队工作能力。

(5) PowerDesigner WarehouseArchitect：主要用于数据仓库的建模和实现。

(6) PowerDesigner Viewer：主要用于以只读的、图形化的方式访问建模和元数据信息。

PowerDesigner 还包含了多种数据模型，以便于开发者了解需求与描述系统，其所包含的模型如下。

(1) 业务处理模型(business process model，BPM)：业务处理模型主要从用户角度对业务逻辑和业务规则进行描述，主要用在需求分析阶段。分析人员通过与用户进行沟通交流初步建立系统的逻辑模型，并在建立系统的逻辑模型后通过与用户的进一步沟通讨论来明确模型细节，通过该模型来理解系统。业务处理模型通过流程图展示业务处理过程、数据流、数据存储、消息与协作协议等。

(2) 概念数据模型(conceptual data model，CDM)：概念数据模型是最贴近现实世界的数据模型，是对现实世界的概念化抽象，通常以实体-关系模型表示。用户通过对需求进行综合、归纳与抽象，从需求中抽取并确定数据实体，分析并建立实体所包含的属性、实体与实体之间的关联，最终建立完整的概念数据模型。

(3) 逻辑数据模型(logical data model，LDM)：逻辑数据模型是对概念数据模型的细化，其模型结构与具体的数据库管理系统(DBMS)有关，是连接概念数据模型与物理数据模型的桥梁。常见的逻辑数据模型有网状数据模型(network data model)、层次数据模型(hierarchical data model)、关系数据模型(relation data model)等。

(4) 物理数据模型(physical data model，PDM)：物理数据模型用于描述数据在存储介质上的组织结构，与具体的 DBMS 有关。用户在物理数据模型的基础上，将物理数据模型转化为目标 DBMS 的 SQL 语言脚本，利用脚本在数据库中产生现实世界信息的存储结构，并保证数据在数据库中的完整性与一致性。

此外，PowerDesigner 还包含需求模型(requirement model，RQM)、自由模型(free model，FEM)、信息流动模型(information liquidity model，ILM)、面向对象模型(object-oriented model，OOM)和 XML 模型。读者如果感兴趣，可以前往官网或查看相关的说明文档了解更多的信息。

本章将介绍 PowerDesigner 工具在业务流程设计及数据库设计方面的具体使用。

4.2 基本使用

PowerDesigner 工具运行在 Windows 系统上，需要在官方网站(https://www.sap.com/products/powerdesigner-data-modeling-tools.html)下载并安装。截至笔者编写本书写作时，PowerDesigner 工具最新稳定版本为 16.7，本节将根据 PowerDesigner 16.7 版本进行介绍。安装完成并启动，可以看到 PowerDesigner 的主面板。依次单击左上方 File→New Model 选项可以创建新的数据模型。这里以概念数据模型为例，介绍 PowerDesigner 的工作面板，如图 4-1 所示。

工作面板主要包括浏览器(Browser)窗口、输出(Output)窗口、模型设计(Canvas)工作区窗口、工具箱(Toolbox)窗口、菜单栏与工具栏等区域，每个区域的具体功能如下。

1. 浏览器窗口

浏览器窗口主要用于快速导航。窗口用层次结构呈现模型信息，并分为本地浏览器窗口和知识库浏览器窗口两个视图，分别用来显示本地与知识库中的模型。用户可以在浏览器窗口中按照工作空间(Workspace)、工程(Project)、文件夹(Folder)和包(Package)4 个层次对模型进行管理。

其中，工程用来组织和管理一个工程包含的全部模型。用户可以把多个独立的工程组织成工作空间，当模型较大时，可把模型拆分成多个子模型，并用包来对这些子模型进行组织管理。用户还可以通过文件夹组织工程或工程中的模型。

2. 输出窗口

输出窗口用来显示操作过程中系统的输出提示信息，下方包含 General、Check Model、Generation 和 Reverse 4 个选项卡。

其中，General 选项卡用于显示建模过程中的相关信息；Check Model 选项卡用于显示模型检查过程中的相关信息；Generation 选项卡用于显示模型生长过程中的相关信息；

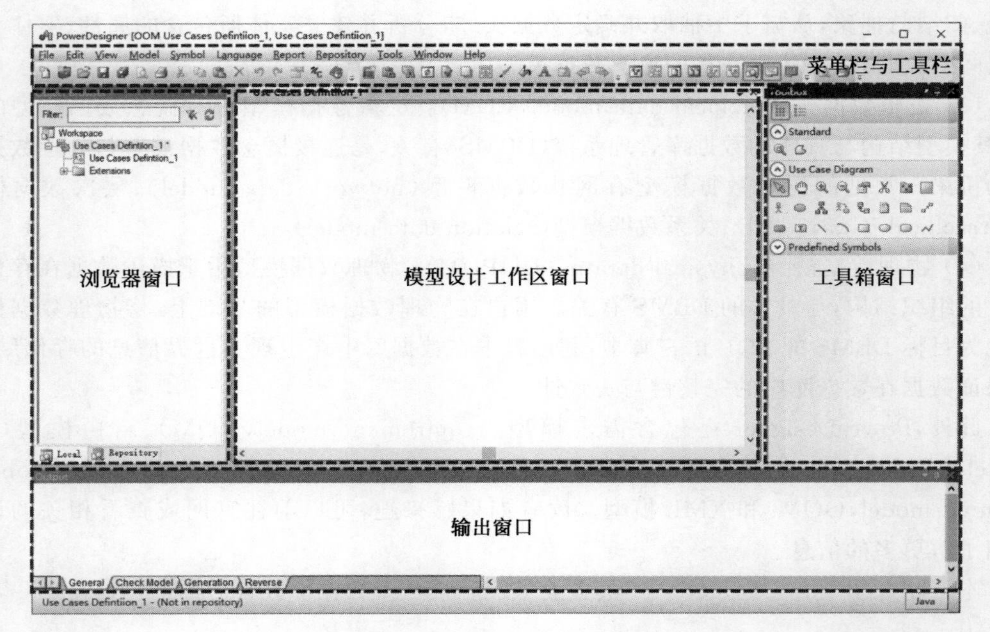

图 4-1 PowerDesigner 的工作面板

Reverse 选项卡用于显示逆向工程操作中的相关信息。

3. 模型设计工作区窗口

该窗口为系统的主要绘图窗口,用于模型设计。模型设计工作区窗口也被称作图形窗口或图形列表窗口,本章统一称为工作区窗口。

4. 工具箱窗口

工具箱用于显示当前模型常用工具选项,不同模型对应工具箱中的选项不同,除此差异外,还包含一些通用工具,包括标准工具选项(Standard)、自由图形符号(Free Symbol)、预定义图形符号(Predefined Symbols)3 类。其中,自由图形符号服务于工作区绘制的图形,包括业务流程图表(Bussiness Process Diagram)、用例图表(Use Case Diagram)等。

标准工具选项包含一些对模型的基本操作工具,如指针(Pointer)、整体选择(Grabber)、放大缩小(Zoom In/Out)等。自由图形符号与预定义图形符号包含一些基本绘图,用户可以在任何模型中使用这些绘图。自由图形符号还包含标题、文本、连接线等。

5. 菜单栏与工具栏

菜单栏与工具栏包含管理 PowerDesigner 的一系列基本功能服务。用户可在其中选择功能对绘图进行编辑、删除、复制和撤销,并根据需要执行相关的指令与任务。在工具栏中用户还可以选择开启与关闭输出窗口、工作区窗口、浏览器窗口。

4.3 构建业务处理模型

业务处理模型是以从业务人员的角度描述系统的行为和需求。在软件生命周期中,项目组首先要进行需求分析,此后完成系统的概要设计。在这一过程中,通常系统分析员利用业务流程模型画出业务流程图,然后分析业务流程并进行概念数据模型设计,设计出概念数据模型并转化为逻辑数据模型与物理数据模型；最后再根据面向对象设计的内容生成的源代码，进入编码阶段。

在 PowerDesigner 中，业务处理模型分为分析型、执行型和协作型 3 种类型。其图形主要包括业务流程图、流程层次图、编排图和绘画图 4 种流图。在一个业务处理模型中可以包含多个绘图，具体的设计步骤如下。

(1) 在菜单栏选择 File→New Model 选项，打开 New Model 对话框，选择 Model types→Business Process Model→Business Process Diagram 选项，设置绘图名称(Model name)，选择语言(Process language)为 Analysis，单击 OK 按钮，创建业务处理模型，如图 4-2 所示。

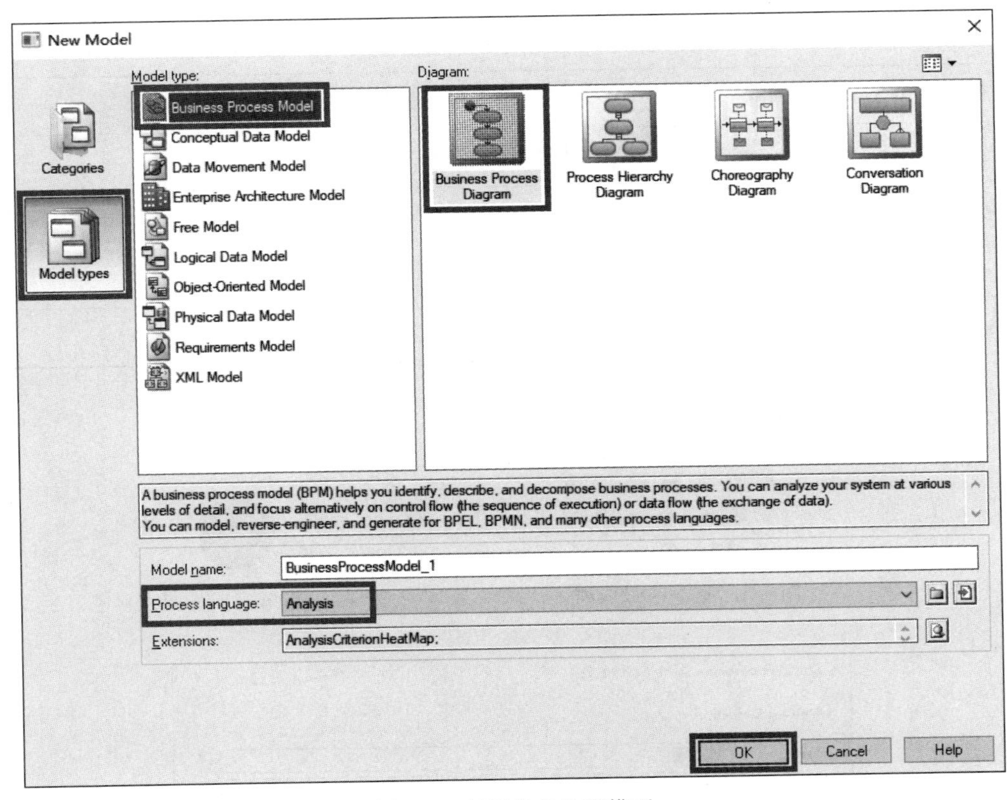

图 4-2 创建业务处理模型

(2) 查看工具栏，可以观察到业务处理模型所使用的基本绘图选项，如图 4-3 所示。常用的各项绘图选项对应的含义如表 4-1 所示。

(3) 定义起点，在业务处理模型中起点表示的是业务流程的开始，表示的是处理过程和处理过程外部的入口。一个业务处理模型中可以定义多个业务流程图(BPD)，但是通常一个 BPD 中仅包含一个起点。

在工具箱窗口单击 Start 图标，待光标变化后在工作区放置起点，适当调整其位置。设置完成的起点对象如图 4-4 所示。

在工作区空白处右击，恢复光标，然后双击起点符号，可以设置起点属性，如图 4-5 所示。

表 4-1　常用的各项绘图选项对应的说明

图　　标	图标名称	说　　明
	Package	用于对元素进行分组
	Process	代表处理过程
	Flow(Resource Flow)	连接处理过程、起点、终点与资源
	Start	代表业务流程的起点
	End	代表业务流程的终点
	Decision	用于判定条件,包含一个输入流程,多个输出流程
	Synchronization	用于创建多个并发动作
	Resource	代表资源
	Organization Unit Swimlane	用于组织单元泳道
	Organization Unit	用于组织单元
	Role Association	代表角色关联

图 4-3　基本绘图选项

图 4-4　设置完成的起点对象

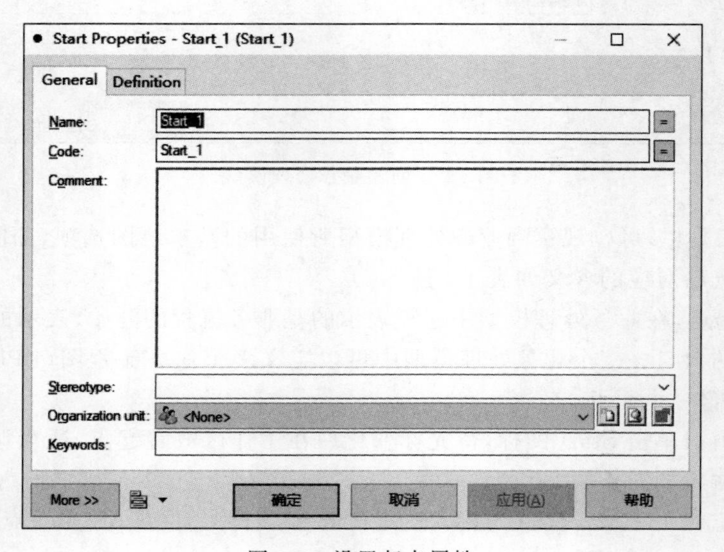

图 4-5　设置起点属性

(4) 定义处理过程,处理过程用来表示在业务流程中的一项任务或动作。选择工具箱窗口的 Process 图标,在工作区单击创建处理过程,如图 4-6 所示。

Process_1

图 4-6 创建处理过程

(5) 恢复光标,双击符号打开处理过程属性窗口,可设置处理过程的属性,如图 4-7 所示。

其中,General 选项卡用来设置常规属性,包括 Name(处理过程名称)、Timeout(动作执行时限,实际执行时间超过这个时限则被认定为系统异常)等; Implementation 选项卡用来定义处理过程的执行过程,包括处理过程的类型等; Data 选项卡用来定义与处理过程有关的数据对象及对应的 CRUD 权限。

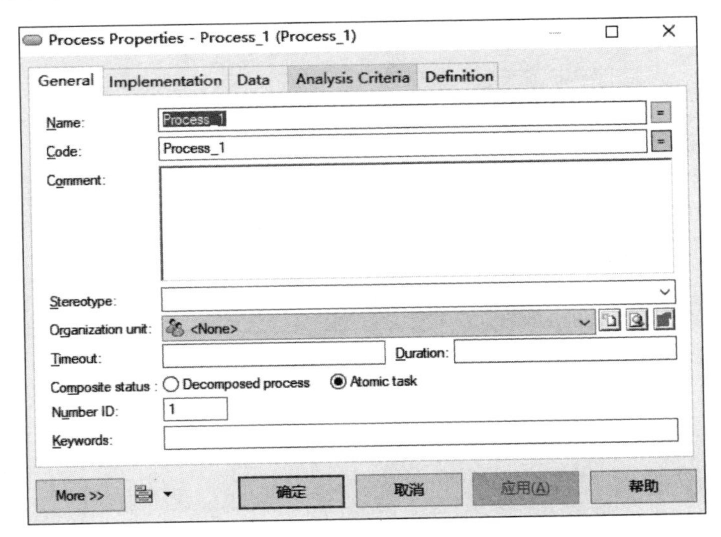

图 4-7 设置处理过程的属性

(6) 定义流程,流程(Resource Flow)表示两个有关联的对象间的交互关系。在工具箱中选择 Flow 图标,在工作区中选中第一个模型,长按鼠标左键并拖动至第二个模型,可以看到两个对象间出现了对应的流程,如图 4-8 所示。

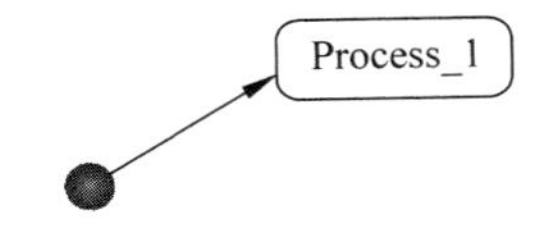

图 4-8 对象间出现的对应流程

(7) 恢复光标,双击流程对象,打开流程属性窗口,如图 4-9 所示。根据需求设置相关属性,包括起点(Source)、终点(Destination)、传输方式(Transport)等,并设置流程类型,包括正常流程、超时流程、技术错误流程。当存在多个流程时,还可以在 Condition 选项卡中设置条件,表示满足条件时才执行流程。

(8) 定义消息格式,消息格式定义了流程连接的两个对象之间进行交互的数据格式,可在流程属性窗口的 General 选项卡中设置。在如图 4-9 所示的窗口中,选择属性窗口的 Message Format(消息格式)下拉菜单右侧的图标,弹出 Message Format Properties 窗口,如图 4-10 所示。

定义完毕后单击“确定”按钮保存修改即可。调整位置后,最终的流程效果如图 4-11 所示。

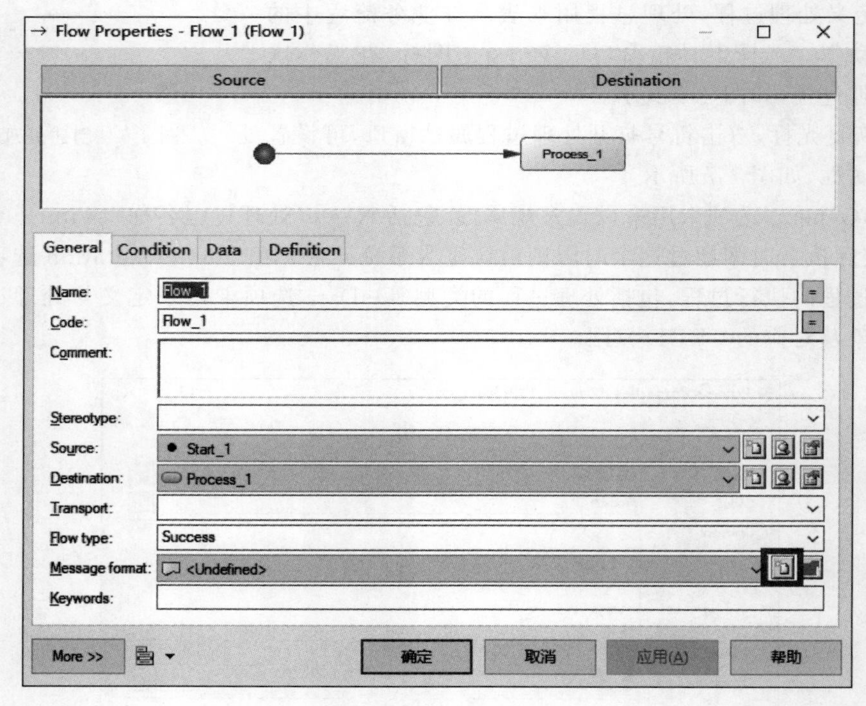

图 4-9　流程属性窗口

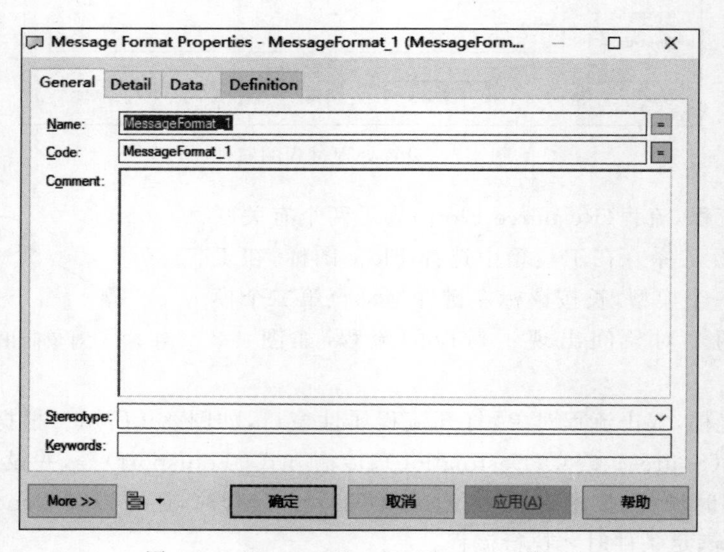

图 4-10　Message Format Properties 窗口

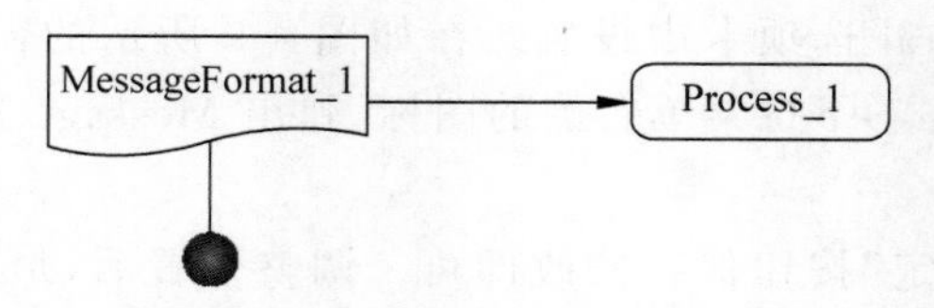

图 4-11　最终的流程效果

(9) 定义判断，判断指基于流动条件的满足与否对业务流程进行选择性导向的行为。流动条件不可互相包含，且应覆盖所有可能。选择工具箱窗口中的对应图标，在工作区绘制判断并添加必要的流程，如图 4-12 所示。

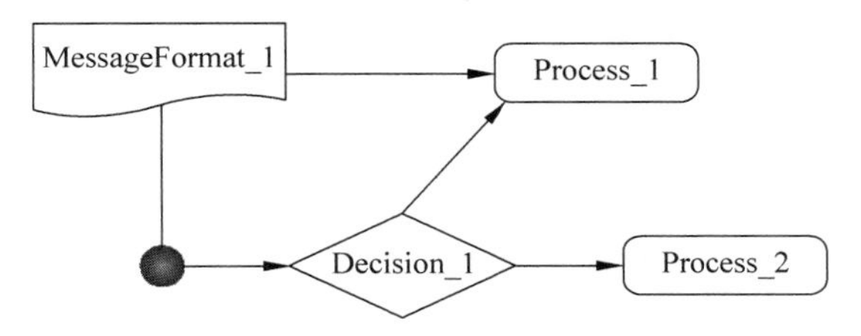

图 4-12　在工作区绘制判断并添加必要的流程

双击判断打开判断条件配置窗口，在 Condition 选项卡中的 Alias 输入框中可配置判断条件，如图 4-13 所示。

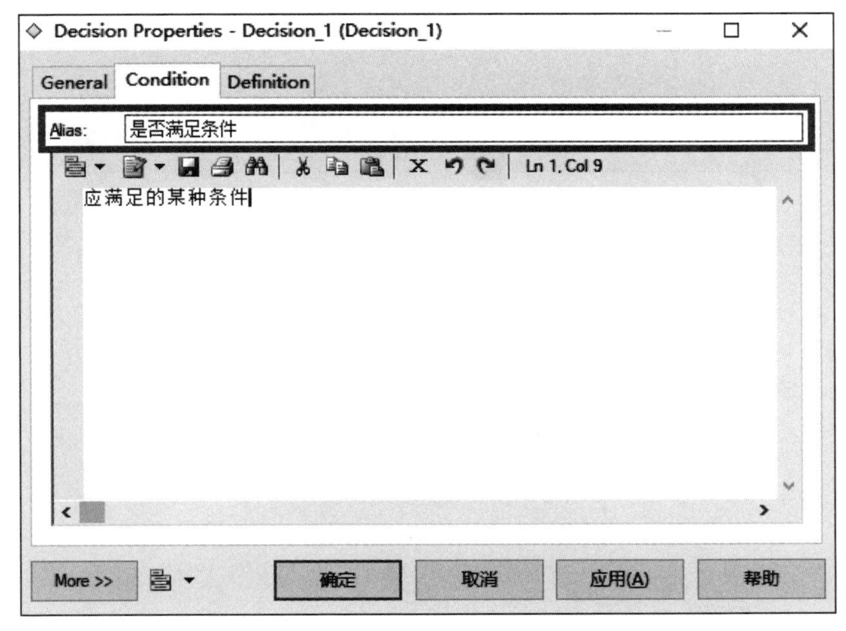

图 4-13　设置 Alias 配置判断条件

双击与判断条件相关的流程，打开 Flow Properties 窗口，在 Condition 选项卡中可通过设置 Alias 配置流向此流程所需要满足的条件，如图 4-14 所示。

一个完成判断的绘制效果如图 4-15 所示。

(10) 定义组织单元，组织单元既可以用泳道表示，也可以用图标表示，两种表示方法之间可以互相切换。这里使用图标表示法。右击工作区空白处，在展开的菜单中选择 Disable Swimlane Mode 选项，切换为图标模式，如图 4-16 所示。

在工具选项版中选择组织单元图标在工作区进行绘制与调整。双击打开属性面板可设置其基本信息，其中 Parent Organization 表示父组织单元。最终组织单元如图 4-17 所示。

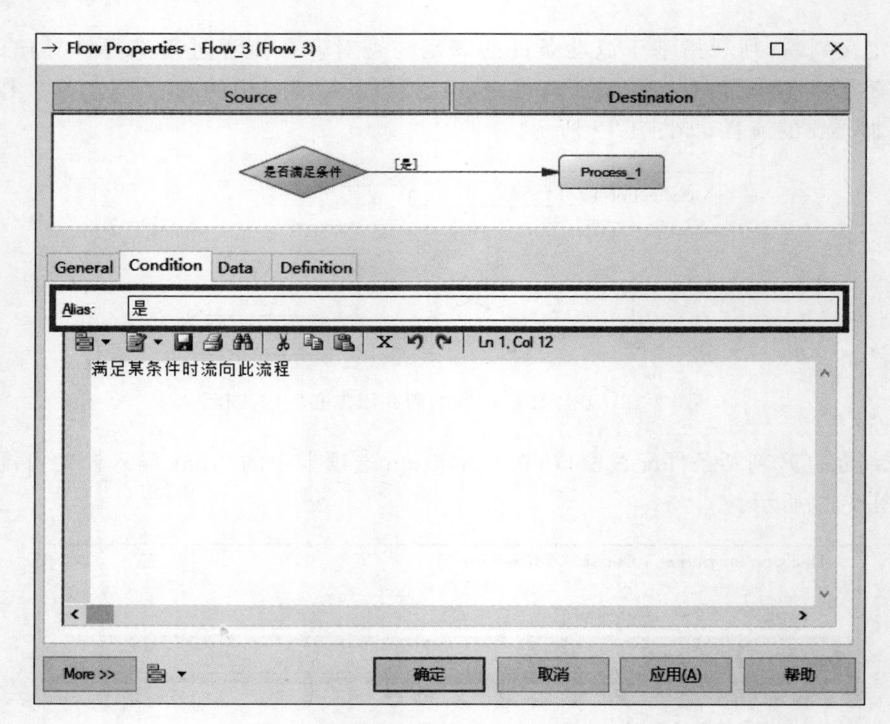

图 4-14　配置流向此流程所需要满足的条件

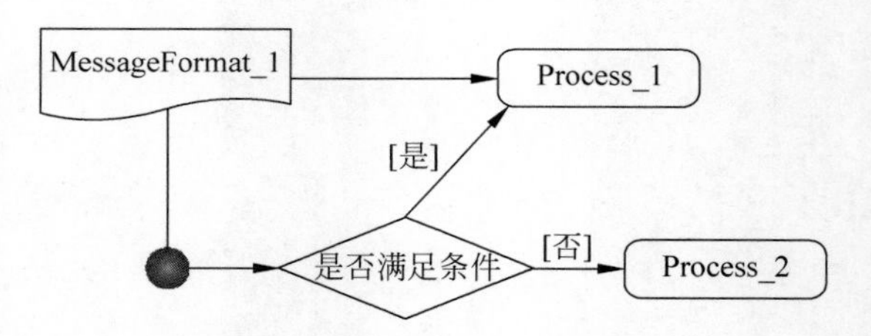

图 4-15　完成判断的绘制效果

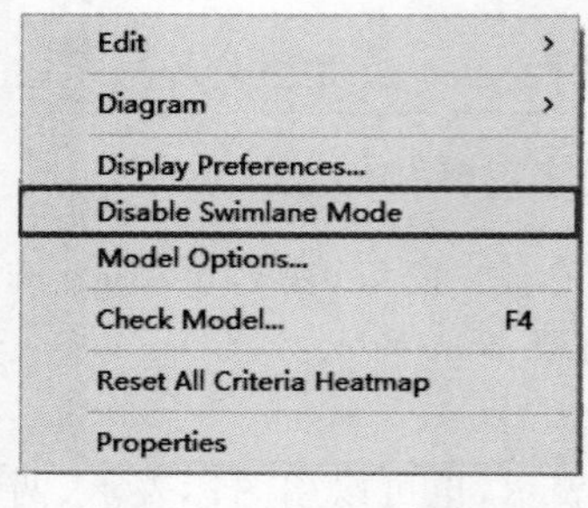

图 4-16　切换为图标模式

图 4-17　最终组织单元

(11) 定义角色关联,角色关联仅能在组织单元为图标表示模式的情况下绘制,其绘制方法与流程相近。角色关联的关联方向包含主动角色与被动角色两种,如图 4-18 所示,区别在于箭头指向。创建关联后在 General 选项卡中设置关联方向,保存后可完成角色关联的绘制。

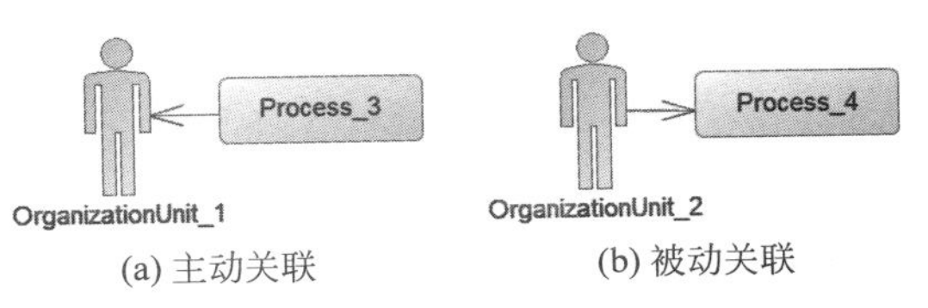

图 4-18　主动角色与被动角色

(12) 定义资源(Resource)与资源流(Resource Flow),定义资源的方式与定义处理过程类似,定义资源流的方式与定义过程的方式类似。

在 PowerDesigner 中,资源流有 3 种:来自处理过程的访问(能执行 CREATE、UPDATE、DELETE 3 种操作)、来自资源的访问(只能执行 READ 操作)、来自处理过程和资源的互访(能执行 CRUD 4 种操作)。3 种资源流的样式如图 4-19 所示。

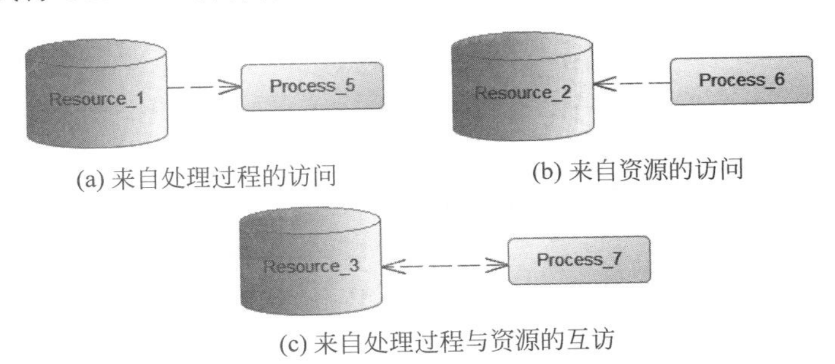

图 4-19　三种资源流的样式

双击资源流图形符号,打开 Resource Flow Properties 窗口,如图 4-20 所示。在 General 选项卡中设置访问模式(Access Mode),保存后可以看到资源流的样式发生变化。

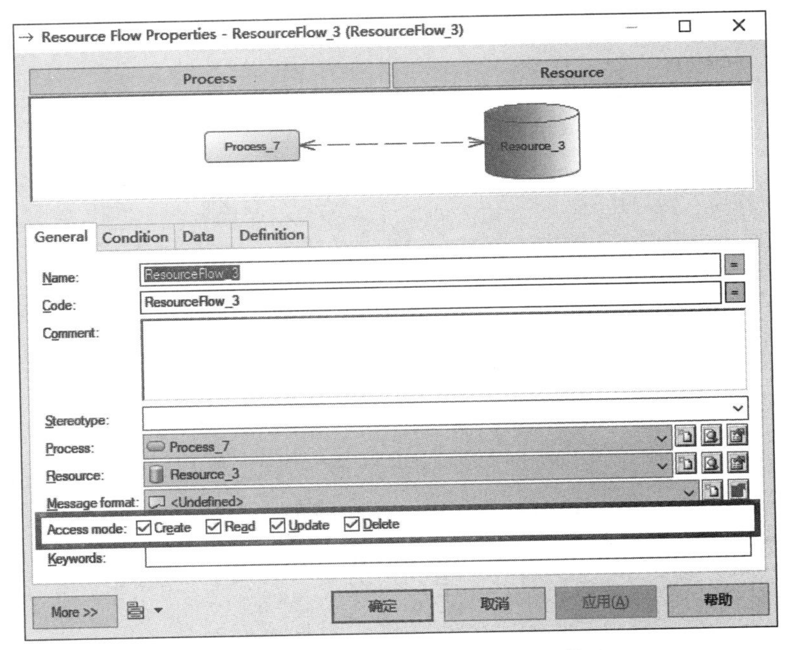

图 4-20　Resource Flow Properties 窗口

(13) 定义终点,终点包含 4 种类型:正常终止、超时终止、业务逻辑错误和技术错误。绘制终点的方法与绘制起点基本相同。其类型可在 General 选项卡中设置,定义终点最终效果如图 4-21 所示。

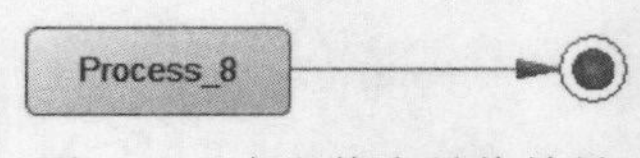

图 4-21 定义终点最终效果

(14) 重复步骤(4)~(13),直至完成业务流程设计。

4.4 构建"论文检索系统"的数据模型

4.4.1 构建概念数据模型

概念数据模型通常被用来对现实世界进行抽象,本节介绍用 PowerDesigner 设计概念数据模型的方法。

在 PowerDesigner 中,概念数据模型包含域(Domain)这一元素。域是一组具有相同数据类型值的集合,可以被多个实体属性共享,以便标准化不同实体间的属性。一个域通常包括数据类型、长度、精度、检查参数、业务规则和强制等特性。例如,若性别域为{男,女},则所有引用该性别域的实体属性值将仅可以为男或女。

下面利用 PowerDesigner 构建概念数据模型,具体步骤如下。

(1) 在菜单栏中选择 File→New Model 选项,打开 New Model 对话框,选择 Model types→Conceptual Data Model→Conceptual Data Diagram 选项,设置绘图名称后单击"确定"按钮,创建概念数据模型。概念数据模型对应的基本绘图元素如表 4-2 所示。

表 4-2 常用的各项绘图选项对应的含义

图　标	图标名称	含　义
	Package	包
	Area	区域
	Entity	实体
	Relationship	关系
	Inheritance	泛化
	Association	关联
	Association Link	关联链接

(2) 定义实体。选中工具箱窗口的 Entity 图标,在工作区创建实体,并调整其位置。双击实体打开 Entity Attribute Properties 窗口。实体的 General 选项卡包含实体的基本信息,如图 4-22 所示。

其中,Number 表示该实体在数据库中可能存放的数据条数,用于估算数据表的大小;而 Generate 则表示在将概念数据模型转换为逻辑数据模型时是否要将当前实体转换为数据表。

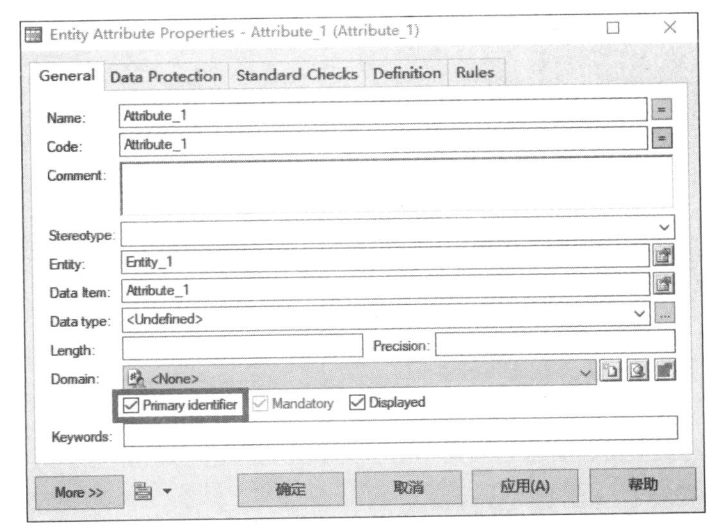

图 4-22 实体的基本信息

勾选 Generate 选项,其他项留空。

保存设置后的实体效果如图 4-23 所示。

图 4-23 保存设置后的实体效果

(3) 定义属性。在 Entity Properties 窗口打开 Attributes 选项卡,可以看到当前实体所包含属性的信息,如图 4-24 所示。其属性参数如表 4-3 所示。

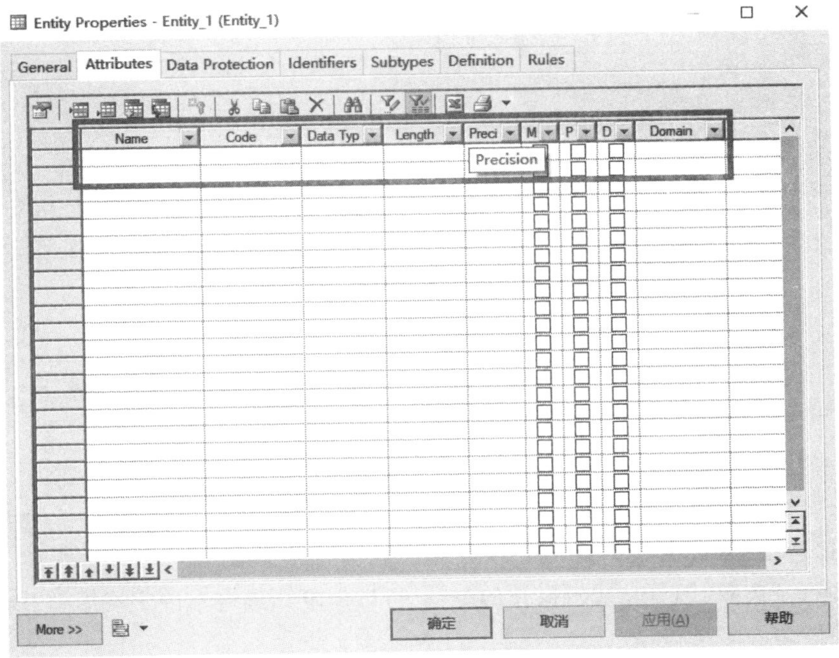

图 4-24 当前实体所包含属性的信息

表 4-3　属性参数

属性名称	含　义
Name	属性名称
Code	属性代码
Data Type	数据类型
Length	属性长度,主要面向字符串与数字
Precision	属性精度,主要面向数值类属性
M(Mandatory)	属性值是否允许为空
P(Primary Identifier)	属性是否为主标识符
D(Displayed)	属性是否在绘图中显示
Domain	应用在属性上的域

在属性列表区域右击属性行,在弹出的菜单中选择 Properties 选项,可打开 Entity Attribute Properties 窗口,如图 4-25 所示。设置该属性为主键(Primary identifier),其余参数均为默认,保存属性配置。

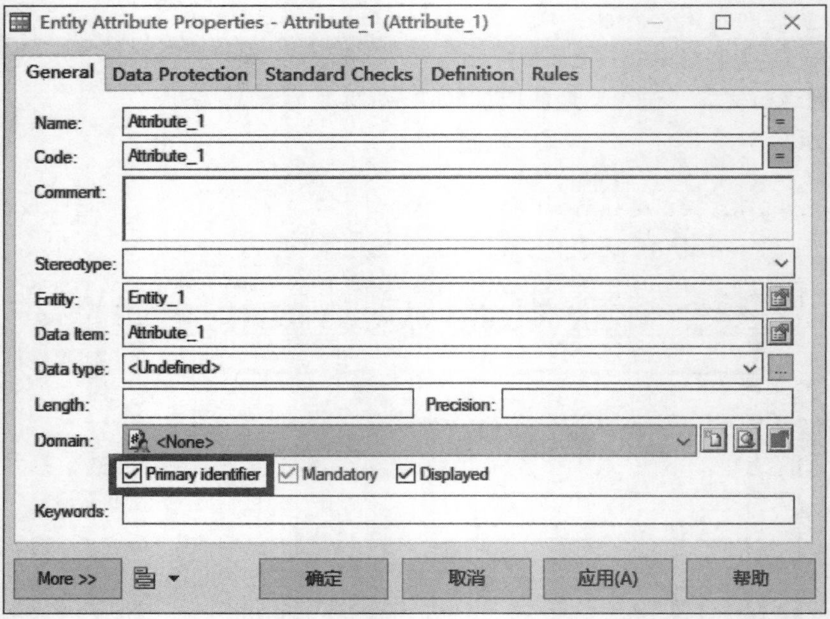

图 4-25　Entity Attribute Properties 窗口

(4) 设置属性的标准检查性约束。在 Entity Attribute Properties 窗口中选择 Standard Checks 选项卡,如图 4-26 所示。

单击"确定"按钮,即可完成对属性的编辑,可以反复添加属性以实现模型需求。设置属性后的实体如图 4-27 所示。

(5) 定义关系。假定此时已经创建了两个实体。选中工具箱窗口中的 Relationship 图标,在实体上长按鼠标左键并拖动鼠标至另一实体上,完成关系的创建,如图 4-28 所示。

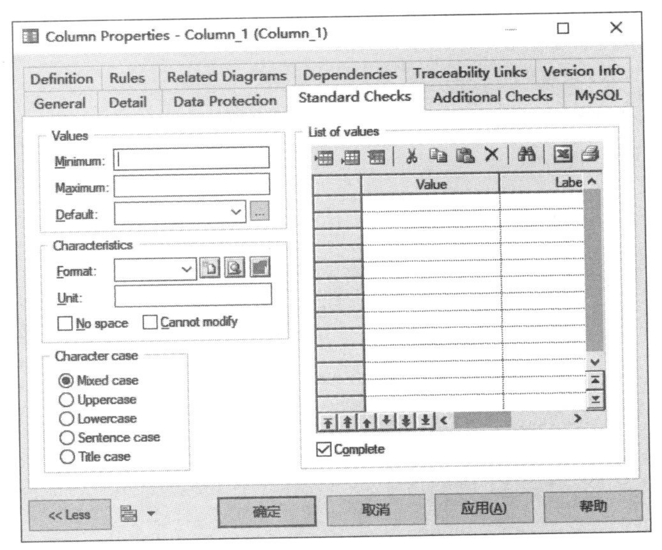

图 4-26　标准检查性约束配置窗口

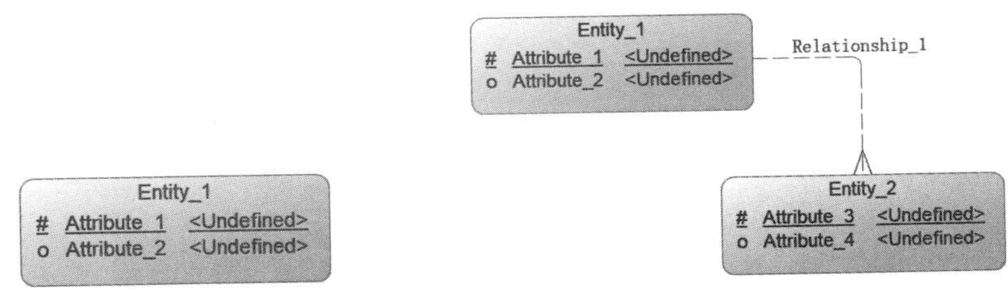

图 4-27　设置属性后的实体

图 4-28　完成关系的创建

(6) 配置关系。双击刚刚绘制好的关系，打开 Relationship Properties 窗口，如图 4-29 所示。General 选项卡中绝大多数参数含义同实体中的同名属性。

打开 Cardinalities(多重性)选项卡，设置关系的多重性。在 PowerDesigner 中，实体间的关系包括一对一(One-one)、一对多(One-many)、多对一(Many-one)和多对多(Many-many)4 种关系，4 种关系的样式如图 4-30 所示。其中的参数含义如表 4-4 所示。

表 4-4　参数含义

参　　数	含　　义
Dominant role	仅对一对一关系有效，用于定义关系中起支配作用的实体。在 CDM 中，如果设置该参数，则依赖于支配实体的实体中将生成依赖(外键)
Role name	角色名称，描述当前方向关系的作用
Dependent	依赖。如果选中该项，则依赖实体中将生成一个引用，该引用成为依赖实体标识符的一部分
Mandatory	强制。如果选中该项，则多重性基数将被限制为“1∶1”与“1∶n”两种情况。前者表示对于关系左侧实体，右侧实体必须有且仅有一个实例与之关联。后者表示对于关系左侧实体，右侧实体必须至少有一个实例与之关联
Cardinality	关系的多重性基数，包含“1,1”“1,n”“0,1”“0,n”4 种。其取值与前文所述的 Cardinalities 属性有关，选中不同值有可能会导致多重性的变化

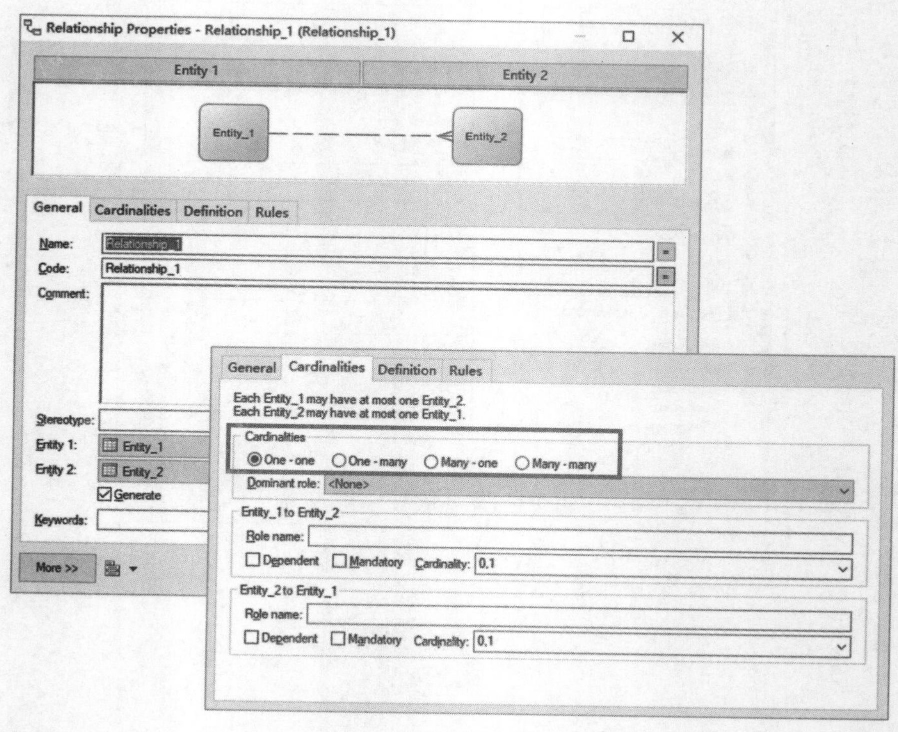

图 4-29　关系配置窗口

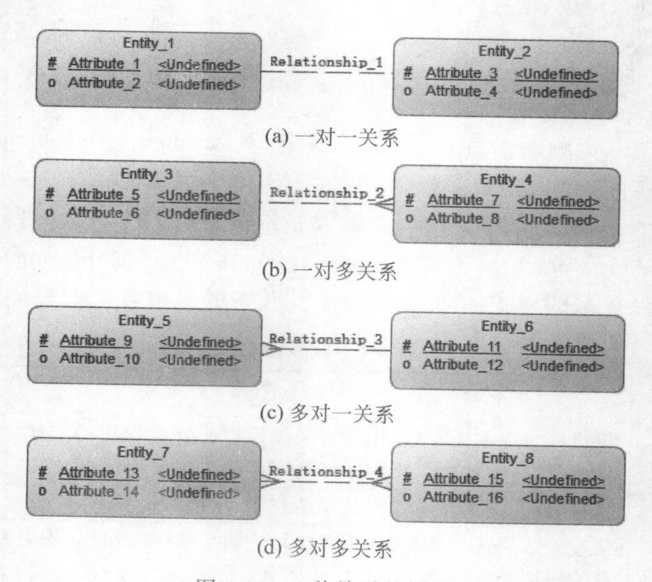

(a) 一对一关系

(b) 一对多关系

(c) 多对一关系

(d) 多对多关系

图 4-30　4 种关系的样式

(7) 设置关联(Association)。在 PowerDesigner 中,关系默认不包含属性(Attributes)。如果需要设置包含属性的关系,则需要用关联来表示。

在菜单栏选中 Tools→Model Options 选项,打开 Model Options 对话框,如图 4-31 所示。

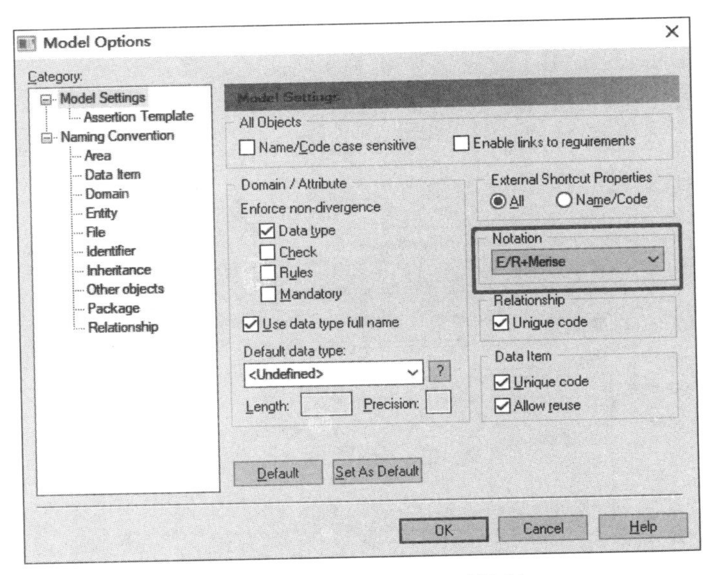

图 4-31　Model Options 对话框

将 Notation 设置为"E/R+Merise"，单击 OK 按钮，保存设置，即可在 CDM 中创建关联。在工具箱窗口中选中关联图标，绘制关联。然后在两个实体与关联之间分别建立关联链接(Association Link)，创建两实体间的关联。

(8) 双击关联对象，打开 Association Properties 窗口。其 General 选项卡中参数的含义与实体基本一致，Attributes 选项卡中可以设置关联所包含的属性，设置方法基本与实体属性的设置方法相同。

(9) 双击关联链接，打开 Association Link Properties 窗口，如图 4-32 所示。

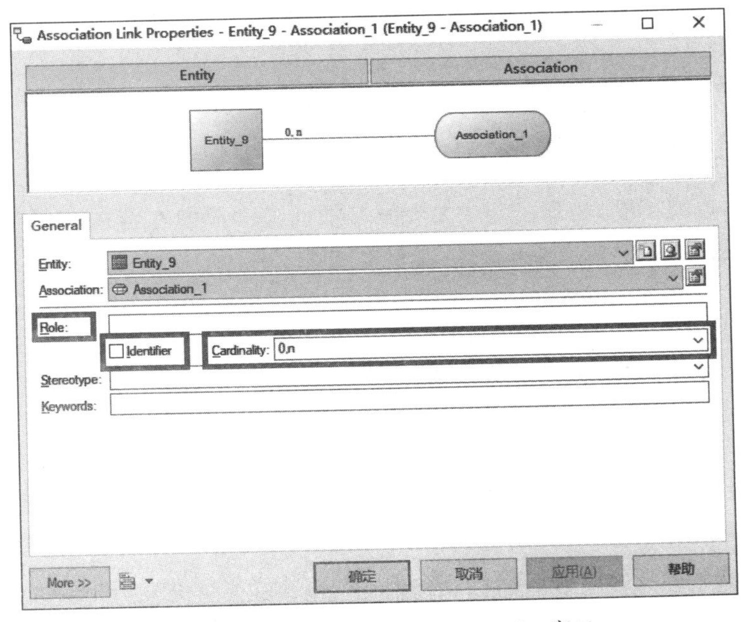

图 4-32　Association Link Properties 窗口

Role、Cardinality 两项参数分别对应关系(Relationship)中的 Role name 与 Cardinality。Identifier 属性表示标识符,用于设置实体和关联之间是否存在依赖关系。对与另一实体关联的链接进行类似处理,完成关联链接的配置。

(10) 定义域。在左侧浏览器窗口中的 CDM 模型上右击,选择 New→Domain 选项,打开 Domain Properties 窗口,如图 4-33 所示。

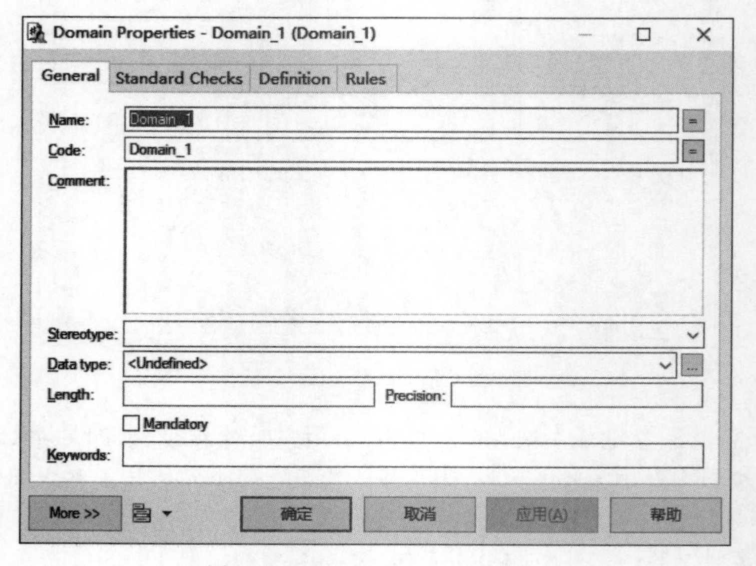

图 4-33 Domain Properties 窗口

设置一个域的方法与设置实体属性(Attribute)的方法基本一致。与之不同的是,设置完成后的域可以被多个实体属性复用。单击"确定"按钮后,可以在浏览器窗口的模型中看到对应的域。此后便可以在设置实体属性时套用该域,对应属性将获得在域上施加的全部约束。

(11) 重复步骤(2)~(10),直至完成概念数据模型设计。

4.4.2 构建物理数据模型

与概念数据模型不同,物理模型主要着眼于如何建立能够在特定数据库中运行的数据模型,模型通常包括表、参照、视图、存储过程、约束、索引、触发器等数据库要素。

下面利用 PowerDesigner 构建物理数据模型,具体步骤如下。

(1) 在菜单栏选择 File→New Model 选项,打开 New Model 对话框,在 Model types 中选择 Physical Data Model 选项,在过滤结果中选择 Physical Diagram 选项,设置模型名称与 DBMS,单击 OK 按钮,创建模型。物理数据模型常用的各项绘图选项对应的含义如表 4-5 所示。

(2) 定义表。表是物理数据模型的最基本单元。在工具箱窗口中选中表图标,在绘图区单击即可绘制多个表。双击表对象可以打开 Table Properties 窗口,如图 4-34 所示。在 General 选项卡中可以设置表的名称(Name)、所有者(Owner)、最大数据存储量(Number)、维度类型(Dimensional type)等属性。

单击"确定"按钮保存设置,可以看到绘制完成的表,如图 4-35 所示。

表 4-5　常用的各项绘图选项对应的含义

图　标	名　称	含　义
	Package	包
	Area	区域
	Table	表
	View	视图
	Reference	参照
	Procedure	存储过程

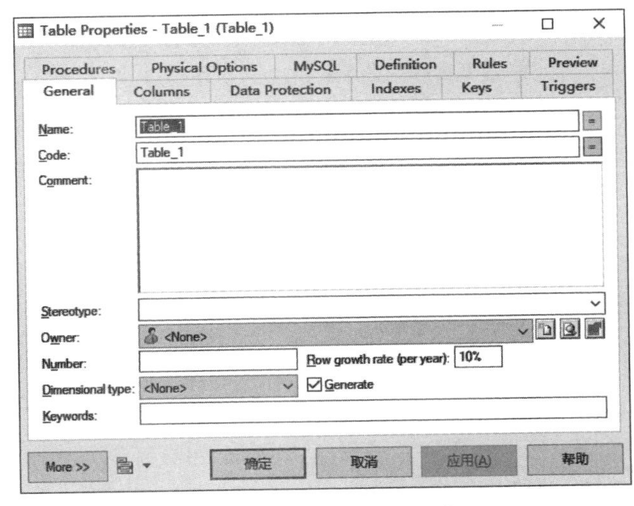

图 4-34　Table Properties 窗口

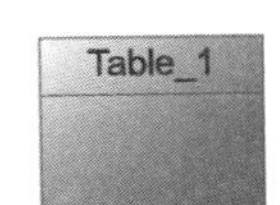

图 4-35　绘制完成的表

(3) 定义列。一个表通常包含至少一个列。打开 Table Properties 窗口，选择 Columns 选项卡，如图 4-36 所示。在窗口中单击列表空白处，可以创建表列，并设置基本信息，包括名称(Name)、代码(Code)、数据类型(Date Type)等。

(4) 右击任意表列，选择 Properties 选项，打开 Column Properties 窗口，如图 4-37 所示，进一步设置表列信息。在 General 选项卡中，除设置步骤(3)中所述的基本信息外，还可以设置表列是否为主键(Primary key)，是否为外键(Foreign key)，是否允许为空(Mandatory)等。

(5) 设置列的约束。列的约束包括实体完整性约束、参照完整性约束、自定义完整性约束 3 种。实体完整性约束通过设置主键实现，参照完整性约束通过定义外键来实现。这两种约束的设置方法将在后续步骤中进行。本步骤中仅设置自定义完整性约束。

在 PowerDesigner 中，自定义完整性约束又分为标准检查性约束(Standard Checks)、扩展检查性约束(Additional Checks)和规则(Rules)。

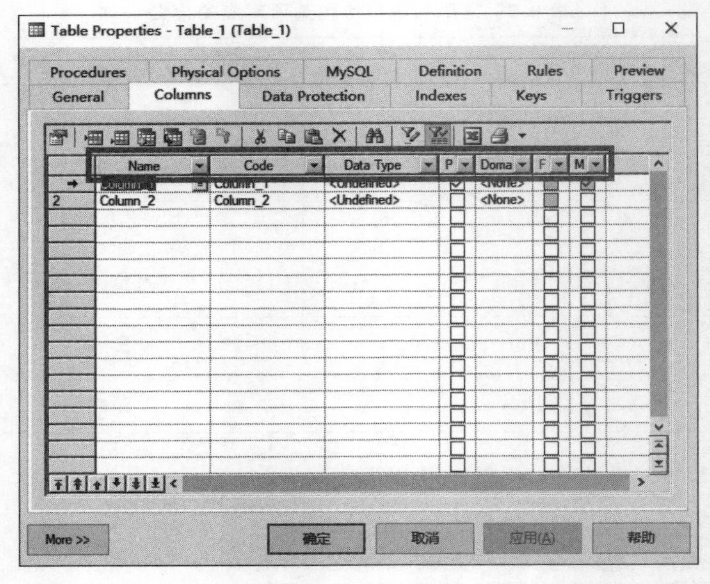

图 4-36　表列配置

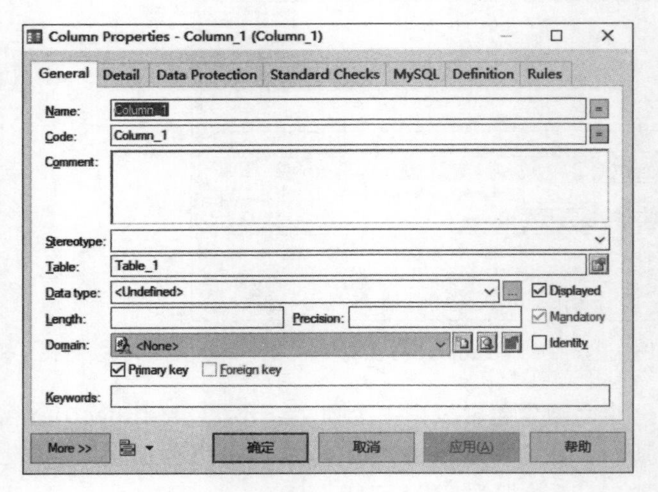

图 4-37　Column Properties 窗口

默认菜单栏可能只显示一行，这时需要单击该页面下方的 More 按钮，可以将菜单栏完全展开。

① 设置标准检查性约束。在 Column Properties 窗口中选择 Standard Checks 选项卡，如图 4-38 所示。

标准检查性约束主要包括最大值(Maximum)、最小值(Minimum)、默认值(Default)、显示格式(Format)、单位(Unit)、字符集(Character case)等约束。按照需求设置参数后缓存设置，即可完成标准检查性约束的设置。

② 设置扩展检查性约束。与标准检查性约束相比，规则与扩展检查性约束相对较为灵活，用户可以设置 SQL 语句直接定义约束。

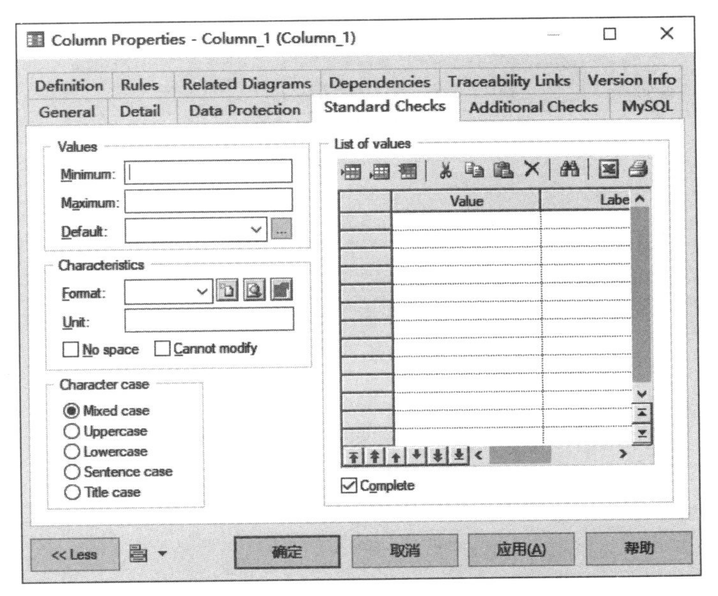

图 4-38　标准检查性约束配置

设置扩展检查性约束，在 Column Properties 窗口中选择 Additional Checks 选项卡，如图 4-39 所示，在文本框中设置约束，保存扩展检查性约束。

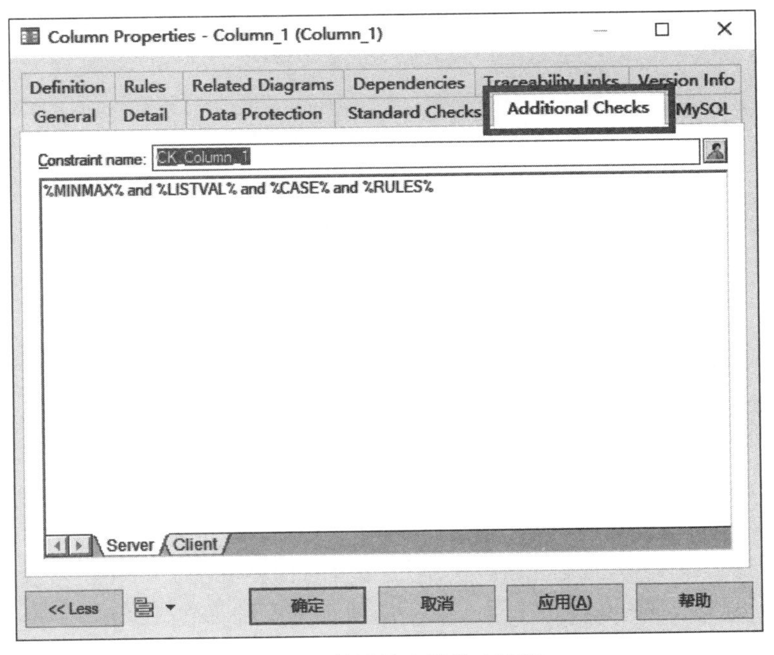

图 4-39　扩展检查性约束配置

③ 设置规则，在列属性窗口中选择 Rules 选项卡，如图 4-40 所示。在此页面顶部工具栏中选择 Create an Object 选项，打开 Business Rule Properties 窗口，如图 4-41 所示。在 Expression 选项卡中可使用与扩展检查性约束相同的 SQL 语句设置规则。

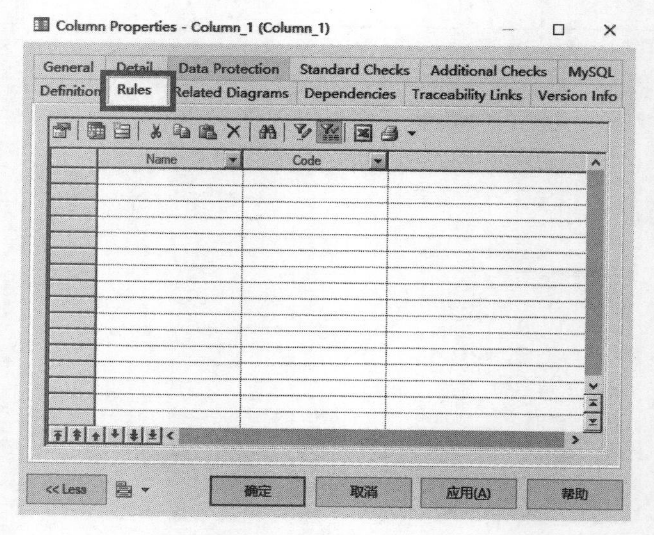

图 4-40 列规则配置窗口

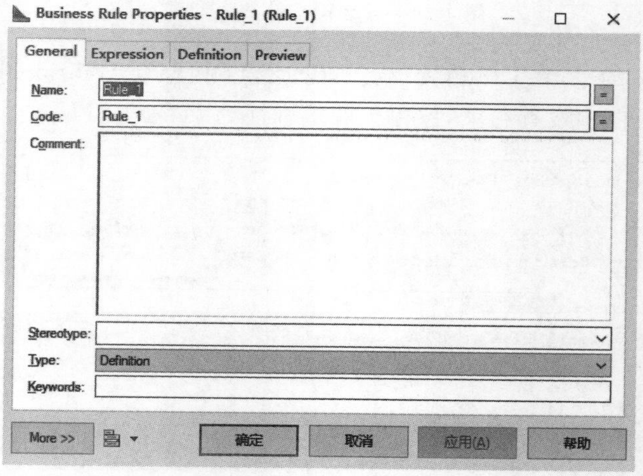

图 4-41 Business Rule Properties 窗口

(6) 定义键。键包括候选键(Alternate key,< ak >)、主键(Primary Key,< pk >)和外键(Foreign Key,< fk >)。候选键用于唯一标识表中的每一条记录；主键从候选键中选出,用于维护表的实体完整性；外键指某张表中引用另一张表的主键的列或列的组合,用于维护表的参照完整性。主键与候选键的定义方法如下。

① 定义主键。在 PowerDesigner 中,定义主键有两种方法。一种如步骤(4)中所述,在 Column Properties 窗口中选中 Primary key 选项。另一种是在 Table Properties 窗口中的 Columns 选项卡中勾选一个或多个 P(Primary Key)复选框,如图 4-36 所示。

② 定义候选键。在 Table Properties 窗口中选择 Keys 选项卡,单击键列表的空白处以创建新候选键,如图 4-42 所示。右击已有键,在弹出的菜单中选中 Properties 选项,在其中的 Columns 选项卡的顶部菜单栏中选择 Add Columns 选项,可以选中已有列作为候选键,如图 4-43 所示。

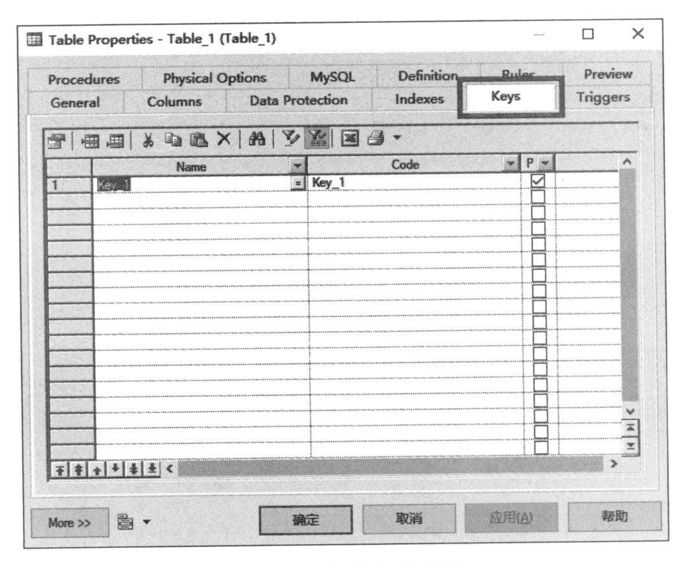

图 4-42　创建新候选键

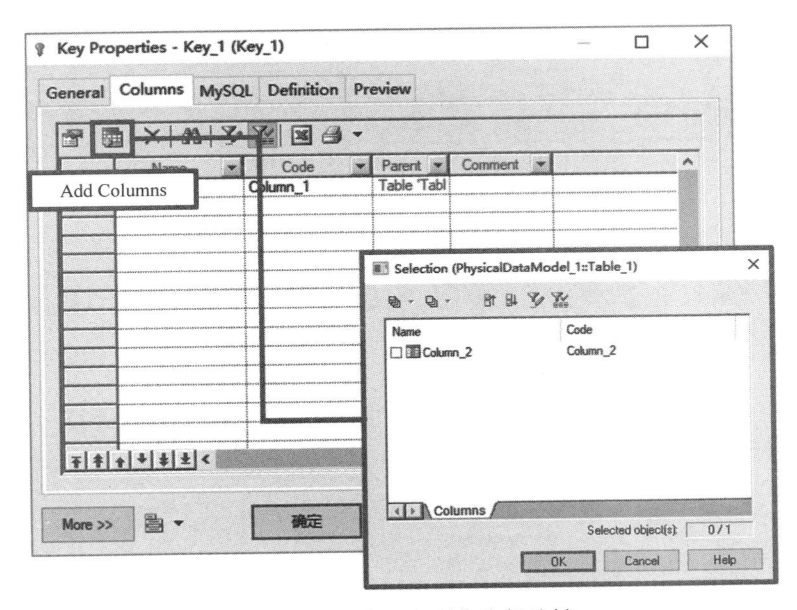

图 4-43　选中已有列作为候选键

(7) 定义参照(Reference)。参照用来表述表与表之间的关系，与概念数据模型中的关系(Relationship)相对应。在工具箱中选择References图标，在绘图区选中一个表对象并拖曳至另一对象上，松开鼠标左键，创建参照，如图4-44所示。

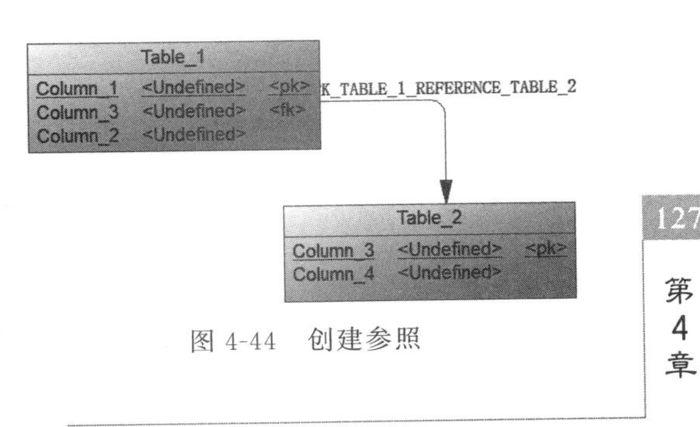

图 4-44　创建参照

(8) 配置参照属性与参照完整性约束。双击参照对象，打开Reference Properties窗口，如

图 4-45 所示。在 Joins 选项卡中可以配置参照所链接的属性。在 Reference Properties 窗口中选择 Integrity 选项卡,设置参照完整性约束,如图 4-46 所示。

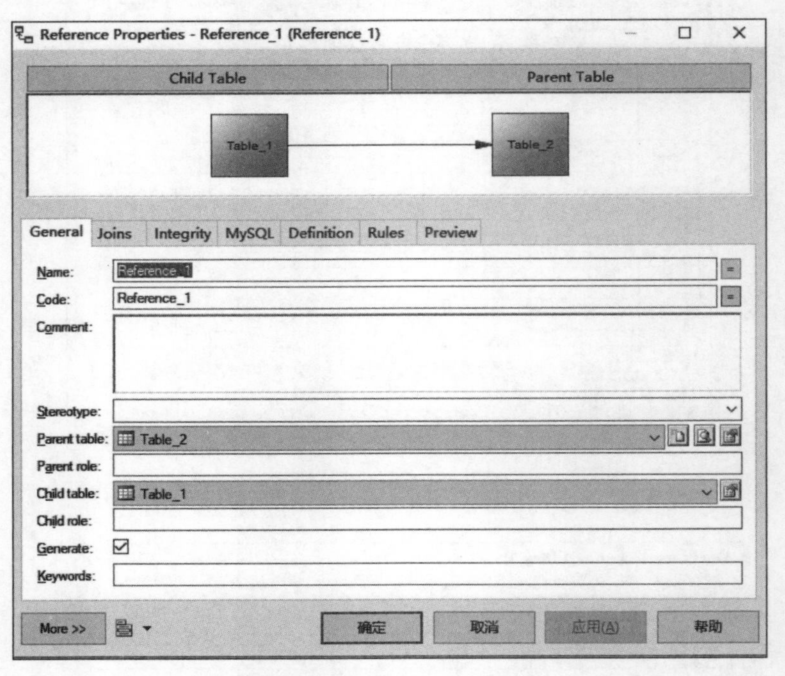

图 4-45　Reference Properties 窗口

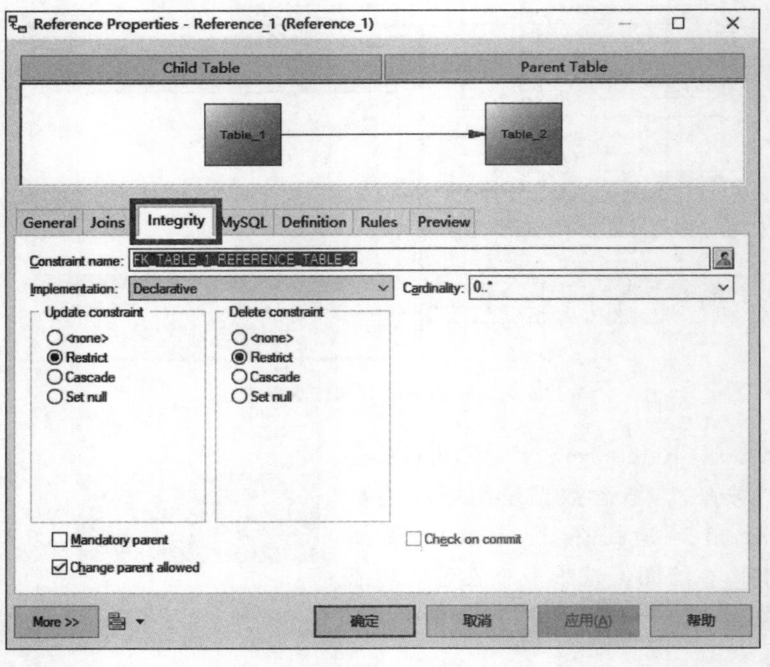

图 4-46　设置参照完整性约束

参照完整性包含的配置项如表 4-6 所示。

表 4-6　参照完整性包含的配置项

参　数　名	参 数 含 义
Cardinality	链接基数，指父表中的每条记录对应子表中记录的最小数量和最大数量。包含“0..1”“1..1”“0..”“1..”4 种情况
Update constraint	更新约束，定义修改父表的被链接列时，子表中相应列的变化规则
Delete constraint	删除约束，定义删除父表的被链接列时，子表中相应列的变化规则
Mandatory parent	强制链接父表，指定子表中被链接列的值必须存在于父表中
Check on commit	事务检查，指定在事务提交时要进行检查

完成上述配置后单击“确定”按钮，保存参照完整性设置。一项参照完整性的 SQL 代码表示如图 4-47 所示。

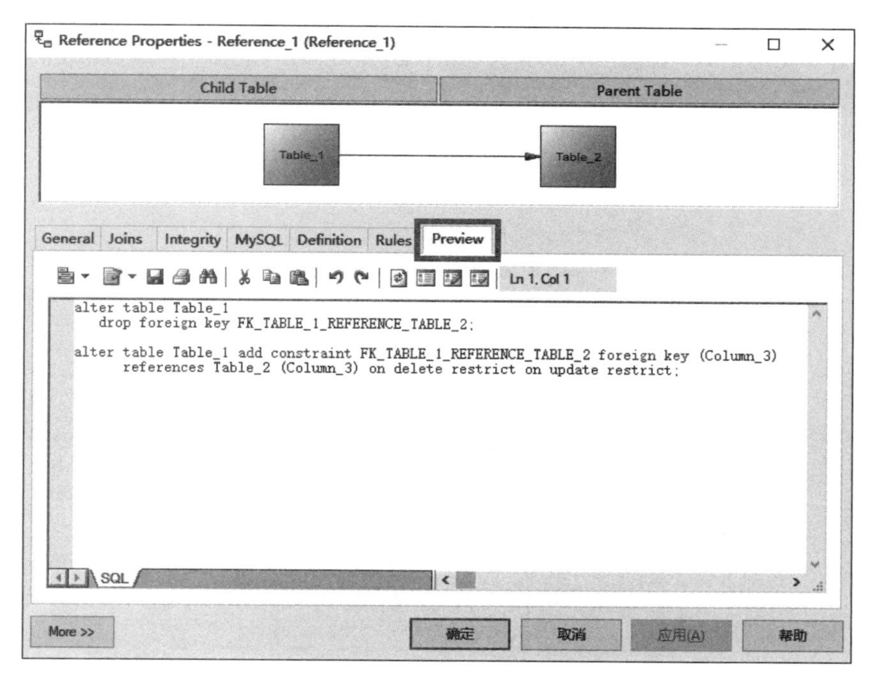

图 4-47　参照完整性的 SQL 代码表示

（9）定义索引。在数据库系统中，索引用来对表中数据进行逻辑排序，以加快查询速度。双击表对象打开 Table Properties 窗口，选择 Indexes 选项卡，如图 4-48 所示。

单击索引列表空白处可创建索引，其属性包括唯一键 U(Unique)、主键 P(Primary)、外键 F(Foreign)和候选键 A(Alternate)4 项，在索引行勾选对应选项可定义对应属性。

右击索引项，在弹出的菜单中选择 Properties 选项，可打开索引属性配置窗口，在其中的 Columns 选项卡的菜单栏中选择 Add Columns 选项，可以选中已有列作为索引候选键。其具体过程与添加候选键一致，此处不再过多进行讲解。

（10）定义视图与视图查询指令。视图封装了一张表或多张表中抽象出的查询指令。在工具箱中选中 View 图标，在工作区绘制视图对象，如图 4-49 所示。

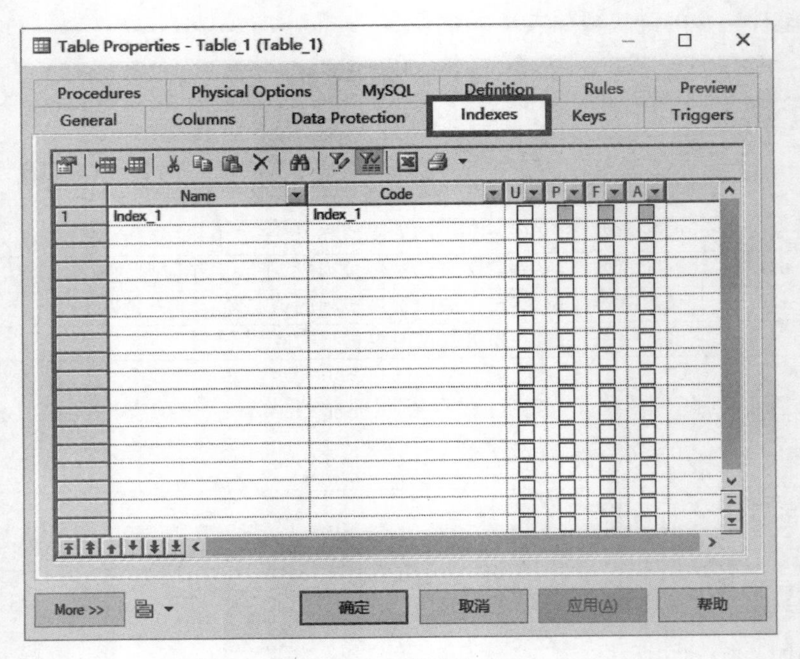

图 4-48　索引属性配置

双击视图对象,打开 View Properties 窗口,如图 4-50 所示。

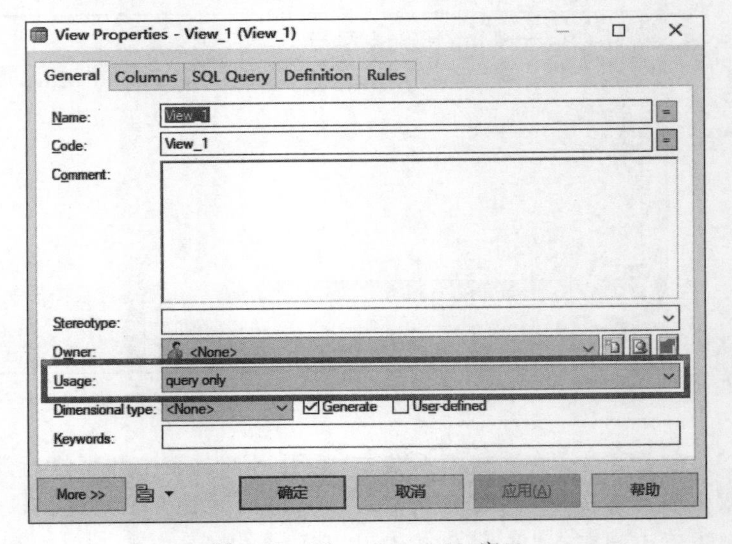

图 4-49　绘制视图对象

图 4-50　View Properties 窗口

在 General 选项卡中可以设置视图的用途(Usage)为只读(query only)、可更新(updatable)或在可满足约束的条件下更新(with check options)。

在视图属性窗口中选中 SQL Query 选项卡,打开视图查询指令配置窗口。视图查询指令使用 SQL 语句设置,其具体语法随数据库不同而不同,在文本输入框中使用 SQL 指令输入视图查询指令,保存视图查询指令,完成视图配置。

(11) 定义存储过程。存储过程指保存在数据库中的自定义用户程序。在工具箱中选中 Procedure 图标，在工作区创建存储过程，如图 4-51 所示。

Procedure_1

图 4-51　创建存储过程

双击存储过程对象打开存储过程属性配置窗口，在 General 选项卡中可以设置包括存储过程名称在内的基本属性。存储过程的核心定义在 Definition 选项卡中，使用 SQL 语句设置，其具体语法随数据库不同而不同。

(12) 重复步骤(2)～(11)，完成物理数据模型 PDM 设计。

4.5　模型的转换

在软件开发过程中，通常并不需要面面俱到地设计每一层面的数据模型，而是可以利用 CASE 工具提供的强大的模型转换功能，将更高级的模型转换为低层次的模型，然后再根据需求对生成的模型进行人工调整，以降低工作成本。

下面介绍在 PowerDesigner 中进行这种模型转换的方法，包括 CDM 向 LDM 的转换、CDM 向 PDM 的转换、PDM 转换为数据库及 ORM 转换为代码 4 种常见的转换方式。

4.5.1　概念数据模型 CDM 转换为逻辑数据模型 LDM

逻辑数据模型是介于概念数据模型与物理数据模型之间的一种模型，是连接概念数据模型与物理数据模型的桥梁。在 PowerDesigner 中，既可以直接创建逻辑数据模型，也可以通过模型转换，将概念数据模型转化为逻辑数据模型。由于在模型基本元素上，逻辑数据模型与概念数据模型差别很小，因此通常选用后一种设计方案。

以 4.4.1 节绘制的概念数据模型为例，将其转化为逻辑数据模型，其具体步骤如下。

(1) 打开 CDM 模型，在菜单栏中选择 Tools 选项，在下拉菜单中选择 Generate Logical Data Model 菜单项，打开 LDM Generation Options 窗口，如图 4-52 所示。

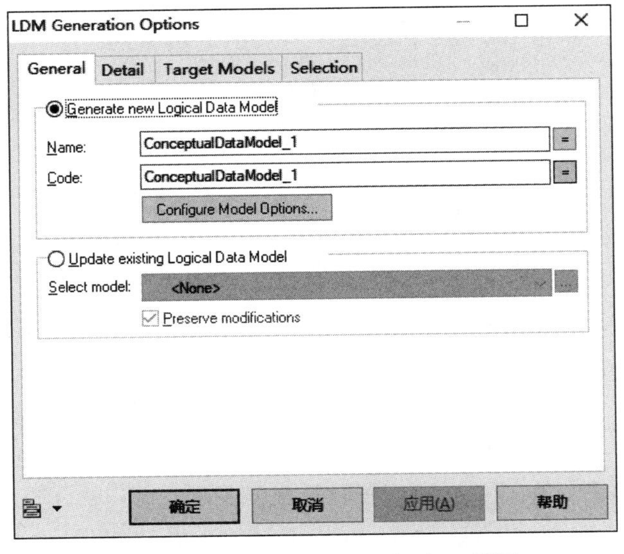

图 4-52　LDM Generation Options 窗口

(2) 设置转换配置。在 LDM Generation Options 窗口中包含 General、Detail、Target Models 与 Selection 4 个选项卡。通常在转换时绝大多数参数都选择默认值即可。

比较重要的配置项如下。

① Convert Name Into Codes(Detail 选项卡):表示将生成对象的名称转换为代码。

② Preserve n-n Relationship(Detail 选项卡):表示在 LDM 中保留多对多关系,若 LDM 模型不允许这种关系,则多对多关系将被转化为一个实体。

除此之外,在 Selection 选项卡中可以有选择性地选取模型的一部分进行转化。

③ 一切配置项均可选择默认,设置好配置后保存,完成模型转化,即可得到逻辑数据模型。

4.5.2 概念数据模型 CDM 转换为物理数据模型 PDM

在软件设计中,为了使数据库设计人员与客户更好地沟通,在设计数据库时,通常会从 CDM 开始,然后将其转化为 PDM,在这之后再对 PDM 进行人工调整。

以 4.4.1 节绘制的概念数据模型为例,将其转化为物理数据模型,其具体步骤如下。

(1) 打开 CDM 模型,在菜单栏中选择 Tools 选项,在下拉菜单中选择 Generate Physical Data Model 菜单项,打开 PDM Generation Options 窗口,如图 4-53 所示。

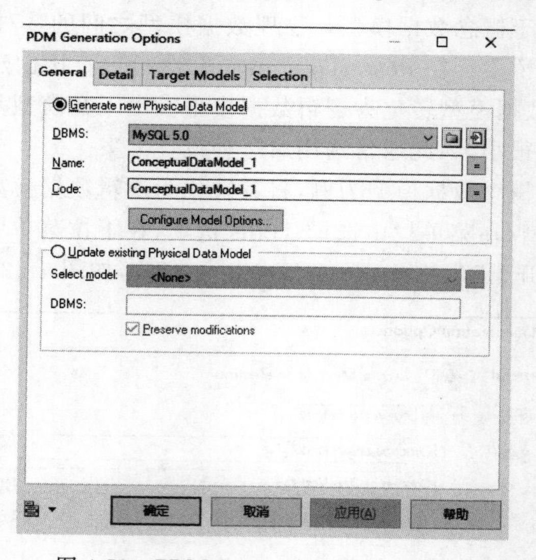

图 4-53 PDM Generation Options 窗口

(2) 设置转换配置。在 PDM Generation Options 窗口中包含 General、Detail、Target Models 与 Selection 4 个选项卡。

在 General 选项卡中可以通过 DBMS 配置项设置目标数据库。Selection 选项卡用来选择模型的一部分进行转化。Detail 选项卡主要用来设置转化为物理数据模型时的约束,包括是否启用模型检查(Check model)、是否重建触发器(Rebuild triggers)、索引命名约定(Index)及参照完整性约束设置(Reference)等,Detail 选项卡如图 4-54 所示。

(3) 一切配置项均可选择默认,设置好配置后保存,完成模型转化,即可得到物理数据模型。

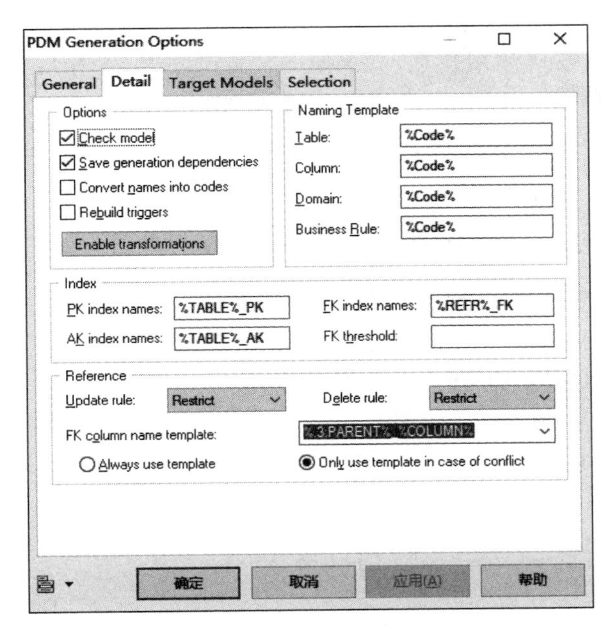

图 4-54　Detail 选项卡

4.5.3　物理数据模型 PDM 转换为数据库

在 PowerDesigner 中,将模型转化为物理数据模型并予以调整后,即可着手将数据模型转化为可在现实数据库系统中运行的数据库脚本代码。

以 4.5.2 节中得到的物理数据模型为基础,将其转化为数据库脚本。在 PowerDesigner 中,模型需要通过模型检查才能进行转化。因此假设物理数据模型已经没有错误,其具体步骤如下。

(1) 连接数据库。想要将模型转化为数据库代码,首先要连接数据库。在菜单栏中选择 Database 选项,在下拉菜单中选择 Connect 菜单项,打开 Connect to a Data Source 对话框,如图 4-55 所示。

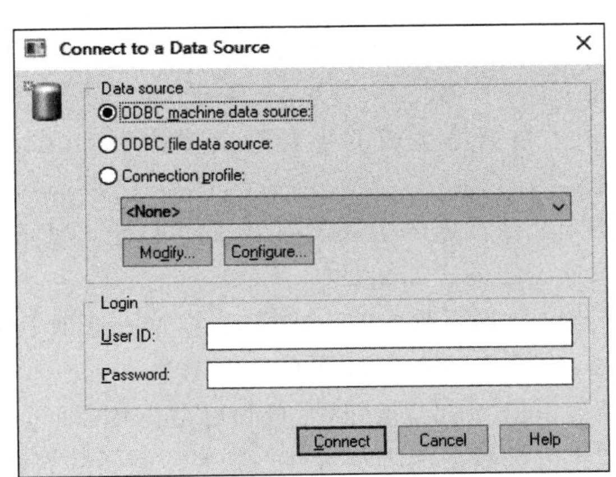

图 4-55　Connect to a Data Source 对话框

配置数据源(Data source)为ODBC machine data source,设置登录用户名与密码为配置DBMS时所授权的账户的用户名与密码。若设置无误,保存后可以在菜单栏中选择Database→Connection Information选项,查看数据库连接信息。

(2) 生成数据库。在菜单栏中选择Database→Generate Database选项,打开Database Generation窗口,如图4-56所示。

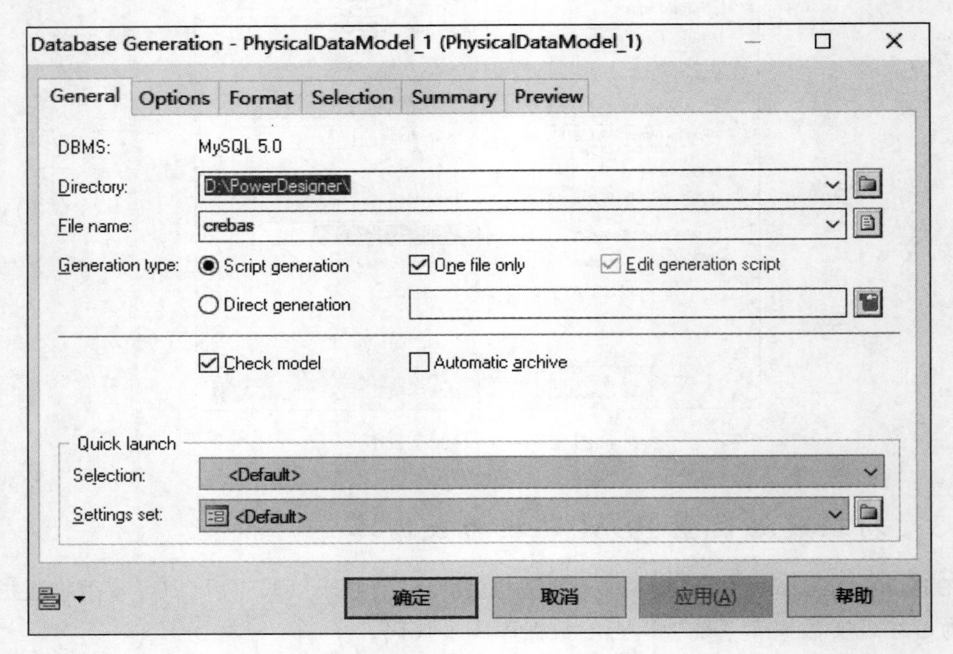

图4-56 Database Generation窗口

在PowerDesigner中,既可以把PDM转化为数据库脚本,也可以直接生成到数据库中,这里选择直接生成到数据库中。Database Generation窗口共包含General、Options、Format、Selection、Summary、Preview6个选项卡。

在General选项卡中可以设置数据库生成的基本配置,包括生成类型(生成脚本或直接生成数据库)等。在Selection选项卡中可以有选择地选择模型的一部分生成数据库,Summary与Preview选项卡则分别用于预览当前的数据库生成选项和生成的数据库。

(3) 设置其他配置项。数据库生成的主要配置项位于Options与Format两个选项卡中。

Options选项卡用于定义数据库的生成选项,在此可以定义从PDM向数据库中转化时的映射关系。Options选项卡的内容如图4-57所示。

Format选项卡用于定义数据库脚本的生成格式,在这一选项卡中可以设置字符编码方式(Encoding)等。Format选项卡的内容如图4-58所示。

(4) 设置好配置项后,单击“确定”按钮,生成目标数据库,即可在输出窗口看到生成结果,并在目标路径下得到生成的数据库脚本文件。如果配置了数据库连接,则可以直接生成至数据库中。

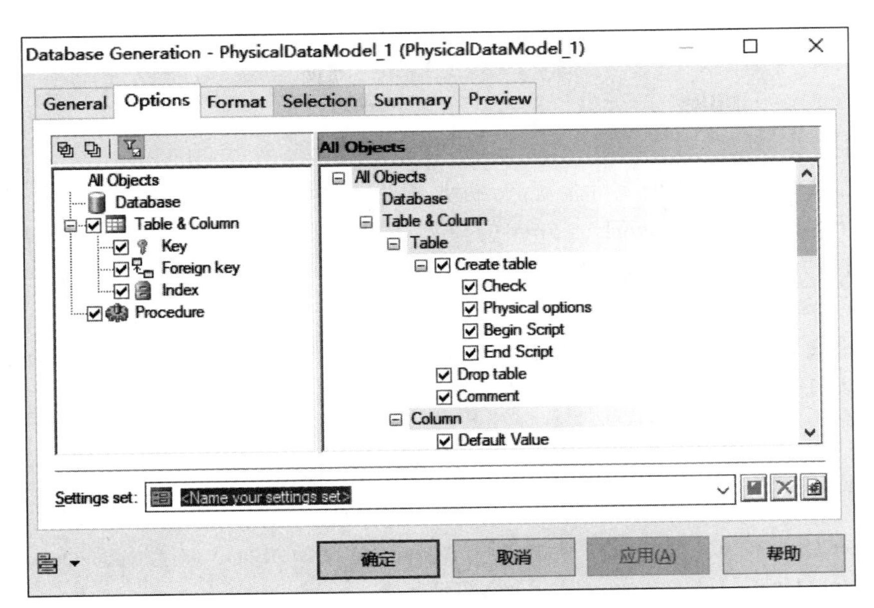

图 4-57　Options 选项卡的内容

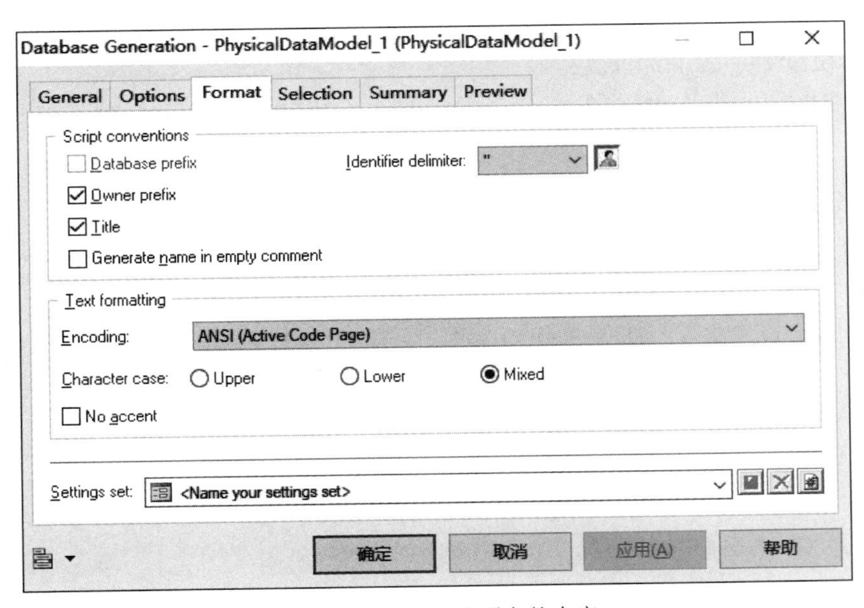

图 4-58　Format 选项卡的内容

4.6　小　　结

本章介绍了 PowerDesigner 的主要功能，并对基本使用方法加以说明，包括业务处理模型、概念数据模型、逻辑数据模型和物理数据模型使用的方法。PowerDesigner 的功能非常强大，读者可以前往官网查阅更多的资料来体验该软件其他的功能。

4.7 习　题

思考题

1. 结合软件开发过程的实际情况,分析业务处理模型 BPM 的作用。

2. 结合本章介绍的 PowerDesigner 的模型转换功能,在实际设计过程中,应注重各层次模型的哪些方面或做哪些调整和约束,才能发挥 PowerDesigner 的特点和优势?

实验题

结合“论文检索系统”的需求,使用 PowerDesigner 绘制 CDM,并利用 PowerDesigner 生成 LDM 与 PDM,最后通过 PDM 生成 MySQL 5.0 脚本。

4.8 参考文献

[1] Microsoft Official. SQL Reference (SQL Server Compact)[EB/OL]. https://technet.microsoft.com/en-us/library/ms173372(v=sql.110).aspx,2022-3-12.

[2] MySQL Official. MySQL 5.7 Reference Manual[EB/OL]. http://dev.mysql.com/doc/refman/5.7/en/,2022-3-12.

[3] Oracle Official. Oracle Database Lite SQL Reference[EB/OL]. http://docs.oracle.com/cd/B19188_01/doc/B15917/squse.htm,2022-3-12.

[4] PostgreSQL Official. PostgreSQL 8.1.23 Documentation[EB/OL]. http://www.postgresql.org/docs/8.1/static/sql.html,2022-3-12.

第5章 分布式版本控制系统 Git

5.1 概 述

版本控制系统，指能随时间的推进记录一系列文件以便于开发者以后想要回退到某个版本的系统，主要分为3类：本地版本控制系统、集中版本控制系统和分布式版本控制系统。其中，分布式版本控制系统与前两者不同，在分布式版本控制系统中，系统保存的不是文件变化的差量，而是文件的快照，即把文件的整体复制下来保存，而不关心具体的变化内容。其次，分布式版本控制系统是分布式的，开发者从中央服务器复制代码时，复制的是一个完整的版本库，包括历史纪录、提交记录等，这样即使某一台机器宕机也能找到文件的完整备份。因此，分布式版本控制系统在软件开发中的使用更为普遍。

Git 是 Linux 的缔造者 Linus Torvalds 为替代 Linux 社区长期使用的版本控制工具 BitKeeper 而开发的一套开源分布式版本控制系统，具有速度快、设计简单、支持非线性开发、完全分布式等优点，适合敏捷高效地应对不同规模的各类软件项目的版本控制任务。Git 的主要特性如下。

(1) 分支与合并机制：Git 提供了一套基于分支的版本控制机制。每个分支代表当前软件项目的一个版本，分为本地分支与远程分支，分支与分支之间互相独立。用户可以通过这套分支机制实现对代码版本的创建、合并、删除等操作。这允许用户根据需求在不同分支间进行灵活切换，随时创建分支以对关于软件的新点子进行尝试，而不必担心影响原有的代码。分支机制还允许不同分支具有各自的功能，如专门用于生产环境的生产分支(production branch)、专门用于集成测试的测试分支(test branch)、用户功能点开发的特征分支(feature branch)等。

(2) 精致而高效：Git 是用 C 语言实现的，这降低了很多其他更高级语言运行时的消耗。

(3) 分布式特性：与其他分布式软件配置管理工具一样，Git 在执行版本控制时，客户端会将整个版本库下载至本地。这使得每个客户端均保留一份项目代码的备份，从而降低了因主服务器故障而导致代码损毁的可能。除此之外，Git 允许用户编辑并提交各自的本地代码，从而使版本控制工作流程的组织变得更加灵活。如 SVN 式工作流程(subversion-style workflow)、整合管理者式工作流程(integration manager workflow)以及司令官及副官式工作流程(dictator and lieutenants workflow)等均可通过 Git 实现。

(4) 数据保障：Git 通过校验和来保障每次文件提交的合法性和有效性。这避免了恶意篡改、文件损坏等对软件的版本控制工作造成干扰。

(5) 提供暂存区：与其他版本控制系统不同，Git 提供了被称为“暂存区(staging area)”的文件存储区。在执行提交前，文件会被保存在暂存区中，这允许用户每次仅将部分被修改的文件提交至远程版本库中。

(6) 开源：Git 是基于 GNU 2.0 协议的开源项目。开发者可以根据自身需要对系统进行二次开发，以裁剪出适合开发者所在的组织、团队的版本控制体系。

本章将介绍分布式版本控制系统 Git 各个模块的功能与使用方式，以及如何利用 Git 辅助开发。

5.2 Git Bash

Git 需要在官网下载并安装，读者可以访问 Git 官方网站(https://git-scm.com/)阅读相关内容并进行下载，截至编写本书时，Git 最新稳定版本为 2.35.1。在安装完成后，在命令行中可以使用“git --version”指令查看安装的 Git 版本，如图 5-1 所示。

在任意文件路径的资源管理器中右击，可以看到安装 Git 后的菜单栏，如图 5-2 所示，其中多出了 Git Bash Here 与 Git GUI Here 两个选项。

```
C:\Users\Administrator>git --version
git version 2.35.1.windows.2
```

图 5-1 查看安装的 Git 版本

查看(V)
排序方式(O)
刷新(E)
粘贴(P)
粘贴快捷方式(S)
Git GUI Here
Git Bash Here
新建(W)
屏幕分辨率(C)
个性化(R)

图 5-2 安装 Git 后的菜单栏

单击 Git Bash Here 选项可以打开 Git Bash 的命令行操作面板，单击 Git GUI Here 选项可以打开 Git 的 GUI 操作面板。本章将以 Git Bash 命令行操作面板为例进行演示。

5.3 远程仓库

5.3.1 选择远程仓库

远程仓库指托管在因特网或其他网络中的项目版本库。用户可以有好几个远程仓库，通常有些仓库为只读，有些则可以读写。与他人协作涉及管理远程仓库以及根据需要推送和拉取数据。较为常用的远程仓库有国外代码远程仓库 Github 和国内代码远程仓库 Gitee。

Gitee 作为国内著名的远程仓库，可以提供代码托管、权限控制、智能评审、质量检测、删库保护、外包管控和成员/仓库统计等使用功能，已经稳定运行超过 8 年。

本章将选择 Gitee 作为远程仓库进行进一步的演示。

5.3.2 在网页端创建远程仓库

打开 Gitee 官方网站(https://gitee.com/),注册登录后单击右上角“新建仓库”按钮,如图 5-3 所示。

图 5-3 新建仓库按钮

进入“新建仓库”页面,如图 5-4 所示,可以创建新的远程仓库。这里以“论文检索系统”为例,创建对应的远程仓库。

图 5-4 “新建仓库”页面

在“新建仓库”页面中,可以设置仓库名称和对应路径。新仓库的默认权限是私有,仅本仓库的成员可见。如果需要将仓库权限设置为开源,则需要在新建仓库后,在 Gitee 的仓库设置中将权限修改为公开。

创建成功后将自动跳转到“论文检索系统”的仓库页面,如图 5-5 所示。

之后需要将远程仓库拉取到本地。首先将网页上的 HTTPS 仓库地址复制到剪切板,然后在本地创建存放对应代码的文件夹,在文件夹内右击,再单击 Git Bash Here 选项,就

/ 论文检索系统

代码　Issues 0　Pull Requests 0　Wiki　DevOps　服务　管理　Watching 1　Star 0

快速设置— 如果你知道该怎么操作，直接使用下面的地址

HTTPS　SSH　https://gitee.com/paper-search

我们强烈建议所有的git仓库都有一个 README, LICENSE, .gitignore 文件

初始化 readme 文件

Git入门？查看 帮助 , Visual Studio / TortoiseGit / Eclipse / Xcode 下如何连接本站, 如何导入仓库

简易的命令行入门教程:

Git 全局设置:

```
git config --global user.name
git config --global user.email
```

创建 git 仓库:

```
mkdir paper-search-platform
cd paper-search-platform
git init
touch README.md
git add README.md
git commit -m "first commit"
git remote add origin https://gitee.com/paper-search-platform.git
git push -u origin "master"
```

已有仓库?

```
cd existing_git_repo
git remote add origin https://gitee.com/paper-search-platform.git
git push -u origin "master"
```

图 5-5　“论文检索系统”的仓库页面

可以看到 Git Bash 命令行操作面板，如图 5-6 所示。

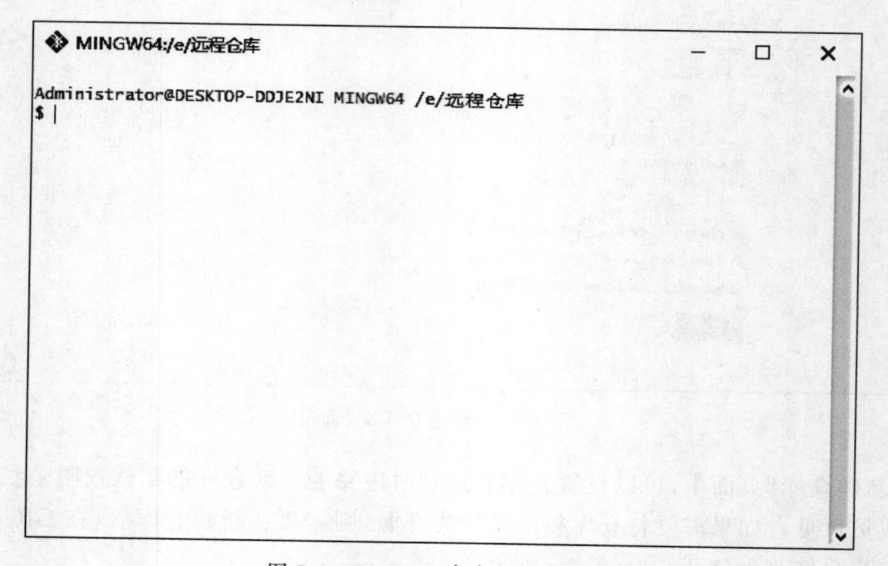

图 5-6　Git Bash 命令行操作面板

在命令行中使用 git clone 命令可以将远程仓库拉取到本地。git clone 命令的使用方式如代码 5-1 所示。

代码 5-1　git clone 命令的使用

```
1  # 将远程仓库拉取到本地
2  git clone [项目地址]
3
4  # 以上述远程仓库为例，具体使用的指令为：
5  git clone https://gitee.com/paper-search-platform.git
```

注意　Git Bash 命令行操作面板不支持 Windows 的 Ctrl+V 快捷键粘贴，需要在操作面板中右击后再选择粘贴。

填写正确的项目地址，输入后回车，即可看到 Git 拉取对应的远程仓库到本地，如图 5-7 所示。

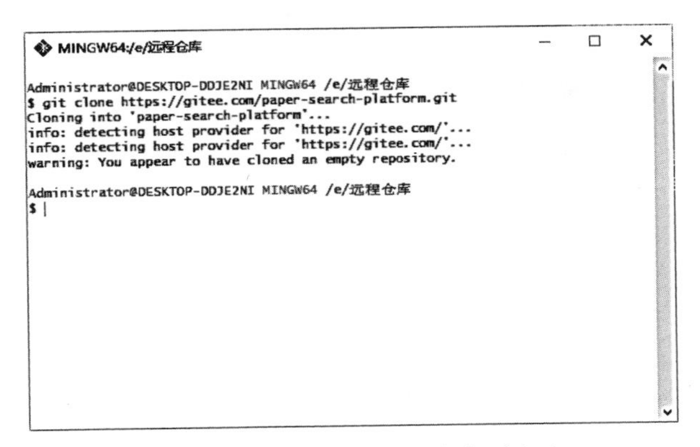

图 5-7　拉取对应的远程仓库到本地

此时，文件夹内会多出一个以远程仓库名为文件名的文件夹，即 paper-search-platform 文件夹，之后需要进入该文件夹内，右击，再选择 Git Bash Here 选项，打开 Git Bash 命令行操作面板，即可对项目文件进行操作。

在该文件夹内打开 Git Bash 命令行操作面板，使用"git status"指令可以查看当前本地仓库的状态，如图 5-8 所示。

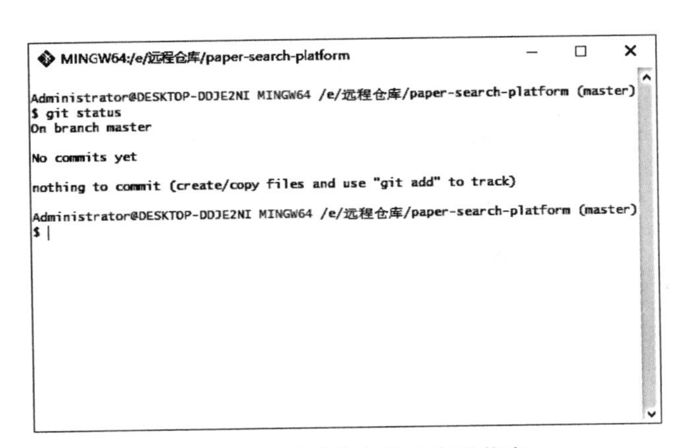

图 5-8　查看当前本地仓库的状态

此处的 master 标签表示当前处于远程仓库的 master 分支下。关于分支的概念请见 5.5 节。

5.3.3 邀请成员

真实的软件开发往往涉及多名开发者并行开发,需要将其他开发者邀请进当前仓库时,只需在网页端访问需要加入成员的远程仓库,单击导航栏右侧“管理”选项卡,找到“仓库成员管理”页面,如图 5-9 所示。

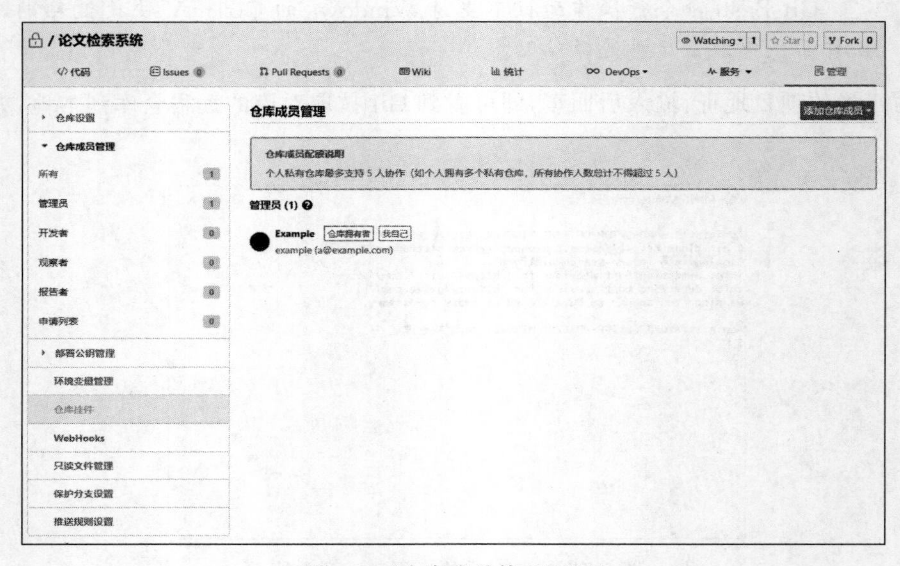

图 5-9 “仓库成员管理”页面

在仓库成员管理页面下,可以看到当前仓库的所有成员。如果需要邀请其他成员,只需单击右上角“添加仓库成员”按钮,进入“邀请用户”页面,如图 5-10 所示。

图 5-10 “邀请用户”页面

在“邀请用户”页面下，可以设置邀请成员时所赋予的权限，以及新成员申请后是否需要管理员审核。之后通过右侧链接或二维码即可邀请其他成员加入。

5.4 基本使用

5.4.1 代码的修改与提交

在完成了上述步骤之后，就可以进行正式的开发工作。然而在开发过程中，Git 并不会自动将开发者对项目文件所做的更改提交到远程仓库，需要利用指令手动将所做的修改提交到远程仓库，但是利用 Git 提交修改并非直接上传这么简单。

Git 为使用者提供了 3 个工作区域，分别是工作目录、暂存区域和本地仓库。

- 工作目录：当前正在进行工作的区域，其中的文件可能已修改但未提交，处于已修改状态(modified)。
- 暂存区域：运行 git add 命令后文件保存的区域，也就是下次提交需要保存的文件，文件处于已暂存状态(staged)。
- 本地仓库：即版本库，记录了当前项目提交的完整状态和内容，文件处于已提交状态(committed)。

工作目录、暂存区域和本地仓库之间，需要通过 Git 的相关指令进行交互，三者的关联如图 5-11 所示。

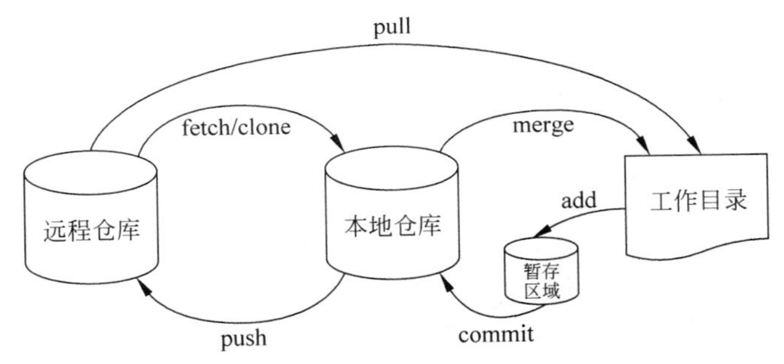

图 5-11 工作目录、暂存区域和本地仓库的关联图

以实际操作流程为例，在上述步骤中，已经创建了名为“论文检索系统”的远程仓库，并利用 git clone 指令把该仓库拉取到了本地，即远程仓库文件夹下的 paper-search-platform 文件夹。假设此时已经开始开发项目，并在 paper-search-platform 文件夹下创建了一个名为 hello_world. py 的 Python 文件，之后可以利用 Git 指令将新建或修改的文件提交到远程仓库，指令格式如代码 5-2 所示。

代码 5-2 将新建或修改的文件提交到远程仓库

```
1  # 将已修改的文件从当前工作目录保存到暂存区域
2  git add [文件名]
3
4  # 将暂存区域保存的文件提交到本地仓库
5  git commit -m "[提交信息]"
```

```
6
7  # 将本地仓库的内容提交到远程仓库
8  git push
```


以上述 hello_world.py 文件为例,提交 hello_world.py 文件到远程仓库的方法如代码 5-3 所示。

代码 5-3　提交 hello_world.py 文件到远程仓库

```
1  # 将 hello_world.py 文件从当前工作目录保存到暂存区域
2  git add hello_world.py
3
4  # 将暂存区域保存的文件提交到本地仓库
5  git commit -m "新建了 hello_world.py"
6
7  # 将本地仓库的内容提交到远程仓库
8  git push
```

输入代码 5-3 的指令后 Git Bash 命令行操作面板的输出如图 5-12 所示。

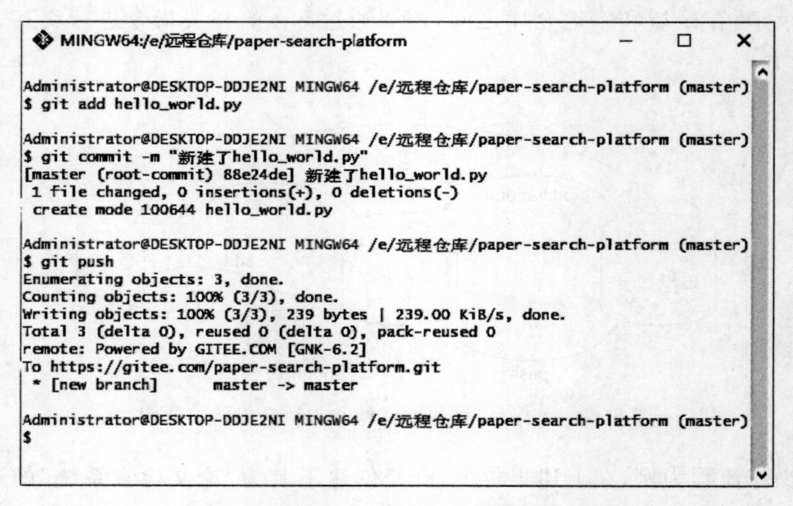

图 5-12　Git Bash 命令行操作面板的输出

提交后,打开远程仓库,在"代码"页面中可以看到刚刚的提交记录,如图 5-13 所示。

示例代码中的"git add [文件名]"指令可以将项目下的指定文件加入 Git 暂存区域,但是在实际开发中,开发人员可能会同时对好几个项目文件做出更改,对每一个被修改的文件都使用"git add[文件名]"指令难免有些低效。在这种情况下,可以使用"git add ."指令,该指令会将当前文件目录下的所有已修改文件都加入暂存区域,可以实现多个项目文件的批量提交。

示例代码中的"git commit -m "[提交信息]" "指令可以将暂存区域的文件打包成 commit,并将其提交到本地仓库。双引号中的提交信息可以是修改者对本次提交的解释或标记,方便其他开发者了解对应的提交内容,也有利于后期查看提交记录时了解修改内容。

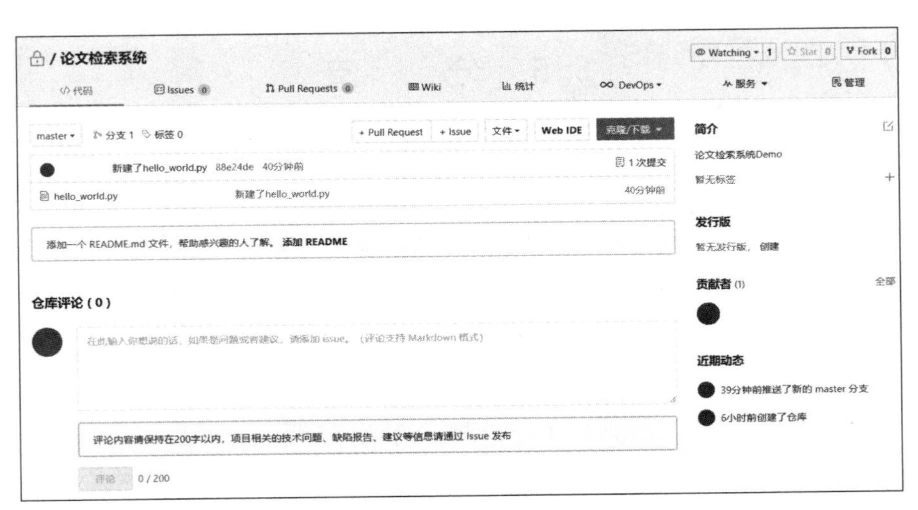

图 5-13 “代码”页面的提交记录

5.4.2 将远程仓库同步到本地

与提交代码相同，当其他开发者对他们本地仓库的项目文件做出改动并提交后，本地也需要及时同步，以获取最新的开发进度。这种情况下可以使用 Git 的指令将远程仓库同步到本地，如代码 5-4 所示。

代码 5-4 将远程仓库同步到本地

```
1  # 将远程仓库下载到本地仓库
2  git fetch
3
4  # 将 commit(s)合并到本地仓库
5  git merge
6
7  # 等于 git fetch + git merge
8  git pull
```

在使用 git fetch 指令后，Git 会将远程仓库的内容拉取到本地，但是并不会将改动合并到工作区域中。而 git merge 指令会将本地仓库的内容与当前工作区合并，如果工作区域还没有做出任何未提交的修改，或者本地仓库最新版本的修改内容和当前工作区域的未提交修改内容并不冲突，则 Git 会自动将本地仓库的项目文件同步到当前工作区。但是如果与当前工作区域的修改内容发生了重叠，Git 并不会直接将本地文件覆盖，而是会引发冲突，让使用者自行处理冲突问题。

此外，git pull 指令相当于 git fetch 指令和 git merge 指令一并执行，因此也会引发冲突问题。

注意 对于冲突问题的产生原因及其处理方式，读者可以参考 5.6 节的内容。

5.5 分 支

5.5.1 分支的概念

在大型项目的开发中,往往需要把开发者个人的工作内容从开发主线上分离开来,独立开发项目的某个子模块,避免影响到开发主线,即对项目创建一个新的分支。因此,几乎所有的版本控制系统都以某种形式支持分支,而 Git 提供的分支模型具有极其轻量的优点,开发者可以通过很低的时间成本创建一个新的分支,分支间的切换与合并也十分便捷,因此在使用 Git 作为项目的版本控制系统时,往往鼓励分支的频繁使用与合并。

5.5.2 分支的管理

1. 创建

1) 从远程仓库创建

从网页端访问远程仓库,进入顶部导航栏的"代码"页面,如图 5-14 所示。在该页面中可以看到在仓库创建时,Gitee 自动为新的远程仓库创建了一个名为 master 的分支,并且当前正处于 master 分支下。

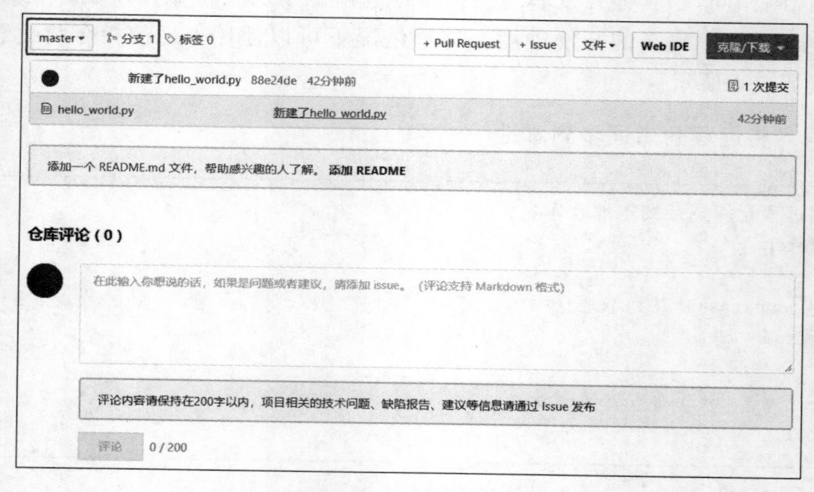

图 5-14 "代码"页面

单击 master 分支,在对应下拉菜单中单击"管理"按钮,如图 5-15 所示。

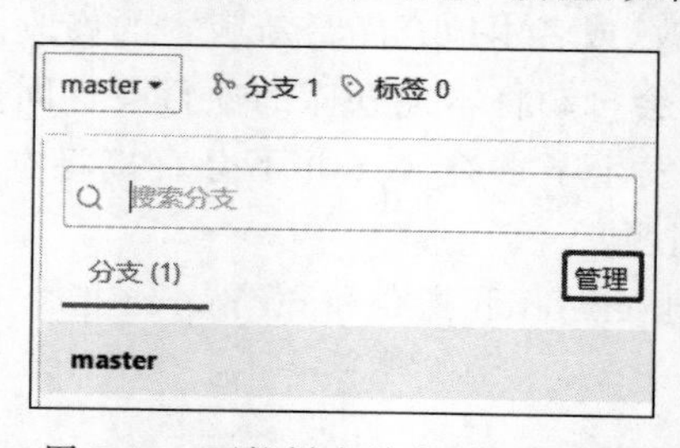

图 5-15 下拉栏中单击"管理"按钮

单击后即可进入 Gitee 提供的“分支管理”页面，如图 5-16 所示。

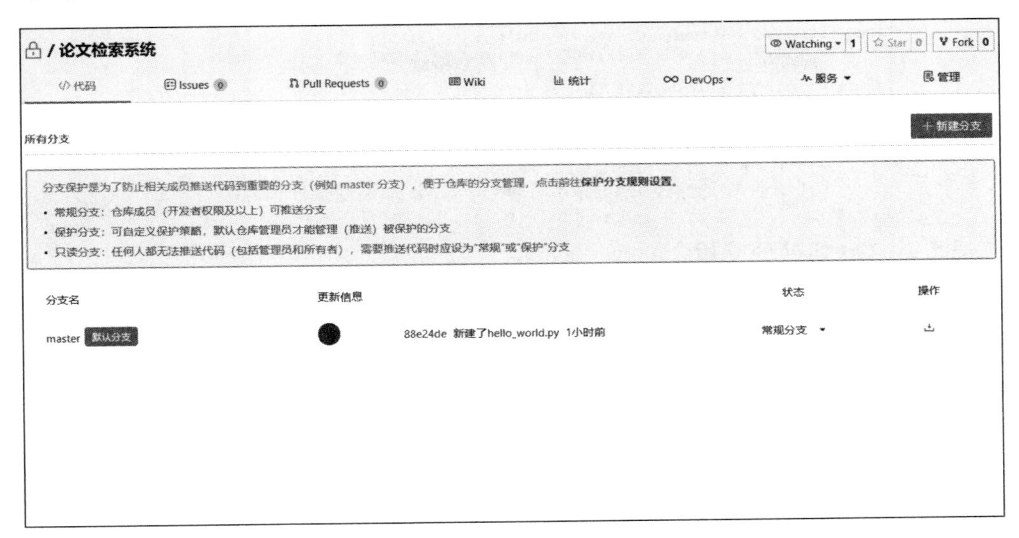

图 5-16 “分支管理”页面

单击右上角“新建分支”按钮，选择分支的起点和名称，即可创建一个新的分支。选择的起点即为新建分支隶属于哪一个当前分支之下，并会继承当前分支的最新内容。创建完成后可以在该“分支管理”页面看到新建的分支，并可以在此处对分支进行管理。新建分支后的“分支管理”界面如图 5-17 所示。

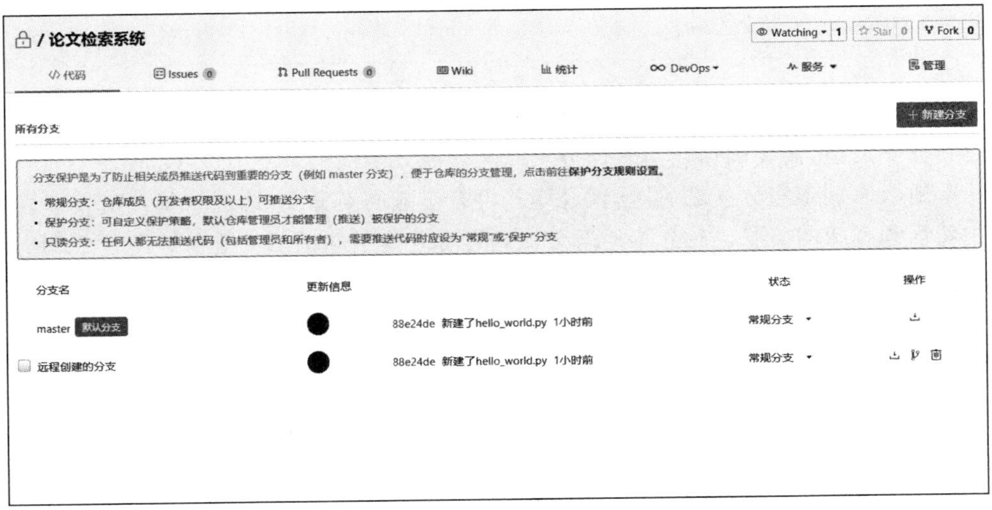

图 5-17 新建分支后的“分支管理”界面

创建完成后，在本地打开 Git Bash 命令行操作面板，利用 git fetch 指令将远程仓库同步到本地。这时使用 git checkout 指令就可以将工作目录切换到对应分支之下。同步并切换分支的 Git Bash 命令行操作面板如图 5-18 所示。

所使用的 Git 切换分支指令如代码 5-5 所示，该指令会切换到仓库已有的分支，但不会创建新的分支。

```
Administrator@DESKTOP-DDJE2NI MINGW64 /e/远程仓库/paper-search-platform (master)
$ git fetch
From https://gitee.com/paper-search-platform
 * [new branch]      远程创建的分支 -> origin/远程创建的分支

Administrator@DESKTOP-DDJE2NI MINGW64 /e/远程仓库/paper-search-platform (master)
$ git checkout 远程创建的分支
Switched to a new branch '远程创建的分支'
branch '远程创建的分支' set up to track 'origin/远程创建的分支'.
```

图 5-18　同步并切换分支的 Git Bash 命令行操作面板

代码 5-5　Git 切换分支指令

```
1  # 切换分支指令
2  git checkout [分支名]
```

2) 从本地仓库创建

从本地仓库创建分支则需要通过命令行指令进行操作,Git 提供了从本地仓库创建新的分支的指令,如代码 5-6 所示。

代码 5-6　Git 从本地仓库创建新的分支的指令

```
1  # 本地创建一个新的分支
2  git branch [分支名]
3
4  # 本地创建一个新的分支并切换到该分支的工作目录下
5  git checkout -b [分支名]
```

使用代码 5-6 的指令创建分支时,新创建的分支的起点将是当前工作目录的分支,因此在创建新分支之前,需要确保当前工作分支已经切换到对应的起点分支下。

从本地仓库创建完分支之后,远程仓库并没有对应的新分支,因此这里还需要建立本地新分支到远程仓库的关联。建立本地新分支到远程仓库关联的 Git 指令如代码 5-7 所示。

代码 5-7　建立本地新分支到远程仓库关联的 Git 指令

```
1  建立本地当前新分支到远程仓库的关联
2  git push -- set - upstream origin [分支名]
3
4  # 创建新分支并关联到远程仓库
5  git checkout -b [分支名] origin/[分支名]
```

从本地仓库创建新分支的实际流程,如图 5-19 所示。

创建完成后,再次打开网页端远程仓库,同样可以在分支管理界面看到刚刚从本地仓库创建的新分支。从本地仓库创建新分支后的分支管理界面,如图 5-20 所示。

2. 查询

如果需要查询本地的所有分支,使用的指令如代码 5-8 所示。

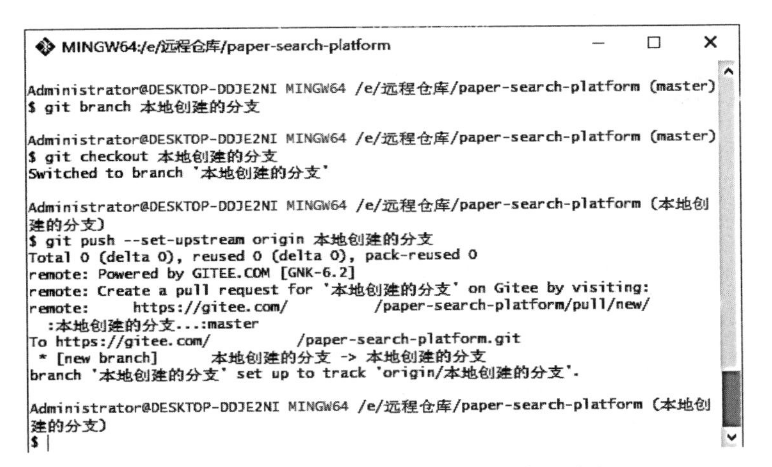

图 5-19 从本地仓库创建新分支的实际流程

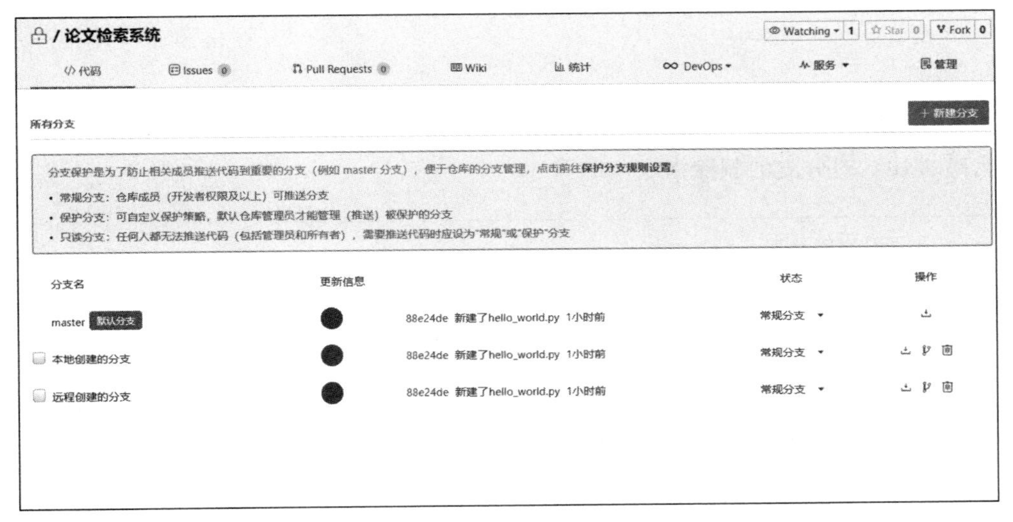

图 5-20 从本地仓库创建新分支后的分支管理界面

代码 5-8 查询本地的所有分支

```
1  # 查询本地的所有分支
2  git branch
```

使用该指令后，Git 会列举出本地的所有分支，如图 5-21 所示。

```
Administrator@DESKTOP-DDJE2NI MINGW64 /e/远程仓库/paper-search-platform (master)
$ git branch
* master
  本地创建的分支
  远程创建的分支
```

图 5-21 列举出本地的所有分支

master 分支前的符号 * 表示该分支是当前的工作分支。

如果想在本地查询远程仓库的所有分支,使用的指令如代码 5-9 所示。

代码 5-9　本地查询远程仓库的所有分支

```
1  # 查询远程仓库的所有分支
2  git branch -r
```

使用该指令后,Git 会列举出远程仓库的所有分支,如图 5-22 所示。

```
Administrator@DESKTOP-DDJE2NI MINGW64 /e/远程仓库/paper-search-platform (本地创建的分支)
$ git checkout master
Switched to branch 'master'
Your branch is up to date with 'origin/master'.

Administrator@DESKTOP-DDJE2NI MINGW64 /e/远程仓库/paper-search-platform (master)
$ git branch -r
  origin/master
  origin/本地创建的分支
  origin/远程创建的分支
```

图 5-22　列举出远程仓库的所有分支

3. 删除

对于已经没有存在必要的分支,Git 提供了对分支的删除指令,如代码 5-10 所示。

代码 5-10　对分支的删除指令

```
1  # 删除对应的分支
2  git branch -d [分支名]
```

4. 合并

在实际开发中,开发者往往需要合并不同的分支,例如,需要将当前分支开发的子模块合并到项目的主分支之中。Git 提供了合并分支的指令,如代码 5-11 所示。

代码 5-11　合并分支的指令

```
1  # 合并分支
2  git merge [分支名 1] [分支名 2]
```

合并分支时需要注意分支的先后顺序,代码 5-11 的指令会将分支名 2 对应的分支合并到分支名 1 对应的分支。

合并分支并不仅仅是简单的文件添加、移除的操作,Git 也会合并文件内的修改。因此,分支的合并也可能会引发冲突问题。

5.6　冲　　突

冲突,即在开发过程中多个开发人员同时对同一个文件内容进行了更改,导致 Git 无法自动同步其文件内容。

具体地，在使用 Git 管理项目时，以下两种情况将会产生冲突问题。

(1) 远程和本地修改了同一个文件内容的相同部分。

(2) 远程和本地修改了同一个文件名称。

此外，当远程和本地分别修改了不同文件时并不会产生冲突。

例如，从网页端打开远程仓库，修改 hello_world. py 文件的内容，此操作可以模拟其他开发者做出了修改并上传到了远程仓库，网页端查看修改后的 hello_world. py 文件，如图 5-23 所示。

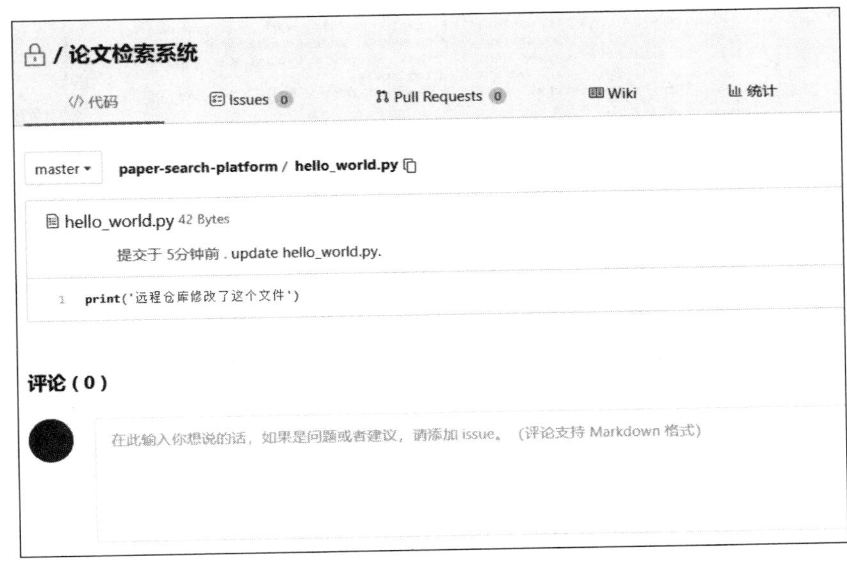

图 5-23　网页端查看修改后的 hello_world. py 文件

这时，在本地项目尚未同步远程仓库时，在本地项目中对 hello_world. py 文件做修改，如图 5-24 所示。

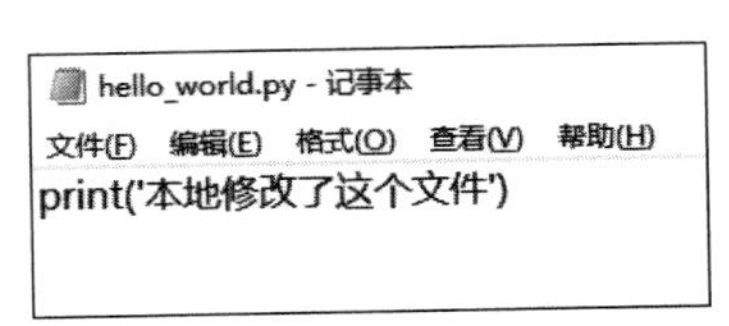

图 5-24　在本地项目中对 hello_world. py 文件做修改

然后在本地尝试使用 Git 的代码提交指令时，将会产生冲突问题，如图 5-25 所示。

报错显示当前的提交请求被拒绝了，因为远程仓库已经和本地上次更新的内容不同，这时就意味着 Git 需要使用者手动解决出现的冲突问题。

首先需要将远程仓库的版本下载到本地仓库，使用 git fetch 指令拉取远程仓库内容到本地，然后使用 git merge 指令进行合并，拉取和合并操作如图 5-26 所示。

Git 提示当前操作存在 CONFLICT，这表示 Git 无法将两个版本的项目文件合并在一起，需要使用者自行检查并合并冲突。不难发现，命令行中的分支标签后多了一个 MERGING 标志，这也意味着当前项目的文件需要手动合并冲突。这时 Git 已经在需要手动合并冲突的文件中，标记了需要合并的具体内容。使用记事本或其他可编辑该代码的

```
MINGW64:/e/远程仓库/paper-search-platform

Administrator@DESKTOP-DDJE2NI MINGW64 /e/远程仓库/paper-search-platform (master)
$ git add .

Administrator@DESKTOP-DDJE2NI MINGW64 /e/远程仓库/paper-search-platform (master)
$ git commit -m "冲突"
[master 9c238c7] 冲突
 1 file changed, 1 insertion(+)

Administrator@DESKTOP-DDJE2NI MINGW64 /e/远程仓库/paper-search-platform (master)
$ git push
To https://gitee.com/paper-search-platform.git
 ! [rejected]        master -> master (fetch first)
error: failed to push some refs to 'https://gitee.com/          /paper-search-pl
atform.git'
hint: Updates were rejected because the remote contains work that you do
hint: not have locally. This is usually caused by another repository pushing
hint: to the same ref. You may want to first integrate the remote changes
hint: (e.g., 'git pull ...') before pushing again.
hint: See the 'Note about fast-forwards' in 'git push --help' for details.

Administrator@DESKTOP-DDJE2NI MINGW64 /e/远程仓库/paper-search-platform (master)
$
```

图 5-25　产生冲突问题

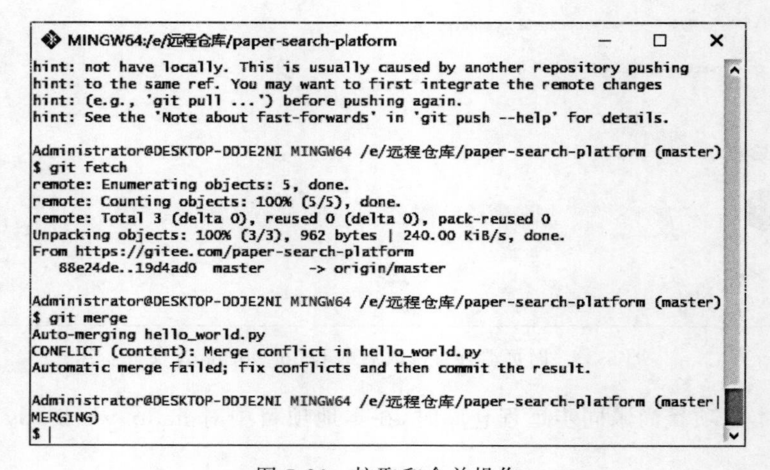

```
MINGW64:/e/远程仓库/paper-search-platform
hint: not have locally. This is usually caused by another repository pushing
hint: to the same ref. You may want to first integrate the remote changes
hint: (e.g., 'git pull ...') before pushing again.
hint: See the 'Note about fast-forwards' in 'git push --help' for details.

Administrator@DESKTOP-DDJE2NI MINGW64 /e/远程仓库/paper-search-platform (master)
$ git fetch
remote: Enumerating objects: 5, done.
remote: Counting objects: 100% (5/5), done.
remote: Total 3 (delta 0), reused 0 (delta 0), pack-reused 0
Unpacking objects: 100% (3/3), 962 bytes | 240.00 KiB/s, done.
From https://gitee.com/paper-search-platform
   88e24de..19d4ad0  master     -> origin/master

Administrator@DESKTOP-DDJE2NI MINGW64 /e/远程仓库/paper-search-platform (master)
$ git merge
Auto-merging hello_world.py
CONFLICT (content): Merge conflict in hello_world.py
Automatic merge failed; fix conflicts and then commit the result.

Administrator@DESKTOP-DDJE2NI MINGW64 /e/远程仓库/paper-search-platform (master|
MERGING)
$ |
```

图 5-26　拉取和合并操作

IDE 打开 hello_world.py 文件,可以看到 Git 在冲突部分做出的标记。使用记事本打开冲突文件,如图 5-27 所示。

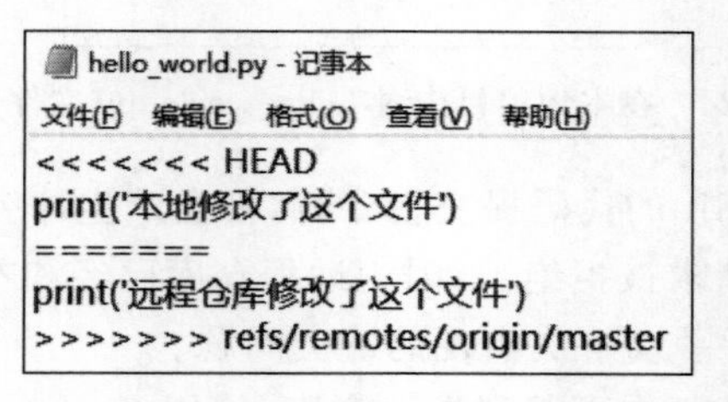

```
hello_world.py - 记事本
文件(F)  编辑(E)  格式(O)  查看(V)  帮助(H)
<<<<<<< HEAD
print('本地修改了这个文件')
=======
print('远程仓库修改了这个文件')
>>>>>>> refs/remotes/origin/master
```

图 5-27　使用记事本打开冲突文件

这时使用者就可以手动更改冲突的内容。更改完成后再对项目进行提交,就可以成功更新项目到远程仓库,如图 5-28 所示。

在冲突处理完成之后,分支标签后的 MERGING 标志也随之消失,远程仓库也与更改后的项目内容一致,冲突问题得到了解决。

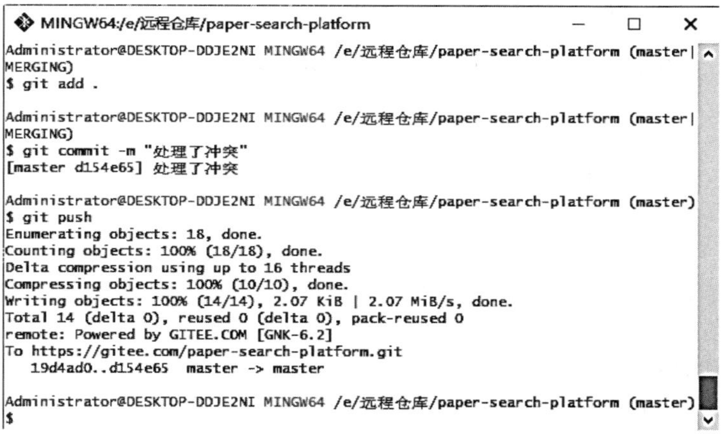

```
MINGW64:/e/远程仓库/paper-search-platform
Administrator@DESKTOP-DDJE2NI MINGW64 /e/远程仓库/paper-search-platform (master|
MERGING)
$ git add .

Administrator@DESKTOP-DDJE2NI MINGW64 /e/远程仓库/paper-search-platform (master|
MERGING)
$ git commit -m "处理了冲突"
[master d154e65] 处理了冲突

Administrator@DESKTOP-DDJE2NI MINGW64 /e/远程仓库/paper-search-platform (master)
$ git push
Enumerating objects: 18, done.
Counting objects: 100% (18/18), done.
Delta compression using up to 16 threads
Compressing objects: 100% (10/10), done.
Writing objects: 100% (14/14), 2.07 KiB | 2.07 MiB/s, done.
Total 14 (delta 0), reused 0 (delta 0), pack-reused 0
remote: Powered by GITEE.COM [GNK-6.2]
To https://gitee.com/paper-search-platform.git
   19d4ad0..d154e65  master -> master

Administrator@DESKTOP-DDJE2NI MINGW64 /e/远程仓库/paper-search-platform (master)
$
```

图 5-28　更新项目到远程仓库

5.7 版　本

5.7.1 回滚

在实际开发中，开发者可能会难以避免地需要撤销代码的提交，即实现回滚，使项目回到之前的版本。需求变更、代码存在 bug、重构等原因都可能会需要项目回滚，因此 Git 的回滚在实际开发中的使用是比较常见的。假设使用者编写了一段存在错误的代码，想要将项目回滚到之前的版本，根据新编写的代码的提交状态不同，采用的回滚策略也不同，这里将分情况讨论。

1. 未添加到暂存区域的文件的回滚

假如新编写的错误代码尚未添加到暂存区域（即还没有执行 git add 指令），Git 提供了如代码 5-12 所示的指令，实现未添加到暂存区域的文件的回滚。

代码 5-12　未添加到暂存区域的文件的回滚

```
1  # 按照文件名进行回滚
2  git checkout -- [文件名]
3
4  # 多个文件一次性回滚
5  git checkout -- .
```

与 git add 指令对应，“git checkout --”指令后若输入文件名为参数，则可以对单一文件进行回滚；若输入符号.为参数，则会将当前目录下的所有文件进行回滚。由于新编写的代码尚未做任何提交，则这种情况下的回滚会将项目代码还原到上次提交之后的状态。

2. 添加到暂存区域的文件的回滚

假如新编写的错误代码已经添加到暂存区域（即执行了 git add 指令），Git 提供另外的指令来处理添加到暂存区域的文件的回滚，如代码 5-13 所示。

代码 5-13　添加到暂存区域的文件的回滚

```
1  # 按照文件名进行回滚
2  git reset HEAD [文件名]
3
4  # 多个文件一次性回滚
5  git reset HEAD
```

代码 5-13 的指令会对已经添加到暂存区域的文件进行撤销,将项目版本回滚到执行 git add 指令之前的状态。

3. 提交到代码仓库的回滚

假如新编写的错误代码已经添加到了本地仓库(即执行了 git commit 指令),Git 也提供了对应的指令来实现已经提交到代码仓库的文件的回滚,如代码 5-14 所示。

代码 5-14　已经提交到代码仓库的文件的回滚

```
1  # 回滚指定的 commit
2  git revert [想撤销的 commit ID]
3
4  # 查看 commit 记录
5  git log
```

例如,当开发者误将前文修改的 hello_world. py 文件的内容清空,并将清空的文件提交到了代码仓库,如图 5-29 所示。

```
Administrator@DESKTOP-DDJE2NI MINGW64 /e/远程仓库/paper-search-platform (master)
$ git add .

Administrator@DESKTOP-DDJE2NI MINGW64 /e/远程仓库/paper-search-platform (master)
$ git commit -m "清空了py文件"
[master 669599c] 清空了py文件
 1 file changed, 1 deletion(-)
```

图 5-29　将清空的文件提交到了代码仓库

想要将项目回滚到本次 commit 之前的版本,可以先使用 git log 指令查看所有 commit 记录,查询需要撤销的 commit 的 ID,如图 5-30 所示。

```
commit 669599c20e886301e3da73e6bafeedd086e66167 (HEAD -> master)
Author:
Date:

    清空了py文件

commit d154e65bbb03288c64fc904cc603dc970752989b (origin/master)
Merge: 9c238c7 19d4ad0
Author:
Date:

    处理了冲突

commit 9c238c7c678fb09e2dcacc8409b690a681770485
Author:
Date:

    冲突

commit 48bcd1491da62dc067637819a75c1d6efe3a1e54
Author:
Date:
```

图 5-30　查询需要撤销的 commit 的 ID

找到需要撤销的 commit,记录下对应的 ID,最后使用 git revert 指令实现回滚,如图 5-31 所示。

```
Administrator@DESKTOP-DDJE2NI MINGW64 /e/远程仓库/paper-search-platform (master)
$ git revert 669599c20e886301e3da73e6bafeedd086e66167
[master 68b59a5] Revert "清空了py文件"
 1 file changed, 1 insertion(+)
```

图 5-31　使用 git revert 指令实现回滚

需要注意的是,git revert 指令是一个可撤销的指令,再次输入相同指令则可以取消撤销。所以,对同一个 commit 记录执行奇数次 git revert 指令,会撤销对应的 commit 记录;对同一个 commit 记录执行偶数次 git revert 指令,会对 commit 记录进行复原。

4. 指定版本的回滚

前文所涉及的回滚,一般用于最近更改内容的回滚。如果在实际开发过程中,需求出现了较大的变动,或者开发者出现了较大的失误等,需要将项目回滚到之前的某个版本,这种情况下对所有 commit 逐步回滚显然效率过低,好在 Git 同样提供了对应的指令,帮助使用者实现指定版本的回滚,如代码 5-15 所示。

代码 5-15　指定版本的回滚

```
1  # 回滚到指定的 commit
2  git reset --hard [需要回滚到的 commit ID]
```

--hard 参数表示将暂存区域和工作目录都同步到指定 ID 的 commit 版本。

代码 5-15 的指令会强制将版本回滚到某次 commit 的提交,那该次提交之后的所有 commit 都将会被撤销。该指令由于涉及多个 commit 的撤销,因此这种情况下的版本覆盖是不可逆的,建议使用者谨慎使用该指令。

5.7.2　标签

在实际开发中,越是规模大的项目,项目提交的次数可能就越多,如果每次查找版本都要按照时间顺序逆序查询,会降低查询和回滚的效率。此外,大型的项目可能会有不同的发布版本,记录着开发或交付的不同阶段。为了便于区分这些具有代表性意义的提交,Git 提供了标签 tag,让使用者可以在代码封版时,为当前提交创建一个标签,记录下当前项目不可修改的历史版本,方便开发者在运维、发布、回滚等操作的时候能快速定位到关键的提交版本。

1. 创建

Git 提供了标签的创建指令,如代码 5-16 所示。

代码 5-16　标签的创建指令

```
1  # 为当前分支最后一个 commit 创建一个标签
2  git tag
3
```

```
4  # 为当前分支最后一个 commit 创建一个有备注的标签
5  git tag [标签名]
6
7  # 为指定的 commit 创建一个有备注的标签
8  git tag [标签名] [对应 commit 的 ID]
```

在创建标签时,建议使用带有备注的标签(即后两种创建指令),在后期维护时,也能够更直观地了解到每个标签对应的版本内容,可读性强。

2. 查询

除了标签的创建以外,在回滚等操作之前,使用者往往需要手动查询已创建的标签。Git 提供了标签的查询指令,如代码 5-17 所示。

代码 5-17　标签的查询指令

```
1  # 查询创建的所有标签
2  git tag
3
4  # 查询指定标签的详细信息
5  git show [标签名]
```

3. 删除

对于不需要的标签,Git 同样提供了标签的删除指令,如代码 5-18 所示。

代码 5-18　标签的删除指令

```
1  # 在本地仓库删除标签
2  git tag -d [标签名]
3
4  # 删除远程仓库的标签
5  git push origin :refs/tags/[标签名]
```

4. 提交

标签在创建时会同时提交到本地仓库,如果需要将创建的标签提交到远程仓库,使用者还需要执行单独的指令实现将标签提交到远程仓库,如代码 5-19 所示。

代码 5-19　将标签提交到远程仓库

```
1  # 将标签提交到远程仓库
2  git push origin [标签名]
```

5. 拉取

有了标签的帮助,使用者就可以从远程仓库精准拉取指定标签版本的项目。使用 git fetch 指令,可以实现指定标签版本的项目拉取,如代码 5-20 所示。

代码 5-20　拉取指定标签版本的项目

```
1  # 从远程拉取指定标签的版本
2  git fetch origin tag [标签名]
```

5.8 小　　结

Git 是一款高效的分布式版本控制系统，目前已被广泛用于不同规模的软件开发工作中。本章简要介绍了 Git 的相关指令，并以"论文检索系统"的开发过程为例，介绍了利用 Git 进行版本控制的策略，对相关方法进行了实践，包括本地或远程版本库的初始化、用户授权配置、版本库授权、分支管理、冲突处理等。

5.9 习　　题

思考题

1. 试从多个角度分析 Git 相对于其他版本控制系统的优缺点。

2. 在存在多个分支的情况下，可以由责任人完成单元测试后自行通过 merge 行为将改动合并到主分支，也可以统一由管理人员审查各责任人的代码，在审查通过后执行 merge 行为。试分析这两种方案的适用情况与原因？

3. Git 提供了强制覆盖远程和强制覆盖本地的指令，但在实际操作中被建议谨慎使用，试分析使用这类指令可能造成的隐患。

实验题

1. 试结合本章所提供的 Git 操作与指令，利用 Git 进行"论文检索系统"前后端代码仓库的创建。

2. 在多个客户端同时编写同一文件中的代码并造成冲突，通过 merge 行为尝试解决冲突。

3. 很多 IDE 自带 Git 的适配操作（如 PyCharm、Visual Studio Code 等），通过实践了解 IDE 提供的 Git 操作与命令行操作的区别。

5.10 参 考 文 献

[1]　Git[EB/OL]. https://git-scm.com/,2022-3-12.

[2]　Gitee-基于 Git 的代码托管和研发协作平台[EB/OL]. https://gitee.com/,2022-3-12.

第6章 前端开发框架 Vue.js

6.1 概　　述

Vue.js(后文简称 Vue)是一套用于构建用户界面的渐进式 JavaScript 框架。利用这套框架,开发者可以更方便地完成前端界面和功能的开发。

渐进式框架允许开发者在只掌握 Vue 最核心的功能时即可开始开发一些简单的功能。随着学习的深入,开发者可以逐步引入其他基于 Vue 的库(如 Vuex、Vue Router)来辅助开发更高级的功能。

在传统的 Web 应用的前端开发中,开发者通常需要先编写一个 HTML 文件,再根据内容编写相应的样式及行为(由多个 CSS 和 JS 文件组成)。而随着现在项目规模的扩大,这样的开发模式会造成代码出现严重的耦合,开发者需要耗费更多的精力来开发和维护更加复杂的功能。

Vue 允许开发者将网页的框架、样式和行为融合到一个 Vue 文件中,如图 6-1 所示。同时,Vue 还提供许多高级的开发功能,功能如下。

(1) 自定义组件,每个页面由多个组件组成。

(2) 数据绑定,页面显示的内容可以和变量进行绑定。

(3) 前端控制路由。

(4) 状态管理。

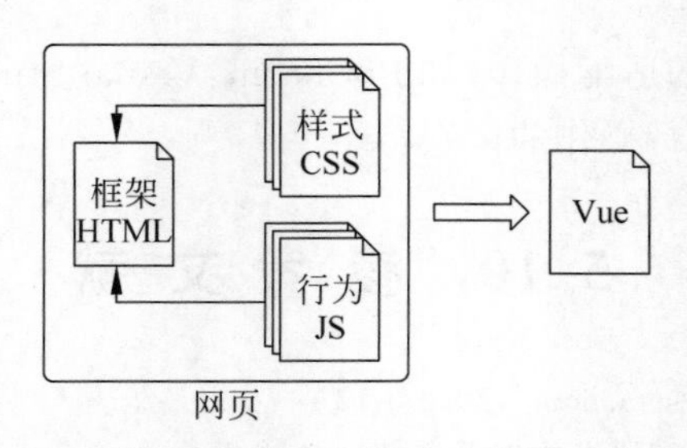

图 6-1　网页的框架、样式和行为融合到一个 Vue 文件

本章会介绍 Vue 的基本使用(基于 v2.x 版本)及一些进阶的开发技巧。读者在学习本章知识前,需要对 HTML、CSS 和 JavaScript 语言有一定的了解,特别是 JS ES6 中 require、import 和 export 的特性。此外,笔者推荐使用 Visual Stadio Code(VS Code)编写代码,并安装相关的插件使 VS Code 支持 Vue 格式的代码高亮。

6.2 创建一个 Vue 项目

6.2.1 安装 Vue

Vue 有两种安装方式，根据项目需求，读者可以使用不同的方式来进行安装。

1. 单页面引入

单页面引入的方法是直接在 HTML 代码中使用< script >标签从内容分发网络(CDN)引入 Vue，适合一些简单的 Web 应用。

1) 从 jsdelivr 获取

在开发的过程中，应该在 HTML 代码中引入开发版本，如代码 6-1 所示，这样能够看到完整的警告及调试的信息。

代码 6-1 在 HTML 代码中引入 Vue 开发版本(jsdelivr)

```
1  < script
     src = "https://cdn.jsdelivr.net/npm/vue@2.6.14/dist/vue.js" />
```

截止编写本书时，Vue 的最新稳定版本为 2.6.14，读者在引入的时候可前往 Vue 官网查询当前最新的版本。

在项目投入使用的时候，应该要引入生产版本，如代码 6-2 所示。该版本会压缩 Vue 的源码，并且不会出现警告信息，确保用户不能够轻易了解到项目代码的一些细节。

代码 6-2 在 HTML 代码中引入 Vue 生产版本(jsdelivr)

```
1  < script src = "https://cdn.jsdelivr.net/npm/vue@2.6.14" />
```

在引入之后，即可直接在 HTML 代码中使用 Vue，具体示例如代码 6-3 所示。

代码 6-3 在 HTML 代码中使用 Vue

```
1   < div id = "app">
2       Count: {{ count }}
3   </div >
4
5   < script
      src = "https://cdn.jsdelivr.net/npm/vue@2.6.14/dist/vue.js" />
6   < script >
7       const app = new Vue({
8           el: '#app',
9           data: {
10              count: 10
11          }
12      });
13  </script >
```

其中,el 属性采用了 CSS 选择器定位页面元素,被定位的元素将会使用 Vue 框架,里面的内容将会根据 Vue 的形式来渲染。

需要注意的是,jsdelivr 的更新可能会有滞后。

2) 从 unpkg 引入

从 unpkg 引入的方式与上述类似,如代码 6-4 所示。

代码 6-4　在 HTML 代码中引入 Vue(unpkg)

```
1  <!-- 开发版本 -->
2  <script src="https://unpkg.com/vue@2.6.14/dist/vue.js" />
3
4  <!-- 生产版本 -->
5  <script src="https://unpkg.com/vue@2.6.14/dist/vue.min.js" />
```

与 jsdelivr 不同,unpkg 还支持引入最新的版本,如代码 6-5 所示。

代码 6-5　引入最新的 Vue 版本

```
1  <script src="https://unpkg.com/vue/dist/vue.js" />
```

这样可保持所用版本与 NPM 发布的最新版本相同。但需要注意的是,版本的更新可能会使已经投入使用的版本出现不可预知的错误。

读者也可以将 Vue 文件下载到自己的服务器并引入该文件,这样能够保证用户在连接上服务器的时候肯定也能获取到 Vue,但也会加大服务器的负载。

如果后面需要进一步引入其他的组件,该方法可能需要大量引入相关的 CSS 和 JS 文件,使代码难以进行维护。

2. NPM 方法

NPM 是一个巨大的软件注册表,包含非常多的代码模块,方便开发者分享开源的代码。NPM 还支持跟踪依赖项和版本,方便开发者及时获取最新的开源代码模块。

Vue CLI 是一个基于 Vue 的开发系统,支持安装一系列的插件和依赖,帮助开发者开发出功能强大的前端网站。

通过 NPM 可以安装 Vue CLI,并用其来构建一个 Vue 项目。这个方法适合开发大型的 Web 应用。

1) 安装 node.js

前往 node.js 官网(https://nodejs.org/en/)下载并安装 node.js(请安装稳定版本,否则在运行 Vue 的时候可能出错),安装完成后能够在命令行工具执行 node-v 指令查看版本,如果成功查看到版本号则说明 node.js 已经安装完成。

在安装 node.js 时会同时安装 NPM,执行 npm-v 指令即可查看版本,如图 6-2 所示。

2) 安装 Vue CLI

打开命令行窗口,然后输入以下安装指令,程序会自动开始安装 Vue CLI,如代码 6-6 所示。

代码 6-6　安装 Vue CLI

```
1  npm install -g @vue/cli
```

安装成功后可以使用 vue-version 指令来查看对应版本，如图 6-3 所示。

```
C:\Users\User>node -v
v16.13.2

C:\Users\User>npm -v
8.1.2
```

图 6-2　查看 node 和 npm 版本

```
C:\Users\User>vue --version
@vue/cli 4.5.15
```

图 6-3　使用 vue-version 指令来查看对应版本

在后面的讲解中，本书都会基于这种安装方式对 Vue 的使用进行说明。

提示　如果安装中发生网络连接超时或错误，可以考虑使用淘宝 NPM 镜像。具体配置方法如下。

（1）在命令行窗口执行：

```
npm install -g cnpm --registry=https://registry.npm.taobao.org
```

（2）执行以下指令，使用 cnpm 安装 Vue CLI：

```
cnpm install -g @vue/cli
```

6.2.2　Vue 项目

1. 创建

下面为创建一个名为 paper_search_platform 项目的例子。

（1）在命令行执行创建项目指令，如代码 6-7 所示。

代码 6-7　创建项目指令

```
1  # 在当前目录创建一个 Vue 项目
2  vue create [项目名]
3
4  # 按照本节例子，具体执行的指令如下
5  vue create paper_search_platform
```

（2）选择 Manually select features 进行自定义配置，如图 6-4 所示。

```
Vue CLI v4.5.15
? Please pick a preset:
  Default ([Vue 2] babel, eslint)
  Default (Vue 3) ([Vue 3] babel, eslint)
> Manually select features
```

图 6-4　选择 Manually select features 进行自定义配置

（3）按空格键勾选 Router 和 Vuex，如图 6-5 所示。在 6.5 节和 6.7 节中，将会对 Router 和 Vuex 进行具体讲解。

```
Vue CLI v4.5.15
? Please pick a preset: Manually select features
? Check the features needed for your project:
 (*) Choose Vue version
 (*) Babel
 ( ) TypeScript
 ( ) Progressive Web App (PWA) Support
 (*) Router
>(*) Vuex
 ( ) CSS Pre-processors
 (*) Linter / Formatter
 ( ) Unit Testing
 ( ) E2E Testing
```

图 6-5　勾选 Router 和 Vuex

(4) 勾选 2.x,设置 Vue 版本,如图 6-6 所示。

```
Vue CLI v4.5.15
? Please pick a preset: Manually select features
? Check the features needed for your project: Choose Vue version, Babel, Router, Vuex, Linter
? Choose a version of Vue.js that you want to start the project with (Use arrow keys)
> 2.x
  3.x
```

图 6-6　勾选 2.x,设置 Vue 版本

(5) 输入 y 后按下回车键,选择历史模式,如图 6-7 所示。

```
Vue CLI v4.5.15
? Please pick a preset: Manually select features
? Check the features needed for your project: Choose Vue version, Babel, Router, Vuex, Linter
? Choose a version of Vue.js that you want to start the project with 2.x
? Use history mode for router? (Requires proper server setup for index fallback in production) (Y/n) y
```

图 6-7　选择历史模式

(6) 选择 ESLint with error prevention only,如图 6-8 所示。ESLint 会检查代码语法,在其他选项中,ESLint 会对代码风格进行非常严格的纠错,如果风格不符,代码将无法执行,这对初学者不太友好,因此不建议选择其他选项。

```
Vue CLI v4.5.15
? Please pick a preset: Manually select features
? Check the features needed for your project: Choose Vue version, Babel, Router, Vuex, Linter
? Choose a version of Vue.js that you want to start the project with 2.x
? Use history mode for router? (Requires proper server setup for index fallback in production) Yes
? Pick a linter / formatter config: (Use arrow keys)
> ESLint with error prevention only
  ESLint + Airbnb config
  ESLint + Standard config
  ESLint + Prettier
```

图 6-8　选择 ESLint with error prevention only

(7) 选择 Lint on save,如图 6-9 所示。ESLint 将会在每次代码保存后对代码进行纠错。

```
Vue CLI v4.5.15
? Please pick a preset: Manually select features
? Check the features needed for your project: Choose Vue version, Babel, Router, Vuex, Linter
? Choose a version of Vue.js that you want to start the project with 2.x
? Use history mode for router? (Requires proper server setup for index fallback in production) Yes
? Pick a linter / formatter config: Basic
? Pick additional lint features: (Press <space> to select, <a> to toggle all, <i> to invert selection)
>(*) Lint on save
 ( ) Lint and fix on commit (requires Git)
```

图 6-9　选择 Lint on save

(8) 选择 In dedicated config files，如图 6-10 所示。该选项会决定配置文件的保存形式，后续进行配置时可能有不同，读者可以根据自己需求来决定该选项。

```
Vue CLI v4.5.15
? Please pick a preset: Manually select features
? Check the features needed for your project: Choose Vue version, Babel, Router, Vuex, Linter
? Choose a version of Vue.js that you want to start the project with 2.x
? Use history mode for router? (Requires proper server setup for index fallback in production) Yes
? Pick a linter / formatter config: Basic
? Pick additional lint features: Lint on save
? Where do you prefer placing config for Babel, ESLint, etc.? (Use arrow keys)
> In dedicated config files
  In package.json
```

图 6-10　选择 In dedicated config files

后续还会有关于是否保存本次创建项目配置的选项，读者可以根据自己的情况决定。

确认设置后，项目会自动开始创建，如图 6-11 所示。项目创建完成后，当前目录下会出现一个 paper_search_platform 文件夹。

```
Vue CLI v4.5.15
   Creating project in C:\Users\User\paper_search_platform.
   Installing CLI plugins. This might take a while...


added 1277 packages in 45s

11 packages are looking for funding
  run `npm fund` for details
   Invoking generators...
   Installing additional dependencies...


added 57 packages in 6s

11 packages are looking for funding
  run `npm fund` for details
   Running completion hooks...

   Generating README.md...

   Successfully created project paper_search_platform.
   Get started with the following commands:

 $ cd paper_search_platform
 $ npm run serve
```

图 6-11　项目自动创建

2. 项目结构

paper_search_platform 项目文件夹内容大致如下。

```
paper_search_platform
|---node_modules(folder)
|---public(folder)
|      |---favicon.ico
|      |---index.html
|---src(folder)
|      |---App.vue
|      |---main.js
|      |---assets(folder)
|      |---components(folder)
|      |---router(folder)
|      |      |---index.js
```

```
| | --- store(folder)
| |     | --- index.js
| | --- views(folder)
| --- .browserslistrc
| --- .eslintrc.js
| --- .gitignore
| --- babel.config.js
| --- package-lock.json
| --- package.json
| --- README.md
```

node_modules 文件夹会保存项目安装的外部组件,体积非常大,在代码同步或备份的时候一般会忽略该文件夹。在 node_modules 内容改变后,在项目文件夹执行命令 npm install 命令后,会根据 package.json 中记录的外部组件信息联网下载缺少的内容。

public 文件夹中的 index.html 是 Vue 在运行之后打开的 HTML 文件,可以理解为项目网页的入口。

src 文件夹保存了具体的项目代码和项目资源。

(1) assets 文件夹:存放网站使用到的图片等素材。

(2) router 文件夹:涉及 Vue Router 的配置。

(3) store 文件夹:涉及 Vuex 的配置。

(4) views 和 components 文件夹:存放 Vue 文件。

(5) main.js 和 App.vue:涉及 Vue 根实例的创建。

相关内容将会在后续章节中有所介绍。

3. 运行项目

在项目文件夹中打开命令行执行运行指令,如代码 6-8 所示。

代码 6-8　命令行执行运行指令

```
1  npm run serve
```

执行指令后,项目会开始执行,如图 6-12 所示。在浏览器打开 http://localhost:8080/ 或 http://127.0.0.1:8080 即可打开项目的网站。

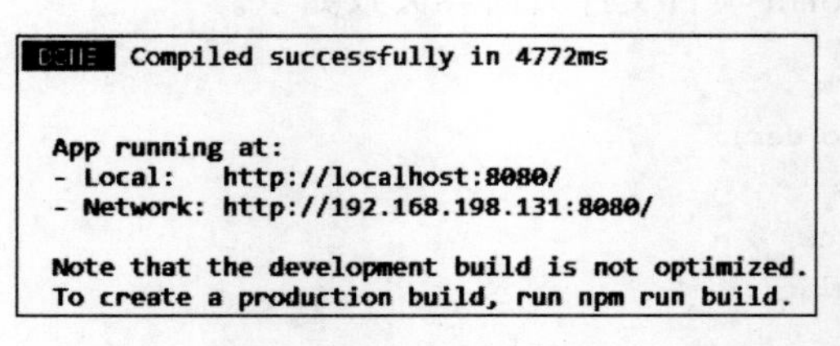

图 6-12　项目开始执行

Vue 项目支持热调试,即每当代码修改并保存后,修改的内容会立刻反映在打开的网站上,不需要用户重新运行项目。用浏览器打开网站后,可以在浏览器控制台中查看并调试 Vue 的代码,如图 6-13 所示。

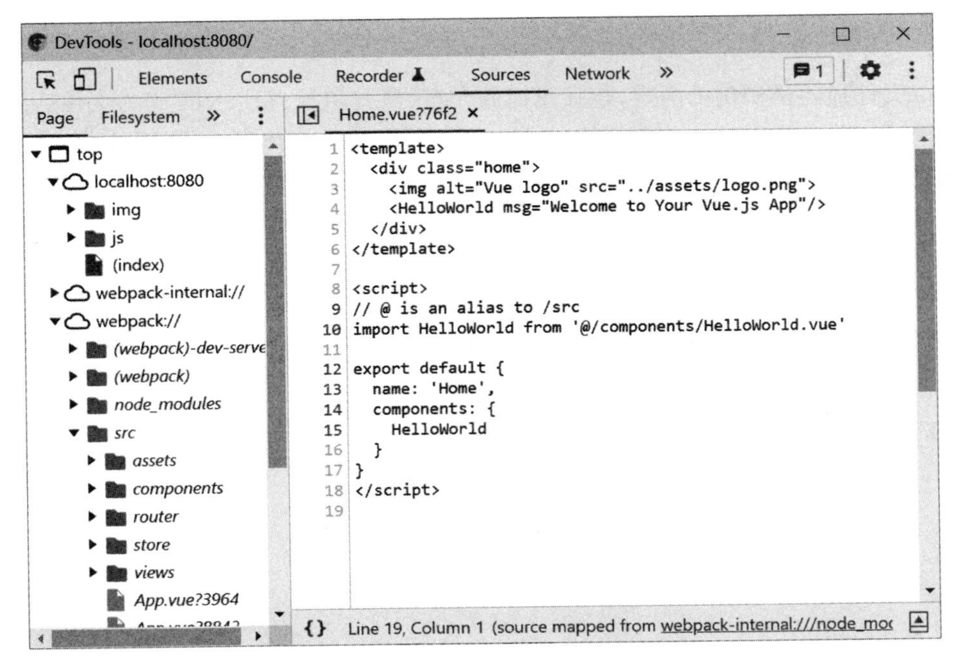

图 6-13　在浏览器控制台中查看并调试 Vue 的代码

6.3　Vue 实例与生命周期

6.3.1　Vue 实例

每一个 Vue 的应用都是从创建 Vue 实例开始的。在 JavaScript 中创建 Vue 实例的例子如代码 6-9 所示。

代码 6-9　创建 Vue 实例

```
1  const app = new Vue(option);
```

option 为 Vue 实例的选项参数，是一个对象，在 6.3.3 节中将会介绍里面的内容。

创建后，app 指向一个 Vue 的根实例。在 Vue 项目中，一个页面是以根实例开始，并在之中不断嵌套其他的实例而组成。

```
8   new Vue({
9     router,
10    store,
11    render: h => h(App)
12  }).$mount('#app')
```

图 6-14　main.js 中创建 Vue 根实例的代码

在项目文件夹中，public/index.html 即用户运行时打开的网页（里面包含了 id="app"的 div 元素）。该 HTML 文件会引入 src/main.js，并在 main.js 中会创建根实例，读者可以在该文件中找到相关的代码内容，如图 6-14 所示。

main.js 中在创建 Vue 根实例时已经引入了 Router 和 Vuex，并以 App.vue 为根实例的内容。整个 Vue 实例呈现的页面内容会放入 index.html 的 id="app"的元素中。

6.3.2 Vue 文件

Vue 文件描述了实例的内容,包括里面的元素、样式和行为,以 vue 作为文件后缀名。

实例可以分为视图(view)和组件(component),视图通常与路由(即网址)有关,与其他外部元素相对独立,如搜索文献后的页面;组件通常较小,功能较为单一,可能需要外部的一些参数来决定显示的内容,并且有可能与外部进行交互,如侧边栏卡片。但二者在执行上区别不大,视图可以当作组件使用,组件也可以当作视图使用。在这种情况下,代码文件可能会变得混乱,不利于开发维护。因此,通常把视图文件存放在 views 文件夹(旧版本为 pages 文件夹)之中,而把组件文件存放在 components 文件夹之中。

一个 Vue 文件内容的样例如代码 6-10 所示。

代码 6-10　Vue 文件的样例

```
1  <template>
2      <div>
3          <!-- content -->
4      </div>
5  </template>
6
7  <script>
8  export default {
9      mounted() {
10         this.init();
11     },
12
13     data() {
14         return {
15             count: 1
16         }
17     },
18
19     methods: {
20         init() {
21             console.log(this.count);
22         }
23     }
24 }
25 </script>
26
27 <style scoped>
28 /* css code */
29 </style>
```

通常,一个 Vue 文件可以分为 3 部分:内容、行为和样式。

<template>标签中包含着实例的内容,可以使用 HTML 语法进行编写。需要注意的是,<template>标签里面只允许有一个元素,因此建议使用 div 元素作为最外层元素。

<script>标签中包含着实例的行为，可以使用JavaScript语法进行编写。其中，最主要的部分是对外暴露的对象中的内容，里面包含了Vue实例的选项参数，这些选项参数会在6.3.3节中进行详细介绍。

<style>标签中包含着实例的样式，可以使用CSS语法进行编写。如果在标签上加上scoped属性，可以限制样式只作用于该实例之中；如果删去scoped属性，样式将会影响页面中所有实例。

6.3.3 选项参数与生命周期

本节对一些常用的Vue实例选项参数进行介绍。

1. Data

Data(数据)为一个对象，包含了Vue实例中的属性，类似于面向对象编程中的成员属性。在实际代码编写之中，Data会是一个返回对象的函数，对象中包含了该实例的变量，如代码6-11所示。

代码6-11 Data参数的示例

```
1  data() {
2      return {
3          count: 1
4      }
5  }
```

2. Methods

Methods(方法)为一个对象，包含了Vue实例中的方法，类似于面向对象编程中的成员方法。如果需要在方法中使用本实例中其他的数据或方法，需要在前面加上this引用；否则将会获取全局对象里面的内容。读者如果感兴趣，可自行学习JavaScript中的this作用域。

3. 钩子

每个Vue实例在从创建到销毁的过程中都要经历一系列的生命周期结点，在每个节点中会执行一些称为生命周期钩子的函数，简称为钩子。钩子允许开发者自定义在每个生命周期结点中的行。Vue实例生命周期的简化版示意图如图6-15所示，里面包含了常用的钩子函数。

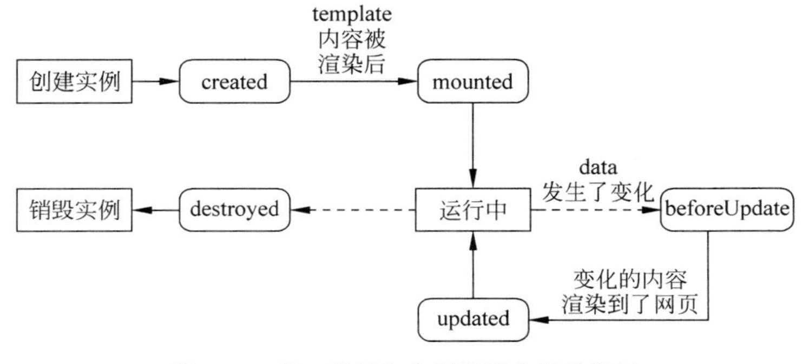

图6-15 Vue实例生命周期简化版示意图

6.4 数据绑定

在传统的前端开发中,开发者通常需要频繁地操作 DOM 节点来进行显示内容的改变。而 Vue 的数据绑定特性允许页面中显示内容和 JavaScript 表达式直接关联起来,开发者只需要修改表达式的值即可更改页面的内容。

Vue 的数据绑定特性具体可以体现在 Mustache 插值和 Vue 指令。其中,Vue 指令可以决定页面元素的一些复杂行为,通过元素属性来定义。本节中涉及了一些常用的 Vue 指令,包括 v-bind、v-model、v-on 等。

6.4.1 Mustache 插值

Mustache 插值可以在 template 标签中利用 Mustache 语法(双大括号)来决定页面的显示内容。其中,大括号中包含了一个 JavaScript 表达式,表达式计算的结构即为页面的显示内容,如代码 6-12 所示。

代码 6-12 Mustache 插值示例

```
1  <template>
2      <div>
3          The amount of apple is: {{ count }}
4      </div>
5  </template>
6
7  <script>
8  export default {
9      mounted() {
10         this.init();
11     },
12
13     data() {
14         return {
15             count: 1
16         }
17     },
18
19     methods: {
20         init() {
21             var that = this;
22             setTimeOut(function() {
23                 that.count = 2;
24             }, 1000);
25         }
26     }
27 }
28 </script>
```

代码 6-12 中的 Vue 实例显示内容在一开始为

```
The amount of apple is: 1
```

在 1 秒之后，显示内容会变为

```
The amount of apple is: 2
```

此外，Mustache 插值也支持复杂的表达式

```
<!-- 运算 -->
{{ count + 1 }}

<!-- 三元表达式 -->
{{ count > 0 ? count : 'empty' }}

<!-- 函数返回值 -->
{{ Math.parseInt(count) }}
```

需要注意的是，表达式会被解析成文本，而不会解析成 HTML 的代码。

6.4.2 v-bind

v-bind 可以动态控制属性值，具体语法如代码 6-13 所示。

代码 6-13 v-bind 语法

```
1  <!-- v-bind:[属性名] = "[属性值]" -->
2  <a v-bind:href = "link" />
```

其中，属性值为一个 JavaScript 表达式，该表达式计算的结果为该属性的属性值。

在代码 6-13 中，超链接的目标链接将会根据引号中的表达式结果来决定。在 HTML 代码之中属性值通常是字符串，而 v-bind 允许这个字符串动态改变；甚至，属性值的类型还可以是其他的 JavaScript 类型。

“v-bind:”可简写成为“:”，这种简写称为语法糖。例如，代码 6-14 中的两种写法等价。

代码 6-14 v-bind 的两种等价写法

```
1  <a v-bind:href = "link" />
2  <a :href = "link" />
```

利用 v-bind，开发者还可以动态控制标签的 class 和 style 属性，如代码 6-15 所示。

代码 6-15 v-bind 动态控制标签的 class 和 style 属性

```
1  <!-- class 三元表达式:
2       如果 isSucceed 为真则 class = "succeed",
3       否则 class = "error" -->
4  <div :class = "isSucceed ? 'succeed' : 'error'"></div>
```

```
5
6  <!-- class 对象形式:
7       如果 isSucceed 为真则 div 属于 green 类,
8       如果 disabled 为真则 div 属于 grey 类 -->
9  <div :class = "{isSucceed: 'green', disabled: 'grey'}"></div>
10
11 <!-- class 数组形式:
12      等价于 :class = "`${activate} ${static}`" -->
13 <div :class = "[activate, static]"></div>
14
15 <!-- style 三元表达式:
16      如果 isSucceed 为真则 style = "color: green",
17      否则 style = "color: red" -->
18 <div :style = "'color: ' + isSucceed?'green':'red'"></div>
19
20 <!-- style 对象形式:color 取决于 divColor 表达式的值 -->
21 <div :style = "{'color': divColor}"></div>
22
23 <!-- style 数组形式不常用 -->
```

6.4.3 v-model

v-model 用于实现属性值的双向绑定。对于 input 等 HTML 表单元素来说，开发者除了需要利用数据绑定来初始化内容之外，还需要实时获取用户在表单中填写的内容。v-model 允许用户填写的内容实时反映到某个变量中，也允许开发者通过修改该变量的值来改变表单元素中的内容，称为双向绑定。

v-model 可当作元素的属性使用，其属性值为对应绑定的变量，如代码 6-16 所示。input 元素的内容和 name 变量进行了双向绑定，submit 方法执行时，控制台将会输出用户在 input 中填写的内容，并清空 input 元素中的内容。

代码 6-16　v-model 示例

```
1  <template>
2      <div>
3          Name: <input type = "text" v-model = "name" />
4      </div>
5  </template>
6
7  <script>
8  export default {
9      data() {
10         return {
11             name: ''
12         }
13     },
14
15     methods: {
```

```
16          submit() {
17              console.log(this.name);
18              this.name = '';
19          }
20      }
21  }
22  </script>
```

6.4.4 v-on

v-on 允许在元素上绑定事件。在不使用框架开发网页时，开发者通常需要使用 addEventListener 函数来给一个 DOM 结点绑定特定的事件。而在 Vue 中，开发者可以直接使用 v-on 绑定特定的事件。具体语法如下。

```
v-on:[事件名]="[事件处理函数]"
```

其中，最常用的是 click 单击事件，如代码 6-17 所示。button 元素被单击后，会调用 clickButton 方法，页面将会弹出显示了[按钮被单击]的提示框。

代码 6-17 绑定 click 单击事件示例

```
1  <template>
2      <div>
3          <button v-on:click="clickButton">按钮</button>
4      </div>
5  </template>
6
7  <script>
8  export default {
9      methods: {
10         clickButton() {
11             alert('按钮被单击');
12         }
13     }
14 }
15 </script>
```

在后续组件化时开发者还可以自定义事件，用于组件间的交互，具体内容在第 6.6 节中介绍。

“v-on:”的语法糖为“@”，如代码 6-18 所示，其中的代码等价。

代码 6-18 v-on 的两种等价写法

```
1  <button v-on:click="clickButton">按钮</button>
2  <button @click="clickButton">按钮</button>
```

6.4.5 v-if 和 v-show

v-if 和 v-show 称为条件渲染,允许开发者通过 JavaScript 表达式控制元素的显示与否。

v-if 可以和 v-else-if、v-else 配合使用,元素只有在该属性值的表达式计算结果为真时才会显示,如代码 6-19 所示。如果变量 isSucceed 为真则显示[成功],否则会显示[失败]。

代码 6-19　v-if 示例

```
1  <div v-if="isSucceed">成功</div>
2  <div v-else>失败</div>
```

v-show 功能与 v-if 类似,区别只在于控制显示的原理: v-if 通过直接移除 DOM 结点来使元素消失; v-show 通过在元素加入“display:none”的样式来实现元素消失。因此,v-if 能够保证每次显示前元素都会重新加载,但相应地也会增加计算量,在后续使用组件化的时候需要特别注意这个方面。

6.4.6 v-text 和 v-html

v-text 和 v-html 会利用属性值中表达式计算的结果来填充元素内容。其中,v-text 与 Mustache 插值类似,而 v-html 会将属性值以 HTML 代码的形式填充到元素中,类似于 innerHTML 方法。使用 v-html 的示例如代码 6-20 所示。

代码 6-20　v-html 示例

```
1  <div v-html="<p>你好</p>"></div>
2  <!-- 相当于 -->
3  <div><p>你好</p></div>
```

6.4.7 v-for

v-for 称为循环渲染,允许将数组或对象的内容全部显示在页面中。v-for 语法如下。

```
v-for="[迭代变量] in [数组或对象]"
```

通常,在使用 v-for 的时候,还要定义 key 属性。key 属性为一个标识符,对于每一个 v-for 迭代数组或对象,其元素的 key 应该是唯一的。使用 v-for 的例子如代码 6-21 所示。

代码 6-21　v-for 示例

```
1  <template>
2      <div>
3          <ul>
4              <li v-for="item in list" :key="item.name">
5                  {{ item.name }}: {{ item.value }}
6              </li>
```

```
7             </ul>
8         </div>
9     </template>
10
11    <script>
12    export default {
13        data() {
14            return {
15                list: [
16                    {name: 'Color', value: 'blue'},
17                    {name: 'Weight', value: '10 Kg'},
18                    {name: 'Price', value: '100'}
19                ]
20            }
21        },
22    }
23    </script>
```

代码 6-21 中的条件渲染结果如代码 6-22 所示。

代码 6-22　代码 6-21 中的条件渲染结果

```
1  <template>
2      <div>
3          <ul>
4              <li>{{ list[0].name }}: {{ list[0].value }}</li>
5              <li>{{ list[1].name }}: {{ list[1].value }}</li>
6              <li>{{ list[2].name }}: {{ list[2].value }}</li>
7          </ul>
8      </div>
9  </template>
```

此外，v-for 的属性值还可以加入可选参数 index 来获取下标；如果要使用 v-for 遍历一个对象，还可以用可选参数 key 来获取键名，如代码 6-23 所示。

代码 6-23　使用可选参数 index 和 key

```
1  <li v-for="(item, index) in list" :key="index">
2      {{ index }} - {{ item.name }}
3  </li>
4  <li v-for="(item, key, index) in object" :key="index">
5      {{ index }} - {{ key }}: {{ item.name }}
6  </li>
```

如果遍历的内容难以找到一个标识作为 key 属性，可以用下标 index 作为 key 属性的属性值。

6.5 Vue Router

Vue Router 可以控制网页的网址,实现前端代理路由。其深度集成在 Vue 中,开发者可以在创建 Vue 项目的时候通过勾选 Router 来安装 Vue Router,如图 6-5 所示。

6.5.1 router-view 和 router-link 元素

1. router-view 元素

Vue Router 的原理是根据访问网址的不同切换显示在页面上的 Vue 实例来达到类似切换页面的效果。因此,开发者需要定义路由应该影响网页的哪些部分,这时候就需要利用 router-view 元素来指定变更内容的位置。

router-view 标签负责在页面中占位,其所在的位置会根据路由来填充路由所对应的内容,即 Vue 实例。填充的 Vue 实例与路由的关系可以在 router/index. js 中定义。

App. vue 中的部分内容如图 6-16 所示,其中包含了一个 router-view 标签,用户在切换网址的时候,Vue Router 会根据网址来改变该标签处的内容,以此来实现切换网页的效果。实际上,用户一直都在访问 public/index. html 这一个网页。

```
1  <template>
2      <div id="app">
3          <div id="nav">
4              <router-link to="/">Home</router-link>
5              <router-link to="/about">About</router-link>
6          </div>
7          <router-view/>
8      </div>
9  </template>
```

图 6-16 App. vue 中的部分内容

由于用户在浏览任何网页时,所看到的大部分内容都会是 App. vue 中 router-view 标签,因此在开发过程中,可以把 App. vue 中的最外侧 div 元素当作是网页的 body 元素来对待,也就是整个网页主体,开发者可以通过在 App. vue 中编写 CSS 或 JavaScript 代码来进行全局的设置。但是实际上,网页的真实主体应该是 public/index. html 中的 body 元素。

2. router-link 元素

router-link 元素类似于超链接元素,用户单击 router-link 元素后,Vue Router 会控制网页跳转到指定的内容。其中,router-link 元素的 to 属性定义了目标的信息,其可以是目标网页的网址,也可以是路由跳转参数。路由跳转参数的内容在 6. 5. 3 节中有详细介绍。

6.5.2 路由设置

路由设置主要涉及定义路由与 router-view 元素填充内容之间的映射,具体在 router/index. js 中设置。

router/index. js 中创建了一个 Vue Router,并将其对外暴露,其等价代码如代码 6-24 所示。

代码 6-24　创建一个 Vue Router 的等价代码

```
1  const router = new Router({mode, routes});
2  export default router;
```

src/main.js 会引入创建的 Vue Router,并在 Vue 根实例创建时将其传入。

1. mode

mode 为一个字符串,有两个可选值：hash 或 history。这两个可选值代表了 Vue Router 两种控制路由的模式。因为 Vue Router 通过切换页面的实例来模拟页面的跳转,因此需要阻止浏览器在路由改变时自动刷新网页,而这两种模式则通过不同的原理来防止路由切换后网页刷新。

(1) Hash 模式：该模式利用在网页链接中加入#符号来防止路由切换后网页刷新。

(2) History 模式：该模式利用 HTML5 的特性,改变浏览器历史记录栈,以此来绕过网页刷新。同时,该模式情况下网页链接中不需要加入#符号。但是在使用该模式时,需要后端将路由交给前端的 Vue 处理,否则会产生 404 错误。配置方法在第 9 章中介绍。

2. routes

routes 为一个数组,里面的每个对象定义了每条路由的设置,如代码 6-25 所示。

代码 6-25　routes 示例

```
1   // router/index.js
2
3   // 引入 Vue 视图或组件
4   import Index from '../views/Index.vue';
5
6   const routes = [
7       {
8           name: 'index',
9           path: '/',
10          component: Index
11      }
12  ];
```

关于在代码 6-25 中 routes 数组中对象成员的解释如下。

- name 属性：为一个字符串,定义了该路由的名称,方便后续利用路由的名称来进行路由跳转。
- path 属性：为一个字符串,定义了该路由对应的地址。
- component 属性：为一个 Vue 实例,定义了访问用户在该路由时 router-view 元素中显示的 Vue 实例。

当路由地址为 / 时(如 http://localhost:8080/),App.vue 中的 router-view 标签将会变成 views/Index.vue 的内容,此时 Index.vue 中 template 元素的子元素会替代 router-view 元素,其内容将显示在页面上。

提示 如果太多的相对使得在引入 Vue 文件的时候产生困扰,可以使用@来代表项目根目录位置。

例如,可以将../views/Index.vue 写为@/views/Index.vue。

下面将介绍使用 Vue Router 路由设置的 3 个技巧:懒加载、通配路由和子路由。

1) 懒加载

懒加载可以减少用户进入网站时所花费的加载时间,从而达到加速的效果。

当项目规模非常大的时候,需要引入的 Vue 实例会变得非常多。此时,大量的 import 代码会造成用户在进入网站时长时间的加载。这是因为 router/index.js 的内容会在用户进入网站时进行加载,即浏览器会从上到下依次执行每一条 import 代码,从而花费大量的时间。此时可以使用懒加载,利用 require 函数使用户在访问到确定的路由后再加载对应的 Vue 实例,如代码 6-26 所示。

代码 6-26 Vue Router 懒加载示例

```
1 {
2     name: 'index',
3     path: '/',
4     component: () => import('../views/Index.vue')
5 }
```

2) 通配路由

通配路由定义的 path 为 *,用于指定没有路由匹配成功时所访问的路径,通常可以跳转到 404 网页,如代码 6-27 所示。

代码 6-27 Vue Router 通配路由示例

```
1 {
2     path: '*',
3     redirect: '/404' /* 匹配该路由时跳转到 /404 */
4 }
```

redirect 属性定义了用户在访问该路径时,Vue Router 应该跳转到的路由地址,称为重定向。因为 Vue Router 是按 routes 数组的顺序进行路由匹配的,所以通配路由通常放置在 routes 数组的末尾。

3) 子路由

子路由允许路由控制页面嵌套显示 Vue 实例,以此来减少冗余代码。

在某些情况下,可能会出现路由对应的 Vue 实例中也有 router-view 标签,这时候可以在 routes 中定义 children 属性来指定该 router-view 标签中的内容。其中 children 属性为一个数组,它和 routes 数组的结构一样,如代码 6-28 所示。用户在访问/settings/user_info 或是/settings/preferences 时可以看到不同的 Vue 实例。

代码 6-28　Vue Router 子路由示例

```
1   // router/index.js
2
3   const routes = [
4       {
5           name: 'settings',
6           path: '/settings',
7           component: () => import('@/views/Settings.vue'),
8           children: [{
9               name: 'settings_userinfo',
10              path: 'user_info',
11              component: () =>
                        import('@/views/SettingsUserinfo.vue')
12          }, {
13                name: 'settings_preference',
14                path: 'preferences',
15                component: () =>
                      import('@/views/SettingsPreferences.vue')
16          }, {
17              path: '*',
18              redirect: '/settings/user_info'
19          }]
20      }
21  ];
```

设置子路由时，应该在最后面设置通配路由重定向到一个有定义的路由，如代码 6-28 所示。否则，用户直接访问 /settings 地址时，可能会看到页面没有加载任何的子视图。

此外，Vue Router 实例还可以通过设置 beforeEach 参数来实现路由跳转权限、网页标题更改等功能，具体读者可自行搜寻文档来进行学习。

6.5.3　路由跳转

1. 路由跳转参数

路由跳转参数为一个对象，里面定义了路由跳转的目标及参数。下面对一些常用的成员属性进行介绍。

1）name 和 path

name 和 path 用于指定路由跳转的目标，如代码 6-29 所示，其对应 Vue Router 中的 routes 数组定义的 name 和 path。

代码 6-29　通过 name 或 path 指定路由跳转的目标

```
1  <!-- 单击后跳转到 name 为 index 的路由 -->
2  <router-link :to="{name: 'index'}"></router-link>
3
4  <!-- 单击后跳转到 /index -->
5  <router-link :to="{path: '/index'}"></router-link>
```

在开发过程中,推荐用 name 来进行网站内的跳转。原因是在维护时,可能会因为需求而修改路由的 path,如果大量的使用 path 定义跳转的目的地可能会造成代码大量改动。

2) params

params 为一个对象,里面定义路由跳转的参数。这些参数可以被跳转目标的 Vue 实例获取,也可以改变跳转的目标地址。

在 Vue Router 中定义路由的 path 时,使用:[参数名]可以定义能够被 params 改变的部分。例如,在路由的定义如代码 6-30 所示时,且 router-link 元素定义如代码 6-31 所示时,则用户在单击 router-link 后,路由跳转到的地址为 /article/1/content。

代码 6-30　一个路由定义的例子

```
1 {
2       name: 'article',
3       path: '/article/:article_id/content',
4       component: () => import('@/views/Article.vue')
5 }
```

代码 6-31　一个 router-link 元素定义的例子 1

```
1 <router-link
    :to="{name: 'article', params: {article_id: 1}}">
2 </router-link>
```

如果 params 中定义了路由没定义的参数,在跳转之后对应的 Vue 实例依然可以获取到这个参数。但如果用户刷新了网页,则无法再次获取到这个参数了,这种参数称为隐式参数。

3) 使用 query 携带参数

query 为一个对象,结构和 params 相同,但其携带的参数会直接以[参数名]=[参数值]的形式跟在路由跳转地址中。例如,路由的定义不变时,而 router-link 元素定义如代码 6-32 所示,则用户在单击 router-link 后,路由跳转到的地址为 /article?article_id=1。

代码 6-32　一个 router-link 元素定义的例子 2

```
1 <router-link
      :to="{path: '/article', query: {article_id: 1}}">
2 </router-link>
```

2. 在 Vue 实例方法中跳转

Vue 提供了 $router 对象,开发者可利用 push 方法进行路由的跳转,如代码 6-33 所示。

代码 6-33 利用 push 方法进行路由的跳转

```
1  methods: {
2      clickButton() {
3          this. $ router. push({name: 'article'});
4      }
5  }
```

则在 clickButton 方法执行后，Vue Router 会跳转到名为 article 的路由。

提示 $ router 还提供 replace 方法，用法和 push 相同，但区别在于：replace 不会把跳转前的路由记录到浏览器历史记录中。图 6-17 为 push 和 replace 方法的对比。

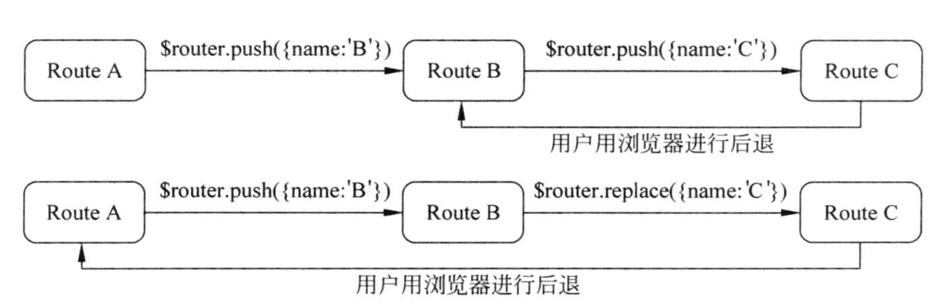

图 6-17 push 和 replace 方法的对比

3. 获取携带参数

在跳转之后，目标的 Vue 实例需要获取到 params 和 query 的参数，此时可以使用 Vue 提供的 $route 对象。Vue Router 会将路由跳转参数保存在 $ route 中的 params 和 query 对象，开发者可以直接进行访问，如代码 6-34 所示。

代码 6-34 使用 params 或 query 获取参数

```
1  mounted() {
2      // 获取并打印 params 中的 article_id 参数
3      console. log(this. $ route. params. article_id);
4      // 获取并打印 query 中的 article_id 参数
5      console. log(this. $ route. query. article_id);
6  }
```

提示 跳转路由时使用的是 $router 对象，获取参数使用的是 $route 对象，千万不要把二者混淆。

6.6 组 件 化

通过路由定义，可以将视图级别的 Vue 实例挂载到网页中。但通常在每个视图中，会存在许多小模块。试想一下，如果能用标签代表不同的组件，那么编写出来的代码会变得更加简洁,代码复用性也会变得更高。而将一个个 Vue 实例当作一个个功能丰富的组件来使用的方式,称为**组件化**。

Vue 的组件化特性允许开发者用标签来引入开发者自定义的组件,甚至还可以通过使用其他开发者编写好的组件库,来使页面变得更加美观。

6.6.1 引入和注册组件

在组件化时,每个组件都是一个 Vue 实例,开发者可以在 Vue 选项参数中设置 components 来注册组件,并将组件当成 HTML 元素在 HTML 代码中放置组件。

如代码 6-35 所示,在 ListParent. vue 中引入 ListChild. vue 作为子组件。

代码 6-35 在 ListParent. vue 中引入 ListChild. vue 作为子组件

```
1  <!-- ListParent.vue -->
2  <template>
3      <div>
4          <!-- 放置 list-child -->
5          <list-child />
6      </div>
7  </template>
8
9  <script>
10 // 引入 ListChild.vue
11 import ListChild from '@/components/ListChild.vue';
12 export default {
13     // 注册 ListChild 组件,标签名字为 list-child
14     components: {
15         'list-child': ListChild
16     }
17 }
18 </script>
```

则 ListChild. vue 中 template 元素的子元素将会替换掉 list-child 标签。组件注册后,开发者可以把它当成一个普通的 HTML 元素使用。

组件被放置在网页后会开始其内部的生命周期,并维护自身内部的属性值。

1. 组件的标签名

除了通过定义键名来定义标签名,通常还可以使用 ES6 的特性直接引入组件:

```
components: { ListChild }
```

这种情况下,标签名可以使用 list-child 或 ListChild。如果 ListChild. vue 定义了 name, ListParent. vue 还可以直接使用 ListChild. vue 中的 name 作为标签名,如代码 6-36 所示。

代码 6-36 直接使用 ListChild. vue 中的 name 作为标签名

```
1  // ListChild.vue 的 JS 部分
2
```

```
3 export default {
4     // 自定义标签名
5     name: 'my-list-child'
6 }
```

则在 ListParent. vue 中，也可以直接使用< my-list-child/>放置 ListChild. vue 实例。

提示 通常，Vue 文件的文件名会使用驼峰式命名，import 实例时所使用的变量名与文件名一致；在文件名的大写字母前加上-后(第一个大写字母除外)，把大写字母变为小写字母，即为标签名。例如：

ArticleInfoCard. vue → <article-info-card>

2. 全局注册组件

上面介绍的方法是在 Vue 文件中局部注册组件，注册后的组件只能在该文件的作用域中使用。如果有需要在大多数 Vue 文件使用的组件，可以考虑使用全局注册。

全局注册在 src/main. js 文件中进行，如代码 6-37 所示。

代码 6-37 全局注册组件

```
1  // src/main.js
2
3  import Vue from 'vue'
4  import App from './App.vue'
5  import router from './router'
6  import store from './store'
7
8  // 引入 ListChild.vue
9  import ListChild from '@/components/ListChild.vue'
10
11 // 全局注册 ListChild,标签名定义为 list-child
12 Vue.component('list-child', ListChild);
13
14 new Vue({
15   router,
16   store,
17   render: h => h(App)
18 }).$mount('#app')
```

全局注册之后，在 Vue 文件中使用这些组件时就不需要再重复注册了。全局注册在用户进入网站时开始执行，这意味着大量的全局注册可能会延长用户进入网站的等待时间。

6.6.2 组件间的通信

引入组件之后，父 Vue 实例和子 Vue 实例之间需要进行通信才能够传递参数和触发事件以实现更多的功能。

本节主要介绍一些常用的通信方法,其中 props 传递参数和 ref 调用子实例元素为父实例向子实例通信的方法,$emit 发射事件为子实例向父实例通信的方法,如图 6-18 所示。

$refs(不建议)　props

父实例　子实例

$emit

图 6-18　组件通信方法

1. 向下数据传递

向下数据传递允许父实例向子实例传递 JavaScript 变量。

1) 在子实例中定义参数名

利用 props 参数可以定义子实例接收的参数,如代码 6-38 所示。props 可以是数组,也可以是对象。

代码 6-38　用 props 参数定义子实例接收的参数

```
1  // ListChild.vue 的 JS 部分
2
3  export default {
4      // ListChild 可以接收名为 content 的参数
5      props: ['content'],
6
7      mounted() {
8          // 用 this.参数名 即可调用参数
9          console.log(this.content);
10     }
11 }
```

父实例通过标签属性向子实例传递参数,如代码 6-39 所示。

代码 6-39　父实例通过标签属性向子实例传递参数

```
1  <!-- ListParent.vue -->
2
3  <template>
4      <div>
5          <!-- 第一个 ListChild 输出 "article 1" -->
6          <list-child content="article 1" />
7          <!-- 第二个 ListChild 输出 "article 0" -->
8          <list-child :content="first_article" />
9      </div>
10 </template>
11
12 <script>
13 import ListChild from '@/components/ListChild.vue';
14 export default {
15     components: { ListChild },
16     data() {
17         return {
18             first_article: 'article 0'
19         }
```

```
20        }
21  }
22  </script>
```

如果 props 为一个对象，还可以对子实例接收的参数做出一些限制，如代码 6-40 所示。

代码 6-40　对子实例接收的参数做出限制

```
1  // Vue 实例中 JS 的 props 部分
2
3  props: {
4      // content 必须是字符串
5      content: String,
6
7      // content1 必须是字符串或数字
8      content1: [String, Number],
9
10     // content2 必须是字符串，且默认"article null"
11     content2: {
12         type: String,
13         default: 'article null'
14     },
15
16     // 如果默认值为数组或对象，要使用函数返回的形式
17     content3: {
18         type: Array,
19         default: function() {
20             return ['article 1']
21         }
22     },
23
24     // content4 必须是字符串，且父实例必须传递该参数
25     content4: {
26         type: String,
27         required: true
28     }
29  }
```

props 中的参数是单向传递的，子实例改变该参数不会对父实例有任何的影响。通常为了防止父实例中途改变参数而造成子实例出现不可预知的错误，建议子实例在初始化的时候把 props 中的有可能复用或修改的参数保存到 data 中。

2. 调用子实例元素

通过给标签定义 ref 属性，父实例可以获取子实例中的数据，甚至是触发子实例的方法，如代码 6-41 和代码 6-42 所示。

代码 6-41　父实例调用子实例元素 1

```
1   // ListChild.vue 的 JS 部分
2
3   export default {
4       data() {
5           return { count: 10 }
6       },
7
8       methods: {
9           init() {}
10      }
11  }
```

代码 6-42　父实例调用子实例元素 2

```
1   <!-- ListParent.vue -->
2
3   <template>
4       <div>
5           <!-- 定义 ref 属性值 -->
6           <list-child ref="list_child" />
7       </div>
8   </template>
9
10  <script>
11  import ListChild from '@/components/ListChild.vue';
12  export default {
13      components: { ListChild },
14      mounted() {
15          // 输出 ref="list_child" 实例的 data.count
16          console.log(this.$refs.list_child.count);
17
18          // 调用 ref="list_child" 实例的 init 方法
19          this.$refs.list_child.init();
20      }
21  }
22  </script>
```

如果 ref 所指向的元素(如 list-child 元素)使用了循环渲染,则 $refs.list_child 会返回数组,如代码 6-43 所示。

代码 6-43　v-for 循环情况下使用 $ refs 会返回数组

```
1   <!-- ListParent.vue -->
2
3   <template>
4       <div>
```

```
5            <!-- 循环渲染 10 个 list-child -->
6            <list-child ref="list_child" v-for="item in 10" />
7        </div>
8    </template>
9
10   <script>
11   import ListChild from '@/components/ListChild.vue';
12   export default {
13       components: { ListChild },
14       mounted() {
15           // 依次执行每个 ref="list_child" 实例的 init 方法
16           for(let i=0; i<this.$refs.list_child.length; i++) {
17               this.$refs.list_child[i].init();
18           }
19       }
20   }
21   </script>
```

注意 使用 ref 访问子组件可以大量且直接地修改子组件的属性或调用子组件的方法，可能会增大代码间的耦合度。

3. 向上触发事件

子实例通常通过事件向父实例传递信息，子实例利用 $emit 方法发射事件，父实例利用 v-on 监听事件，如代码 6-44 和代码 6-45 所示。

代码 6-44 子实例利用 $emit 方法发射事件

```
1   // ListChild.vue 的 JS 部分
2
3   export default {
4       mounted() {
5           // 向父实例发射 'start' 事件，并携带了两个参数(1 和 2)
6           this.$emit('start', 1, 2);
7       }
8   }
```

代码 6-45 父实例利用 v-on 监听事件

```
1   <!-- ListParent.vue -->
2
3   <template>
4       <div>
5           <!-- 监听子实例 start 事件，触发后调用 child_start 方法 -->
6           <list-child @start="child_start" />
7       </div>
8   </template>
9
10  <script>
```

```
11  import ListChild from '@/components/ListChild.vue';
12  export default {
13      components: { ListChild },
14      methods: {
15          child_start(param1, param2) {
16              // 最后会输出 3
17              console.log(param1 + param2);
18          }
19      }
20  }
21  </script>
```

利用 $emit 发射和 v-on 接收事件的方法,组件可以自定义事件。

6.6.3 slot(选读)

细心的读者可能发现,在之前讲解组件化的时候,都是用单标签使用组件,这是因为在没有插槽的情况下单标签和双标签的效果一样。slot(插槽)允许子实例将双标签中的内容填充到自身的内容中。本节介绍插槽的一些基本用法。

1. 匿名插槽

匿名插槽是最常用的插槽。在组件中加入 slot 标签即可把使用该组件时双标签的内容填充到 slot 标签中。如代码 6-46 和代码 6-47 所示,ListChild. vue 作为子实例,ListParent. vue 作为父实例。

代码 6-46　匿名插槽的使用 1

```
1  <!-- ListChild.vue 部分的代码 -->
2
3  <template>
4      <div>
5          <div>List item</div>
6          <!-- 设置匿名插槽 -->
7          <slot>这里是默认内容</slot>
8      </div>
9  </template>
```

代码 6-47　匿名插槽的使用 2

```
1  <!-- ListParent.vue -->
2
3  <template>
4      <div>
5          <!-- 在双标签中加入内容 -->
6          <list-child>
7              <p>article 1</p>
8              content
```

```
9            </list-child>
10       </div>
11   </template>
12
13   <script>
14   import ListChild from '@/components/ListChild.vue';
15   export default {
16       components: { ListChild },
17   }
18   </script>
```

在如代码 6-46 和代码 6-47 所示的情况下，ListChild.vue 渲染后的内容如代码 6-48 所示。

代码 6-48　ListChild.vue 渲染后的内容 1

```
1   <template>
2       <div>
3           <div>List item</div>
4           <p>article 1</p>
5           content
6       </div>
7   </template>
```

子实例可以设置多个匿名插槽，这样内容会被重复渲染。

注意 如果子实例没有指定任何的匿名插槽，那么在父实例中使用子实例时，双标签中的内容会被直接忽略掉。

2. 具名插槽

具名插槽可以通过给插槽进行命名，允许子实例根据名字向对应的插槽填充内容，如代码 6-49 和代码 6-50 所示，ListChild.vue 作为子实例，ListParent.vue 作为父实例。

代码 6-49　具名插槽的使用 1

```
1   <!-- ListChild.vue -->
2
3   <template>
4       <div>
5           <!-- 具名插槽 -->
6           <slot name="title"></slot>
7           <div>List item</div>
8           <!-- 匿名插槽 -->
9           <slot>这里是默认内容</slot>
10      </div>
11  </template>
```

代码 6-50　具名插槽的使用 2

```
1  <!-- ListParent.vue -->
2
3  <template>
4      <div>
5          <list-child>
6              <p>article 1</p>
7              <!-- 渲染到 title 插槽 -->
8              <template v-slot:title>
9                  <h1>这个是标题</h1>
10             </template>
11         </list-child>
12     </div>
13 </template>
14
15 <script>
16 import ListChild from '@/components/ListChild.vue';
17 export default {
18     components: { ListChild },
19 }
20 </script>
```

在代码 6-49 和代码 6-50 所示的情况下，ListChild.vue 渲染后的内容如代码 6-51 所示。

代码 6-51　ListChild.vue 渲染后的内容 2

```
1  <template>
2      <div>
3          <h1>这个是标题</h1>
4          <div>List item</div>
5          <p>article 1</p>
6      </div>
7  </template>
```

同样，相同名字的具名插槽也可以在多处放置，内容也会被多次重复渲染。在旧版 Vue 中，父实例指定插槽不使用 v-slot 指令，而是使用 slot 属性，如代码 6-52 所示。

代码 6-52　使用 slot 属性指定插槽

```
1  <list-child>
2      <!-- 渲染到 title 插槽 -->
3      <template slot="title">
4          <h1>这个是标题</h1>
5      </template>
6  </list-child>
```

6.6.4 用UI库丰富自己的网站

组件化的支持使开发者可以直接使用一些现成的UI组件库，在减少开发代码量的同时也美化了网站的界面。本节中会介绍一些常用的UI组件库。

1. Element

Element组件库是饿了么团队提供的一套桌面端UI组件库，提供了布局、图标、表单、提示框、按钮等几十种丰富的组件，如图6-19所示。读者可前往官网(https://element.eleme.cn/)查看相关文档进行安装使用。

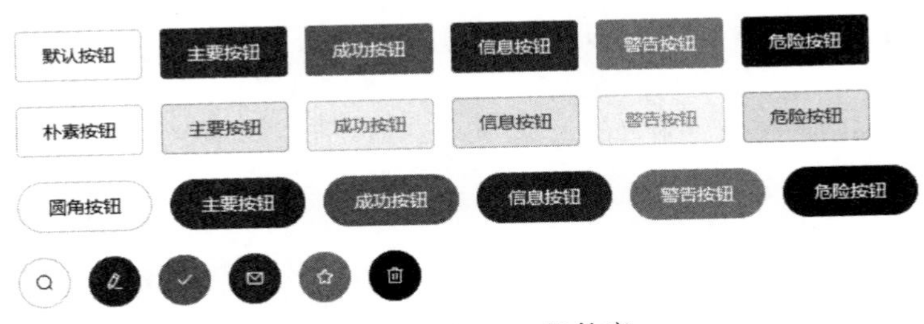

图6-19 Element组件库

2. Vant

Vant组件库是有赞前端团队提供的一套移动端UI组件库，也提供了几十种丰富的组件，如图6-20所示。读者可前往官网(https://vant-contrib.gitee.io/vant/)查看相关文档并进行安装使用。

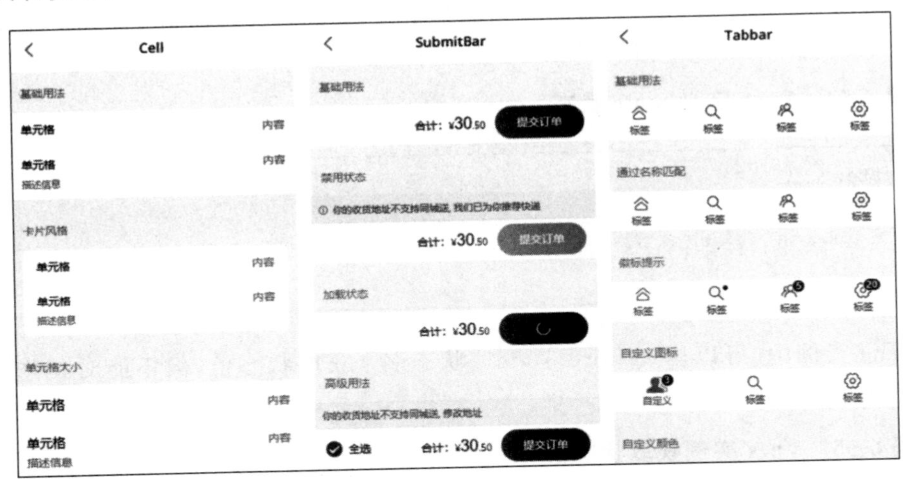

图6-20 Vant组件库

6.7 Vuex

Vuex是一个的状态管理工具，采用集中式存储来管理应用所有组件的状态，并以相应的规则保证状态以一种可预测的方式发生变化。开发者可以在创建Vue项目的时候通过勾选Vuex来安装Vuex。

Vuex类似一个全局变量管理器,开发者可以定义里面的状态(state)、获取器(getter)、状态变更(mutation)、行为(action),并且还可以将状态划分到不同模块(module)之中。

在实际应用中,Vuex可以保存一些业务相关状态,如用户的登录状况,以此来减少发送请求的次数;同时,Vuex也允许多个Vue实例中公用一些公共的状态信息。

6.7.1 设置 Vuex

Vuex具体在store/index.js文件中设置。该文件新建了一个Vuex实例,并将其对外暴露,其等价于如代码6-53所示的内容。

代码6-53 新建一个Vuex实例,并对外暴露

```
1  export default new Vuex.Store({
2      state: {},
3      getters: {},
4      mutations: {},
5      actions: {},
6      modules: {}
7  })
```

src/main.js会引入创建的Vuex,并在Vue根实例创建时将其传入。

6.7.2 state

state为一个对象,定义了状态的名称及初始值,如代码6-54所示。Vuex包含了两个状态:count和isLogin,初始值分别为0和false。

代码6-54 Vuex定义State状态

```
1  state: {
2      count: 0,
3      isLogin: false
4  }
```

在Vue实例中,可以用 $store.state.[状态名] 获取状态值,但不能对其修改,如代码6-55所示。

代码6-55 Vuex实例获取状态值

```
1  // Vue 文件的 JS 部分
2
3  export default {
4      mounted() {
5          // 输出 Vuex 的 count 状态
6          console.log(this.$store.state.count);
7      }
8  }
```

6.7.3 getters

getters 为一个对象，定义了用于获取信息的方法，这些方法会返回一些经过计算的值供 Vue 实例获取。getters 中的方法需要接收一个 state 参数，用于在计算时获取状态值，如代码 6-56 所示。

代码 6-56 Vuex 定义 Getters 的方法

```
1  state: {
2      rows: 3,
3      cols: 2
4  },
5
6  getters: {
7      cells(state) {
8          return state.rows * state.cols;
9      }
10 }
```

在 Vue 实例中可以直接像访问成员属性一样，利用 $store.getters.[方法名] 访问 cells 计算的结果，如代码 6-57 所示。

代码 6-57 Vue 实例利用 Getters 获取计算结果

```
1  // Vue 文件的 JS 部分
2
3  export default {
4      mounted() {
5          console.log(this.$store.getters.cells);          // 6
6      }
7  }
```

6.7.4 mutations

mutations 为一个对象，定义了改变状态的事件，这些事件称为 mutation。

Vuex 实例可以通过 $store.commit('[方法名]') 调用 mutations 中的方法，称为提交 mutation；而在 Vuex 中，更改状态的唯一方法就是通过提交 mutation。mutations 中的方法可以接收一个 state 参数，用于修改其中的状态，如代码 6-58 和代码 6-59 所示。

代码 6-58 Vuex 定义 mutations 的方法

```
1  mutations: {
2      increase(state) {
3          state.count++;
4      },
5  }
```

代码 6-59　提交 mutation 修改状态

```
1  // Vue 文件的 JS 部分
2
3  export default {
4      mounted() {
5          console.log(this.$store.state.count);          // 0
6          // 提交 increase 事件
7          this.$store.commit('increase');
8          console.log(this.$store.state.count);          // 1
9      }
10 }
```

mutations 也支持接收额外的参数,称为 Mutations 的载荷(payload),方便 Vue 实例在提交 Mutation 时可以携带更多的参数,如代码 6-60 和代码 6-61 所示。载荷通常为一个对象,里面可以包含多个参数。

代码 6-60　定义 mutations 接收 payload

```
1  // store/index.js
2
3  mutations: {
4      increase(state, payload) {
5          state.count += payload.amount;
6      },
7  }
```

代码 6-61　Vue 实例在提交 mutation 时附带参数

```
1  // Vue 文件的 JS 部分
2
3  export default {
4      mounted() {
5          this.$store.commit('increase' {
6              amount: 6
7          });
8      }
9  }
```

increase 方法可以根据 Vue 实例传递的载荷中的 amount 成员属性对状态进行修改。需要注意,mutation 中不能出现异步操作,不然里面的修改会失效。

6.7.5　action

action 为一个对象,类似于 mutations,但 action 不能直接修改状态,而是会通过提交 mutations 来修改。与 mutations 不同,action 允许有异步操作。

action 可以接收一个 context 参数为一个对象，其结构与 $store 的结构相同，可以访问里面的 state、getters。但是，context 不是 $store 本身。

代码 6-62 是一个定义 Action 的例子。

代码 6-62 Vuex 定义 Action

```
1  mutations: {
2      increase(state) {
3          state.count++;
4      }
5  },
6
7  action: {
8      increase(context) {
9              context.commit('increase');
10     }
11 }
```

在 Vue 实例中利用分发(dispatch)来触发 action，其使用方法类似于提交 mutation，如代码 6-63 所示。

代码 6-63 Vue 实例利用分发来触发 Action

```
1  // Vue 文件的 JS 部分
2
3  export default {
4      mounted() {
5          // 触发 action 的 increase 方法
6          this.$store.dispatch('increase');
7      }
8  }
```

6.7.6 module

如果项目规模比较大，state 中可能会包含非常多的状态，这时代码会变得难以阅读和维护。此时，可以将 Vuex 分割为多个模块(module)，每个模块有自己单独的 state、getters、mutations 和 action。定义模块的例子如代码 6-64 所示。

代码 6-64 Vuex 定义模块

```
1  // store/index.js 中 Vuex 设置的参数
2  const module1 = {
3      state: { count: 0 },
4      mutations: {
5          // 这里的 state 是 module1 的 state
6          increase(state) {
```

```
7             state.count++;
8         }
9     }
10 };
11
12 const module2 = {
13     state: { count: 1 },
14     mutations: {
15         // 这里的 state 是 module2 的 state
16         increase(state) {
17             state.count++;
18         }
19     }
20 };
21
22 export default new Vuex.Store({
23     state: { count: 2 },
24     mutations: {
25         // 这里的 state 是 store 的 state
26         increase(state) {
27             state.count++;
28         }
29     },
30     modules: {
31         // 定义模块名和里面的内容
32         a: module1,
33         b: module2
34     }
35 })
```

在 Vue 实例中可以通过 $store.state.[模块名].[state]来指定需要访问的 Vuex 模块的状态值,如代码 6-65 所示。

代码 6-65　Vue 实例访问指定的 Vuex 模块

```
1 // Vue 文件的 JS 部分
2
3 export default {
4     mounted() {
5         console.log(this.$store.state.count);          // 2
6         console.log(this.$store.state.a.count);        // 0
7         console.log(this.$store.state.b.count);        // 1
8     }
9 }
```

但是,getters、mutations 和 action 依然定义在了全局的命名空间,这意味着开发者不需要指定模块来获取 getter、提交 mutation 和分发 action。

如果同时有多个 mutations 或 action 名字相同,则它们会被同时提交或同时分发,如代码 6-66 所示。

代码 6-66　同时提交名字相同的 Mutation

```
1  // Vue 文件的 JS 部分
2
3  export default {
4      mounted() {
5          console.log(this.$store.state.count);          // 2
6          console.log(this.$store.state.a.count);        // 0
7          console.log(this.$store.state.b.count);        // 1
8
9          // 提交 increase 事件
10         this.$store.commit('increase');
11
12         console.log(this.$store.state.count);          // 3
13         console.log(this.$store.state.a.count);        // 1
14         console.log(this.$store.state.b.count);        // 2
15     }
16 }
```

如果想解决名字相同而导致同时触发 mutations 或 action 的问题，可以考虑使用命名空间，读者可以阅读官方文档(https://vuex.vuejs.org/zh/)进一步学习。

6.8　利用 Axios 发送请求

Axios 是一个基于 Promise 的 HTTP 库，封装了多种 HTTP 请求功能，开发者可以利用它向后端服务器发起请求。本节介绍一些基本的 Axios 请求的用法。

6.8.1　安装并全局引入 Axios

(1) 在项目根目录打开命令行，执行安装 Axios 的指令，如代码 6-67 所示。

代码 6-67　安装 Axios 的指令

```
1  npm install axios
```

(2) 在 src/main.js 中引入 Axios 库，如代码 6-68 所示。

代码 6-68　在 src/main.js 中引入 Axios 库

```
1  // src/main.js
2
3  import Vue from 'vue';
4  import App from './App.vue';
5  import router from './router';
6  import store from './store';
```

```
7
8  // 引入 axios
9  import axios from 'axios';
10
11 // 设置 axios 名称为 $axios
12 Vue.prototype.$axios = axios;
13
14 new Vue({
15     router,
16     store,
17     render: h => h(App)
18 }).$mount('#app');
```

引入完成后,在 Vue 实例中可以通过 this.$axios 使用 Axios。

6.8.2 使用 Axios 发送 HTTP 请求

1. 基本用法

Axios 提供基本的 GET 请求和 POST 请求,开发者在使用时只需要调用 Axios 的 get 方法或 post 方法,如代码 6-69 所示。

代码 6-69　使用 Axios 发送 GET 请求和 POST 请求

```
1  // Vue 实例的方法中
2
3  this.$axios.get(url);            // 向 url 发送 GET 请求
4
5  this.$axios.post(url);           // 向 url 发送 POST 请求
```

2. 请求参数

Axios 的 get 和 post 方法可以接收第二个参数,这个参数里面包含了请求所携带的参数,如代码 6-70 所示。

代码 6-70　发送请求参数

```
1  // Vue 实例的方法中
2
3  this.$axios.get(url, {
4      params: {
5          // 以键值对的形式加入参数
6      }
7  });
8
9  this.$axios.post(url, {
10     // 以键值对的形式加入参数
11 });
```

发送 GET 请求时，其参数会自动添加到 URL 中，例如，代码 6-71 中两种写法等价。

代码 6-71　发送 GET 请求的两种等价写法

```
1  this.$axios.get('/article?id = 1');
2
3  this.$axios.get('/article', {
4      params: {
5          id = 1
6      }
7  });
```

提示　第二种写法可以自动处理 URI 的特殊字符，而第一种写法需要开发者手动进行处理，因此更推荐第二种写法。

3. 回调函数

请求函数通常为异步函数，这意味着浏览器可能在还没有获得返回信息时就已经继续执行后续的代码了，因此需要加入回调函数。回调函数会在请求收到结果后执行，格式如下。

```
$axios.[get|post]
    .then([请求成功的回调函数])
    .catch([请求失败的回调函数]);
```

其中，then 方法需要传入一个请求成功时执行的函数，catch 方法需要传入一个失败时执行的函数。无论是成功时的回调函数还是失败时的回调函数，都可以接收一个参数，这个参数是一个对象，里面包含了请求的信息，如代码 6-72 所示。

代码 6-72　Axios 请求的回调函数

```
1  this.$axios.get(url).then(function(res) {
2      // res.data 为服务器返回的数据
3  }).catch(function(error) {
4      // error 为错误相关信息
5  });
```

一个在 Vue 实例中使用 Axios 向后端服务器请求信息的例子如代码 6-73 所示。

代码 6-73　使用 Axios 向后端服务器请求信息的例子

```
1  // Vue 文件的 JS 部分
2
3  export default {
4      mounted() {
5          // 向 /article 获取 id 为 1 的文章信息
6          this.$axios.get('/article', {
```

```
7            params: {
8                 id: 1
9            }
10        }).then(function(res) {
11            console.log(res.data);
12        }).catch(function(error) {
13            alert('请求发生错误');
14        });
15    }
16 }
```

4. 进阶用法

Axios 还可以通过传入请求配置来对请求进行更具体的设置,具体用法如下。

```
axios(config)
```

其中,config 是一个 Object 参数,包含了请求配置。一些常用请求配置项的说明如表 6-1 所示。

表 6-1 常用请求配置项的说明

配置项名称	类　型	说　明	默认值
url	String	请求的路径	—
baseURL	String	请求基路径,如果 url 中没有 IP 地址或域名,Axios 会在 url 前面加上基路径	—
method	String	请求的方法	'get'
params	Object	请求的参数,会加在请求路径之后,通常用于 GET 请求	—
data	Object	请求的参数,会放在请求体中,通常用于 POST 请求	—
timeout	Number	请求超时时间	0
withCredentials	Boolean	跨域请求时是否携带凭证,用于帮助在跨域请求时后端验证用户的登录状态	false

将代码 6-73 中的请求改写成进阶用法,如代码 6-74 所示。

代码 6-74　将代码 6-73 中的请求改写成进阶用法

```
1  this.$axios({
2      method: 'get',
3      url: '/article',
4      params: {
5          id: 1
6      }
7  }).then(function(res) {
8      console.log(res.data);
9  }).catch(function(error) {
10     alert('请求发生错误');
11 });
```

同时,开发者还可以在 main.js 中自定义默认的请求配置,这样可以在一定程度上减少冗余代码。以设置默认的 baseURL 为例,自定义默认值的代码如代码 6-75 所示。

代码 6-75　自定义默认值的代码

```
1  // src/main.js
2
3  import axios from 'axios'
4  Vue.prototype.$axios = axios;
5
6  // 自定义默认 baseURL
7  axios.defaults.baseURL = 'http://www.example.com';
```

Axios 所包含的功能远比文中介绍的强大,开发者可以进行更详细的设置配置出适合需求的请求,包括同步请求、请求基路径和请求超时设置。如果读者想了解更多的信息,可以前往官网(http://www.axios-js.com/)查看相关文档。

6.9　Vue 配置文件

通常,Vue 项目中不会默认创建项目的配置文件,需要开发者自行创建。在项目根目录中创建 vue.config.js 文件,里面保存了项目配置选项,该文件格式如代码 6-76 所示。

代码 6-76　Vue 项目配置文件的格式

```
1  // vue.config.js
2
3  module.exports = {
4      // Vue 配置选项
5  }
```

由于相关配置参数太多,在此不进行过多讲解。在后续章节中,如果需要设置配置参数,会对其进行说明。如果读者对其他的配置参数也感兴趣,可前往官方说明网站(https://cli.vuejs.org/zh/config/#vue-config-js)了解配置参数及相关的说明。

6.10　小　　结

本章介绍了 Vue 框架的使用方法,并对其中部分概念进行了讲解,包括 Vue 实例与生命周期、数据绑定、组件化等。同时,本章还介绍了 Vue Route、Vuex 和 Axios,帮助开发者以更简洁的方式开发更强大的应用。Vue 的功能强大还在于其能够应用很多外部成熟的组件,以实现更复杂的 UI 或动画效果,读者可以自行上网搜索其他功能强大的插件进行了解。

6.11 习 题

思考题

1. 如何自定义组件之中的 v-on 事件?
2. 在使用 v-for 进行循环渲染时,为什么要使用 key 属性区别每一个元素?
3. 结合本章对 Vue 框架的了解,思考使用该框架进行开发的优缺点。

实验题

应用 Vue 数据绑定和组件化的特性,结合 Vue Router 和 Vuex,开发一个简易的网站。

6.12 参考文献

[1] Vue. js[EB/OL]. https://cn. vuejs. org/,2022-3-9.
[2] 梁灏. Vue. js 实战[M]. 北京:清华大学出版社,2017.
[3] Vue CLI[EB/OL]. https://cli. vuejs. org/zh/,2022-3-9.
[4] Vue Router[EB/OL]. https://router. vuejs. org/zh/,2022-3-9.
[5] Element[EB/OL]. https://element. eleme. cn/,2022-3-9.
[6] Vant 3[EB/OL]. https://vant-contrib. gitee. io/vant/#/zh-CN/,2022-3-9.
[7] Vuex[EB/OL]. https://vuex. vuejs. org/zh/,2022-3-9.
[8] axios[EB/OL]. http://www. axios-js. com/,2022-3-9.

第7章　后端开发框架 Django

7.1　概　　述

Django 是一个由 Python 语言写成的开放源代码的 Web 应用框架，其最初被设计开发用于具有快速开发需求的新闻类站点，目的是实现简单快捷的网站开发，即 CMS(内容管理系统)软件。这套框架以比利时的吉普赛爵士吉他手 Django Reinhardt 来命名。基于 Django 开发的比较有名的产品有 Disqus、Sentry、Open Stack 等，国内使用 Django 的公司或产品有搜狐、奇虎 360、豆瓣、今日头条、妙手医生等，这些都证明了 Django 在 Web 开发中的地位。读者可以访问官方网站(https://www.djangosites.org/)，以了解更多使用 Django 框架开发的网站。

Django 是十分轻便的框架，它起源于开源社区。使用这种框架，程序员无须数据库就可以使用，可以方便、快捷地创建高品质、易维护、数据库驱动的应用程序。另外，Django 框架还包含许多功能强大的第三方插件，使 Django 具有较强的可扩展性。Django 将自身提供的业务划分成了多个模块，如图 7-1 所示，这些模块称为应用(App)。

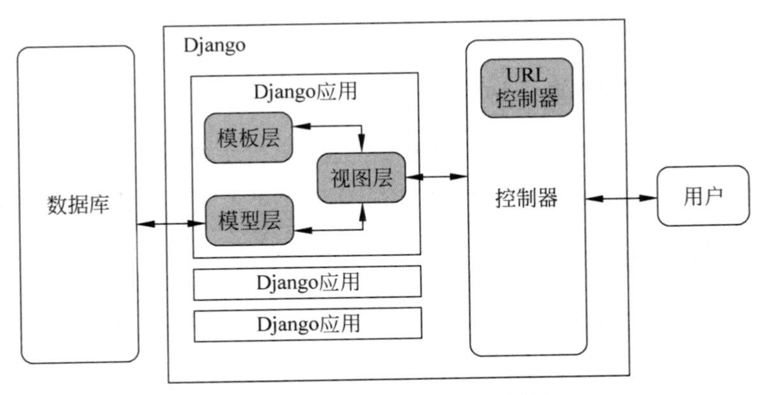

图 7-1　Django 框架的模块划分

每个应用可按照 MTV 模型分为模型层(Models)、模板层(Templates)和视图层(Views)，具体功能如下。

(1) 模型层：负责数据的管理。模型层把数据库的数据以对象的形式组织，方便视图层使用。

(2) 模板层：负责网页模板的管理。模板层存放了可用做模板的 HTML 代码文件，能够根据视图层提供的数据将模板渲染为一个信息完整的 HTML 网页。

(3) 视图层：负责处理业务的逻辑，即处理请求。

当 Django 接收到用户发送的请求后，控制器会根据其内部的 URL 控制器将请求分配到正确的应用进行处理。请求进入应用后，会交给视图层进行处理。视图层会根据业务，通过模型层对数据库的数据进行修改，并结合模板层和模型层对响应的内容进行包装，然后返回给控制器，由控制器发送给用户。

由于 Django 可以渲染出一个信息完整的网页，因此其自身就可以通过前后端不分离的形式开发出完整的 Web 应用。但 Django 也可以只返回一些数据，即作为后端，然后将网页的渲染交给前端处理。在“论文检索系统”的项目示例中，Django 仅用作后端开发。

本章将介绍 Django 框架各个模块的作用与实现方法，以及如何利用 Django 搭建简单的系统。读者在学习本章知识前，需要对 Python 语言的基本使用有一定的了解。在讲解过程中，本章将使用 PyCharm 工具编写相关代码。

7.2 配置环境

7.2.1 安装 Python

在正式使用 Django 开发前，需要先安装 Python，笔者所使用的版本为 3.7.9，具体安装的步骤和说明读者可自行前往官网(https://www.python.org/)查阅。在安装 Python 时，笔者建议在虚拟环境中安装，因为在实际开发中，开发者可能需要维护不止一个项目，而不同的项目所需依赖库的种类和版本可能不同，利用虚拟环境可以有效地避免冲突。

注意 如果是在虚拟环境中安装 Python，那么在进行命令行操作时，需要先进入虚拟环境。

7.2.2 创建项目文件夹

读者还需要创建项目文件夹。在“论文检索系统”项目实例中，可以将项目文件夹命名为 paper_search。在后续生成 Django 项目时，将在新建的项目文件夹下进行，便于项目的管理。

7.2.3 安装 Django

本章所使用的 Django 版本为 3.2，截至在笔者编写本书时，Django 3.2 最新稳定版本为 3.2.12。

在命令行执行安装 Django 框架的指令，如代码 7-1 所示。

代码 7-1 安装 Django 框架

```
1  pip install django~=3.2
```

~=表示安装对应版本(3.2)的最新版，因此，该指令会下载并安装 Django 3.2.12 版本。

安装成功后，使用"django-admin --version"或"python -m django --version"指令可以查看安装的 Django 版本，如图 7-2 所示。

```
(paper_search) C:\Users\Administrator>django-admin --version
3.2.12

(paper_search) C:\Users\Administrator>python -m django --version
3.2.12
```

图 7-2　查看安装的 Django 版本

7.3　Django　项　目

7.3.1　创建项目

进入项目文件夹，在里面使用命令行执行创建 Django 项目指令，如代码 7-2 所示。

代码 7-2　创建 Django 项目

```
1  # 在当前目录创建 Django 项目
2  django - admin startproject [项目名]
3
4  # 以"论文检索系统"为例，具体执行的指令为
5  django - admin startproject paper_search_platform
```

创建完成之后，可以看到项目结构如下。

```
paper_search_platform (folder)
| --- manage.py
| --- paper_search_platform (folder)
|       | --- __init__.py
|       | --- settings.py
|       | --- urls.py
|       | --- wsgi.py
```

这些文件可以配置和管理整个项目，其中的设置将应用于项目全局，各个文件的作用如下。

(1) manage. py：涉及项目的命令行操作的文件。

(2) __init__. py：一个空文件，用于说明该项目是一个 Python 包。

(3) setting. py：项目配置文件，包含了当前项目的默认配置和环境变量，例如，App 路径、数据库配置信息、静态文件目录、中间件。

(4) urls. py：管理 URL 目录，并对每一个 URL 指定负责处理业务的视图层。

(5) wsgi. py：涉及项目部署的文件。

7.3.2　运行项目

Django 项目在创建后即可运行。进入项目根目录(即 manage. py 所在目录)，运行如代码 7-3 所示的指令。

代码 7-3　Django 项目的运行

```
1  # 运行简易服务器,端口号默认为 8000
2  python manage.py runserver
3
4  # 如果想要更换服务器的监听端口,可以使用如下指令
5  python manage.py runserver [端口号]
```

项目成功开始运行后,命令行的输出如图 7-3 所示。

```
Microsoft Windows [版本 10.0.19042.1526]
(c) Microsoft Corporation。保留所有权利。

(paper_search) D:\paper_search\paper_search_platform>python manage.py runserver
Watching for file changes with StatReloader
Performing system checks...

System check identified no issues (0 silenced).
February 28, 2022
Django version 3.2.12, using settings 'paper_search_platform.settings'
Starting development server at http://127.0.0.1:8000/
Quit the server with CTRL-BREAK.
```

图 7-3　Django 项目开始运行后的命令行输出

打开浏览器,访问 http://127.0.0.1:8000 或 http://localhost:8000,如果是在 PyCharm 的命令行内执行代码 7-3 的指令,则可以直接使用鼠标单击命令行中的链接,之后如果看到 Django 项目运行提示页,如图 7-4 所示,则证明项目已经可以正常运行了。

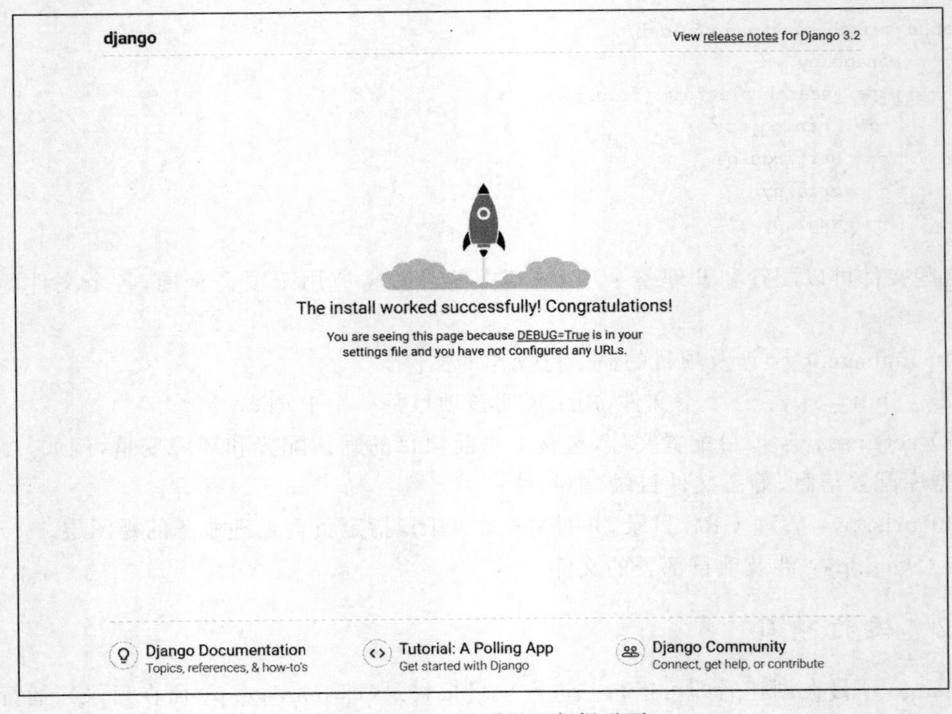

图 7-4　Django 项目运行提示页

由于此时还没有开发和设置页面，这里显示的是 Django 默认的欢迎页面。

7.4 应　　用

在 Django 中，业务被划分为应用，负责进行对应的业务操作。应用是项目的子模块，而项目是应用的集合。因此，在开始编写代码前，需要创建一个 Django 应用。

在项目根目录下，执行 Django 应用创建指令，如代码 7-4 所示。

代码 7-4　Django 创建应用

```
1  # 在当前目录创建新的 App
2  python manage.py startapp [应用名]
3
4  # 以管理用户 App 为例，具体执行的指令为
5  python manage.py startapp user
```

创建完成后，项目根目录中会出现 user 文件夹，user 文件夹目录结构如下。

```
user (folder)
|--- migrations (folder)
|     |--- __init__.py
|--- __init__.py
|--- admin.py
|--- apps.py
|--- models.py
|--- tests.py
|--- views.py
```

其中，最重要的文件为 models.py 和 views.py，分别对应着 MTV 模型的模型层和视图层。

接下来，还需要在 settings.py 中注册新创建的应用：打开 settings.py，将新应用的名字加入到 INSTALLED_APPS 中，如代码 7-5 所示。

代码 7-5　在 settings.py 中注册新创建的应用

```
1  # paper_search_platform/settings.py
2
3  INSTALLED_APPS = [
4  # 新应用的名字
5      'user',
6
7      'django.contrib.admin',
8      'django.contrib.auth',
9      'django.contrib.contenttypes',
10     'django.contrib.sessions',
11     'django.contrib.messages',
```

```
12        'django.contrib.staticfiles',
13    ]
```


注意　如果是在虚拟环境中安装 Python,那么在进行命令行操作时,需要先进入虚拟环境。

通过以上步骤,一个新的 Django 应用就已经创建完成了。

7.5 模 型 层

模型层负责以对象的形式组织应用的数据,并建立数据和数据库的映射,具体的内容在 models. py 中编写。此外,Django 框架内置了 SQLite3 数据库,允许开发者可以在没有配置数据库的情况下直接进行开发。

7.5.1 创建数据库表

以"论文检索系统"为例,在 user 应用中需要创建 User 表来保存用户的信息。在模型层中,数据库表被映射为类,因此可以在 user/models. py 中创建 User 类,如代码 7-6 所示。

代码 7-6　在 user/models. py 中创建 User 类

```
1   # user/models.py
2
3   from django.db import models
4
5
6   class User(models.Model):
7       # User 表中的字段
```

User 类表示为 django. db. models. Model 类的子类,其中可以通过加入字段来存放用户信息,字段定义的格式如下。

```
[名称] = [Field 实例]
```

字段定义的具体示例如代码 7-7 所示。

代码 7-7　字段定义的具体示例

```
1   class User(models.Model):
2   # 定义 name 字段存放用户的姓名
3   name = models.CharField(verbose_name = '姓名')
```

Field 实例指定了数据类型及相关的设置,Django 提供的常用 Field 实例及其功能说明如表 7-1 所示。

表 7-1 Field 实例及其功能说明

Field 实 例	功 能 说 明
IntegerField	存放整型的字段，为 32 位整数
PositiveIntegerField	与 IntegerField 的存放类型相同，但只存放正整数的字段
AutoField	是一个自增长的 IntegerField 字段，通常用于数据库表的主键
BooleanField	布尔类型的字段(值为 True/False)
CharField	字符串字段，需要使用必要参数 max_length 来定义其能容纳的最大长度
URLField	继承自 CharField，其中包含了对 URL 的特殊处理
DateField	日期类型字段，利用 Python 的 datetime. date 实例表示日期和时间，可以使用如下可选参数辅助定义。 DateField. auto_now：可选参数，值为 True 时，每次保存对象时 Django 都会自动将该字段的值设置为当前时间，可用于表示最后修改的时间。 DateField. auto_now_add：可选参数，值为 True 时，第一次创建对象时 Django 都会自动将该字段的值设置为当前时间，可用于表示对象创建的时间
DateTimeField	日期类型字段，利用 Python 的 datetime. datetime 实例表示日期和时间，该字段所接收的参数和 DateField 一致
TimeField	日期类型字段，利用 Python 的 datetime. time 实例表示日期和时间，该字段所接收的参数和 DateField 一致
DecimalField	小数类型字段，利用 Python 的 Decimal 实例表示固定精度的十进制数，有以下必要参数。 DecimalField. max_digits：必要参数，表示数字允许的最大位数。 DecimalField. decimal_places：必要参数，表示小数部分允许的最大位数
EmailField	邮箱类型字段，其中带有对邮箱格式的合法性检测，最大长度参数 max_length 的默认值为 75
TextField	超大文本字段，其使用方式与 CharField 相同，对于较长的文本格式来说，建议使用 TextField 来代替 CharField
FileField	文件字段，用于存放文件格式的数据
ImageField	图像字段，继承于 FileField，需要确保存放的文件是有效图片

创建 Field 实例时，可以加入一些 Django 提供的通用参数来限制数据的特性，例如，默认值、唯一、允许为空值等限定条件。Field 实例的通用的参数如表 7-2 所示。

表 7-2 Field 实例的通用的参数

通 用 参 数	接受的字段类型	功 能 说 明
null	布尔类型	用于在数据库层面定义该字段是否允许为空值，默认值为 False
blank	布尔类型	用于在业务层面定义该字段是否允许为空值，默认值为 False
default	与该 Field 接收的字段一致	用于定义该字段的默认值
primary_key	布尔类型	用于定义该字段是否为主键，一个 Model 类只能含有一个主键，默认值为 False
unique	布尔类型	用于定义该字段的值是否唯一，默认值为 False

通用参数	接受的字段类型	功能说明
choice	Python 列表	用于为该字段提供可选择的选项,并且能够在 Admin 管理系统看到所有选项
editable	布尔类型	用于定义该字段是否可编辑,默认值为 True
max_length	整数类型	用于定义 CharField 等存放文本内容的 Field 实例的最大长度
verbose_name	字符串类型	用于对该字段进行注释,并且能够显示在 Admin 管理系统中

关于 Admin 管理系统的使用,请参考 7.5.3 节。

如果想了解更多的实例类型及实例参数,读者可以前往 Django 的官方网站查看相关说明文档。

以"论文检索系统"为例,可以采用如下方式定义所需要的 User 类,如代码 7-8 所示。

代码 7-8　定义 User 类

```
1   # user/models.py
2
3   class User(models.Model):
4       SEX = [
5           (1, '男'),
6           (2, '女'),
7           (3, '未知')
8       ]
9
10      name = models.CharField(max_length = 512, verbose_name = '姓名', default = '匿名')
11
12
13      sex = models.IntegerField(choices = SEX, verbose_name = '性别', default = 3)
14
15
16      phone = models.CharField(max_length = 512, verbose_name = '电话', null = True)
17
18
19      email = models.EmailField(verbose_name = '邮箱', null = True)
```

User 类存放了姓名、性别、电话、邮箱的信息。此外,代码 7-8 的 SEX 字段利用了 Python 列表,实现了有固定选项的数据字段,这样可以保证数据的值只会从 SEX 中选取。

在创建数据库表时,如果不指定主键,Django 会自动为数据库表增加一个主键字段 id,其数据类型为 AutoField,因此在设计模型层时,可以不考虑主键,而选择在数据库迁移操作中由 Django 自动生成。

7.5.2　数据库迁移

每次修改模型层内容后,需要根据变更内容来修改数据库的内容,保证后续的操作能正常运行，该操作称为数据库迁移。

在项目根目录下，打开命令行执行如代码 7-9 所示的指令。

代码 7-9　数据库迁移指令

```
1  # 创建数据库迁移文件
2  python manage.py makemigrations
3
4  # 创建数据库表，同步数据库结构
5  python manage.py migrate
```

执行指令后，可以在项目根目录下看到一个名为 db.sqlite3 的文件，这是 Django 生成的 SQLite3 数据库文件，数据库中的表及存放的数据都包含在此文件内。

Django 支持热调试，每当代码修改并保存后，修改的内容会立刻反映在正在运行的程序中，而不需要重新运行项目。但是，模型层并不支持热调试，因此在每次对 models.py 修改后，都需要执行数据库迁移操作。

7.5.3　Admin 管理系统

Django 提供了 Admin 管理系统，方便开发者以可视化形式在 Web 端管理数据库中的数据，具体实现需要修改 admin.py 文件。

1. 注册数据表

首先需要在管理系统注册需要管理的数据表和数据表列。以 User 表为例，需要在 user/admin.py 下编写代码，如代码 7-10 所示。

代码 7-10　注册数据表

```
1  # user/admin.py
2
3  # 引入 Django 管理系统
4  from django.contrib import admin
5  # 引入数据表
6  from user.models import User
7
8  # 定义负责管理 User 表的类
9  class UserAdmin(admin.ModelAdmin):
10     # 使用 list_display 定义管理系统显示的数据表列
11     list_display = ('id', 'name', 'sex', 'phone', 'email')
12
13 # 在管理系统注册 User 表，并根据 UserAdmin 显示数据表列
14 admin.site.register(User, UserAdmin)
15
```

2. 创建管理员账户

管理员系统需要账号才能登录并进行数据表管理，因此还需要创建一个管理员账户。

在项目根目录打开命令行,运行如代码 7-11 所示指令,可以创建一个管理员账户。

代码 7-11　创建管理员账户

```
1  python manage. py createsuperuser
```

运行后,根据提示输入用户名、邮箱和密码即可。

3. 登录管理员系统

再次使用 python manage. py runserver 指令运行服务器后,可以在 /admin 下(如 http://127.0.0.1:8000/admin)访问管理员系统,进入 Admin 管理员登录界面,如图 7-5 所示。

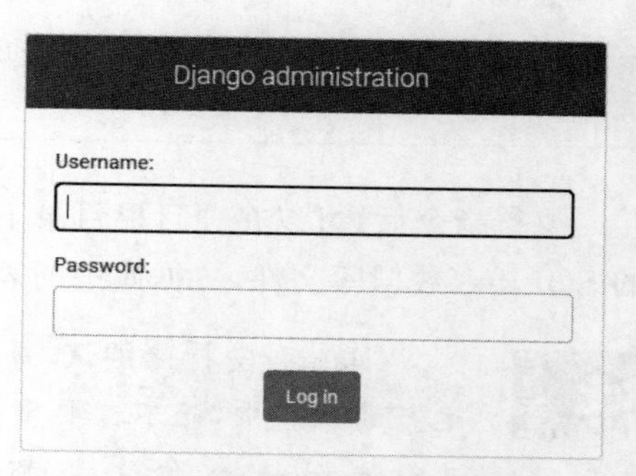

图 7-5　Admin 管理员登录界面

输入在 python manage.py createsuperuser 指令中注册的账号密码后,就可以看到登录管理员系统并进入 Admin 后台管理界面,如图 7-6 所示。

页面中的 AUTHENTICATION AND AUTHORIZATION 一栏是 Django 开发的认证框架,其中包含了组(Groups)和用户(Users),通过 python manage. py createsuperuser 指令新创建的管理员账户就在其中。页面的下面部分就展示了项目目前所包含的应用和在 admin. py 中注册的数据表,即可以看到 USER App 的 User 数据表。

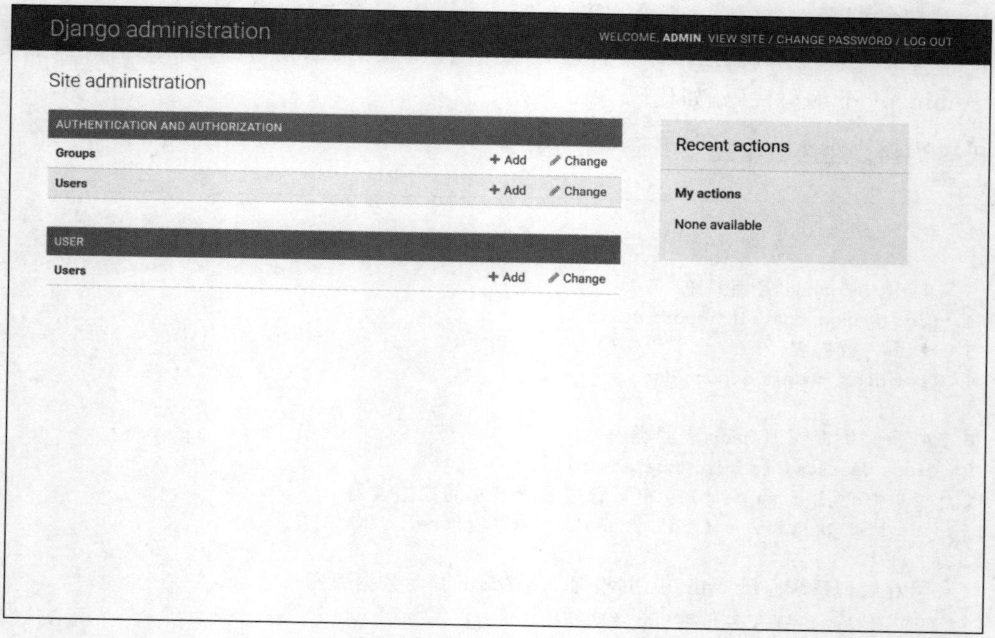

图 7-6　Admin 后台管理界面

进入 User 数据表后,可以通过单击右侧 Add 按钮,在 User 数据表中添加新的数据项,也可以在这里对已有的数据项进行编辑和删除操作,如图 7-7 所示。

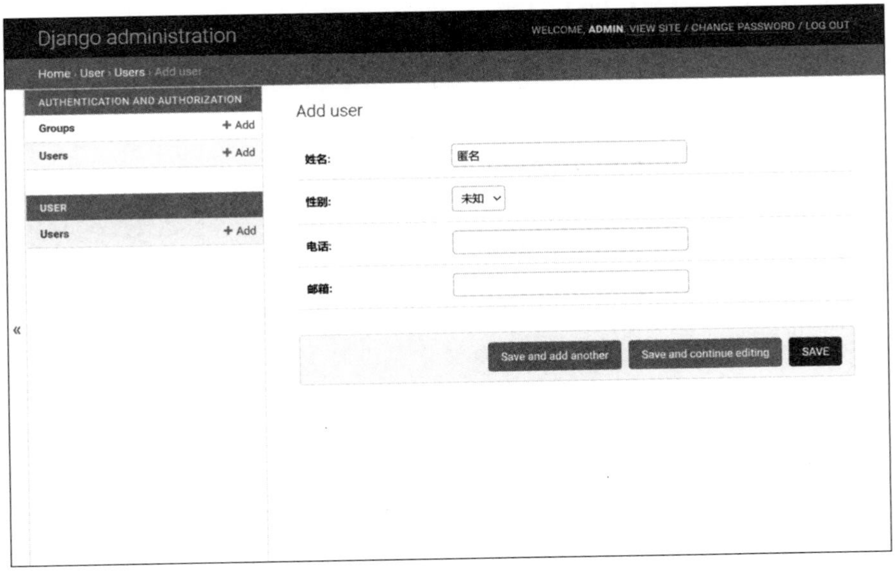

图 7-7　添加新的数据项

有了基于 Web 的管理员系统，开发者可以使用默认后台管理页面，快速地对数据库进行操作，满足管理项目的大部分需求，而不是手动编写后台来维护模型。这能够大大地加快项目的开发速度，也是 Django 框架的诸多优点之一。

7.6 视 图 层

视图层关注重点与模型层不同，它主要负责处理业务逻辑以实现具体的业务，视图层可以从模型层获取数据库的数据，并对数据进行过滤、整合和传递，然后以 HttpResponse 等类的实例来实现对前端 HTTP 请求的响应，Django 官方文档将视图层形容为“一类具有相同功能和模板的网页的集合”。

在项目代码中与逻辑相关的部分往往都会出现在视图层，其主要通过对应的 Django 应用目录下的 view.py 文件来实现。

7.6.1 数据库操作

数据库操作体现在对模型层所管理的数据的操作，包括增、删、改、查。在使用相关操作前需要先在视图层中引入数据库表。以 User 表为例，如代码 7-12 所示。

代码 7-12　引入数据库表

```
1  # 从 user 应用的模型层引入 User 表
2  from user.models import User
```

1. 数据库操作之增

创建数据项可以通过实例化模型层中定义的类，也可以通过 create 方法实现。以 User

表为例,创建数据项的示例如代码 7-13 所示。

代码 7-13　创建数据项

```
1  # 方法一:实例化一个类,并通过属性定义更改其字段
2  user = User()
3  user.name = '张三'
4  user.save() # 将创建的数据项保存到数据表之中
5
6  # 方法二:实例化一个类,通过构造函数参数初始化字段
7  user = User(name = '李四')
8  user.save()
9
10 # 方法三:通过 User.objects 的 create 方法实现
11 User.objects.create(name = '李四')
12
```

需要注意的是,只有方法三创建的实例不需要利用 save 方法保存,其他两种方法必须使用 save 方法才能保存到数据表中。

此外,方法三还可以接收字典作为参数创建数据项,数据项字段的初始化会按照字典提供的值进行,如代码 7-14 所示。

代码 7-14　接收字典作为参数创建数据项

```
1  info = {'name':'张三', 'email':'a@example.com'}
2  User.objects.create( ** info)
```

在实际操作中,难免会遇到需要大批量创建数据项的情况,这时可以使用 Django 提供的 bulk_create 方法代替上述 3 种方法进行批量创建。该方法接收一个列表作为参数,列表中的元素为新创建的数据实例。使用 bulk_create 方法的具体示例如代码 7-15 所示。

代码 7-15　使用 bulk_create 方法

```
1  user_list = []
2  for i in range(10):
3       # 通过实例化类来创建 User 数据项
4      user_list.append(User())
5  # 批量保存创建的 User 数据项
6  User.objects.bulk_create(user_list)
```

2. 数据库操作之查

模型层提供了丰富的数据查询方法,包括 get、filter、exclude 和 all 方法,使用的数据查询格式如下。

```
[保存查询结果的变量名] = [表名].objects.[方法]
```

1）get 方法

get 方法会返回第一个符合参数中查询条件的数据项，查询条件格式为“[属性]=[值]”，多个参数代表多个查询条件，查询条件间的逻辑为 and。get 方法具体示例如代码 7-16 所示。

代码 7-16　get 方法具体示例

```
1  # 返回 User 表中第一个 id=1 的数据项
2  user = User.objects.get(id=1)
3
4  # 返回 User 表中第一个 sex=1 且 email=a@example.com 的数据项
5  user = User.objects.get(sex=1, email='a@example.com')
```

需要注意的是，在没有符合查询条件的结果时，get 方法会触发报错，因此在不确定数据库中是否有符合查询条件的数据项时，不建议使用 get 方法进行查询。

2）filter 方法

filter 方法会返回所有符合条件的实例，并以 QuerySet 容器对象的形式返回。QuerySet 容器对象是 Django 定义的查询集，其操作与 Python 列表相似。Django 会对查询返回的结果集 QuerySet 进行缓存，在高数据量查询时可以大幅度提高查询效率。filter 方法具体示例如代码 7-17 所示。

代码 7-17　filter 方法具体示例

```
1  # 返回包含 User 表中 sex=1 的数据项的 QuerySet 容器对象
2  users = User.objects.filter(sex=1)
```

在没有符合查询条件的结果时，filter 方法会返回一个空列表，因此使用 filter 方法处理查询操作相对于 get 方法更便捷。

3）exclude 方法

与 filter 方法相反，exclude 方法会返回包含所有不符合查询条件的数据项的 QuerySet 容器对象。exclude 方法具体示例如代码 7-18 所示。

代码 7-18　exclude 方法具体示例

```
1  # 返回包含 User 表中 sex!=1 或 email!='a@example.com' 的数据项的 QuerySet 容器对象
2  users = User.objects.exclude(sex=1, email='a@example.com')
```

4）all 方法

返回包含数据表中所有数据项的 QuerySet 容器对象，all 方法具体示例如代码 7-19 所示。

代码 7-19　all 方法具体示例

```
1  # 返回包含 User 表中所有数据项的 QuerySet 容器对象
2  users = User.objects.all()
```

此外,all 方法还支持通过 values 方法和 values_list 方法获取特定的数据字段,格式如下。

```
# 获取数据表之中多个特定字段的数据
[数据表名].objects.all().values([字段名 1], [字段名 2], ...)

# 获取数据表之中多个特定字段的数据
[数据表名].objects.all().values_list([字段名 1], [字段名 2], ...)
```

其中,values 方法会返回一个 QuerySet 容器对象,其中的元素为 Python 字典,每个字典表示一个数据项。

values_list 方法也会返回一个 QuerySet 容器对象,其中的元素为 Python 元组,每个元组对应一个数据项。

上述 values 方法和 values_list 方法的返回结果示例如下。

```
# values 方法返回值
<QuerySet [{ [字段名 1]: [值 1], [字段名 2]: [值 2] }, ...]>

# values_list 方法返回值
<QuerySet [( [值 1], [值 2] ), ...]>
```

此外,查询条件还可以写成"[属性]__[过滤条件]=值"的结构,常用的过滤条件如表 7-3 所示。

表 7-3　常用的过滤条件

过滤条件	参数类型	功能说明
contains	字符串类型	模糊查询
icontains	字符串类型	忽略大小写进行模糊查询
exact	字符串类型	精确匹配
iexact	字符串类型	忽略大小写进行精确匹配
startswith	字符串类型	查询指定开头的数据实例
endswith	字符串类型	查询指定结尾的数据实例
istartswith	字符串类型	查询指定开头的数据实例,忽略大小写
iendswith	字符串类型	查询指定结尾的数据实例,忽略大小写
isnull	布尔类型	查询对应值为/不为空的实例
in	Python 列表,其中的元素类型与对应 Field 字段相同	查询在给定范围内的实例
range	Python 元组,有两个元素,作为起止时间,类型与对应 Field 字段相同	范围查询,用于时间的查询
gt	数字类型	查询大于对应值的实例
gte	数字类型	查询大于或等于对应值的实例
lt	数字类型	查询小于对应值的实例
lte	数字类型	查询小于或等于对应值的实例

表 7-3 中的各个过滤条件的具体示例如代码 7-20 所示。

代码 7-20　过滤条件的具体示例

```
1  # 查询名字中带有"张"字的用户:
2  users = User.objects.filter(name__contains = '张')
3
4  # 查询名字为"张三"字的用户:
5  users = User.objects.filter(name__exact = '张三')
6
7  # 查询名字开头为"张"字的用户:
8  users = User.objects.filter(name__startswith = '张')
9
10 # 查询登记了电话号码的用户:
11 users = User.objects.filter(phone__isnull = False)
12
13 # 查询登记了性别的用户(1:男;2:女; 3:未知):
14 users = User.objects.filter(sex__in = [1, 2])
```

此外,如果需要查询条件中包含其他逻辑关系,可以使用 django.db.models 中定义的 Q 对象表示查询条件,并用逻辑运算符与、或、非(&、|、~)进行连接组成更复杂的查询条件,使用 Q 对象查询的示例如代码 7-21 所示。

代码 7-21　使用 Q 对象查询

```
1  # 符合查询条件 1 或查询条件 2
2  Q(查询条件 1) | Q(查询条件 2)
3
4  # 查询以名字"三"字结尾或性别为"女"的用户
5  users = User.objects.filter(Q(name__endswith = '三') | Q(sex = 1))
```

此外,查询还支持使用 order_by 方法对查询结果进行排序,如代码 7-22 所示。

代码 7-22　使用 order_by 方法对查询结果进行排序

```
1  # 利用 order_by([字段名]) 实现升序排序
2  User.objects.all().order_by('sex')
3
4  # 利用 order_by( - [字段名]) 实现降序排序
5  User.objects.all().order_by(' - phone')
```

3. 数据库操作之删

删除操作可以使用 Django 提供的 delete 方法。delete 方法具体示例如代码 7-23 所示。

代码 7-23　delete 方法具体示例

```
1  # 删除单个数据项
2  user = User.objects.get(id=1)
3  user.delete()
4
5  # 批量删除多个数据项
6  users = User.objects.filter(sex=1)
7  users.delete()
```

4. 数据库操作之改

修改操作有两种方法,直接修改字段或通过 update 方法。

1) 直接修改字段

通过成员属性赋值可以直接修改字段值,修改完成后需要使用 save 方法将修改结果写回数据表中。以 User 表为例,直接修改字段示例如代码 7-24 所示。

代码 7-24　直接修改字段

```
1  user = User.objects.get(name='example')
2  # 直接修改字段值
3  user.sex = 1
4  user.email = 'a@example.com'
5  # 用 save 方法保存修改的结果
6  user.save()
```

2) 通过 update 方法

update 方法可以在参数中定义需要修改的字段及修改后的值,且不需要使用 save 方法保存修改的结果。同样以 User 表为例,通过 update 方法修改字段示例如代码 7-25 所示。

代码 7-25　通过 update 方法修改字段

```
1  user = User.objects.get(name='example')
2  # 使用 update 方法修改字段值
3  user.update(sex=1, email='a@example.com')
```

7.6.2　请求处理函数

Django 控制器收到请求后,会交给对应的视图层的函数进行处理,称为请求处理函数。

请求处理函数需要接收一个 request 参数,其中携带了必要的请求信息。例如,在"论文检索系统"中,需要后端提供一个显示用户信息的接口,前端将获取的用户名放在一个 POST 请求当中,需要后端找到对应的数据库数据,将对应用户的其他详细信息返回给前端。为了实现这个接口,可以创建一个名为 user_info 的请求处理函数,如代码 7-26 所示,后面将逐步对该函数进行完善。

代码 7-26　创建名为 user_info 的请求处理函数

```
1  # user/views.py
2
3  def user_info(request):
4      pass
```

在请求处理函数中会使用变量 request 获取一系列有关请求的信息,包括请求的方法和参数,并通过返回值定义请求相应的结果,该结果会返回给 Django 控制器,并由 Django 控制器转发给用户。

1. request

1）获取请求方式

一般情况下,GET 请求与 POST 请求最为常见,在"论文检索系统"的实现中,仅使用这两种请求方式已足够完成所有需求,因此在这里仅讨论 GET 请求与 POST 请求的区别,如表 7-4 所示。

表 7-4　GET 请求与 POST 请求的区别

GET	POST
主要用于获取资源	主要用于提交数据
产生一个 TCP 数据包	产生两个 TCP 数据包
携带参数有限制,数据容量不超过 1K	传送的数据量无限制
请求参数一般放在 URL 地址后面	请求参数放在 HTTP 请求体中

对于同一个请求处理函数来说,不同的请求方式可能需要不同的处理方式,因此在代码中需要对请求方式进行判断。在请求处理函数中,可以利用 request 获取请求方式,如代码 7-27 所示。

代码 7-27　利用 request 获取请求方式

```
1  # 获取请求方式
2  method = request.method
```

request.method 的值为当前请求方式的名称字符串。在请求处理函数内部,常常利用 if 语句判断请求的种类。使用 if 语句区分不同的请求方式的具体示例如代码 7-28 所示。

代码 7-28　使用 if 语句区分不同的请求方式

```
1  # user/views.py
2
3  def user_info(request):
4      if request.method == 'POST':
5          pass
6      else:
7          pass
```

通过这样的方式就可以针对POST请求进行处理。

2）获取请求参数

前端提出的请求往往带有必要的参数，让后端的请求处理函数能够利用这些参数，做出相应的处理。

前端传来的参数同样需要使用request来获取。当前端使用POST请求，并将参数放到form表单中传递到后端时，可以在request.POST中获取其中的参数。request.POST的使用方式和具体示例如代码7-29所示。

代码7-29　从form表单中获取参数

```
1   # 获取 form 表单中的参数
2   request.POST.get([表单字段名])
3
4   # 获取表单中名为'name'的用户名参数
5   name = request.POST.get(['name'])
```

当前端使用JSON格式传递相应参数时，具体参数会存放在请求的请求体(body)中，这种情况下，同样可以在request.POST中获取其中的参数。从请求体中获取参数的具体示例如代码7-30所示。

代码7-30　从请求体中获取参数

```
1   # 获取以 JSON 格式传递的参数
2   parameters = request.body
```

但是由于参数格式为JSON，在获取时还需要进行格式转换，可以通过Python提供的JSON包来实现。从请求体中获取参数并转换格式的具体示例如代码7-31所示。

代码7-31　从请求体中获取参数并转换格式

```
1   # user/views.py
2
3   import json
4
5   def user_info(request):
6       if request.method == 'POST':
7           # 获取名为'name'的用户名参数
8           kwargs = json.loads(request.body)
9           name = kwargs['name']
10          pass
11      else:
12          pass
```

3）Session

Session即会话控制，是临时保存在服务器端的用户数据及配置信息，本质为键值对。

当同一个客户端在 Web 页面间跳转时，服务器将自动创建一个对应的 Session 对象以记住该用户，通常用于记录用户的登录状态。

关于 Session 的具体应用及作用，读者可以参考第 1 章中关于服务器如何进行身份验证的说明。

后端在编写 Web 应用时同样可以在 Session 中添加或获取用户信息。Django 提供的有关 Session 的操作如代码 7-32 所示。

代码 7-32　有关 Session 的操作

```
1  # 在 Session 中添加信息
2  request.session[[key]] = [需要保存到 Session 的信息]
3  # 例如，记录当前登录用户为管理员
4  request.session['user_type'] = 'admin'
5
6  # 在 Session 中获取信息
7  [存放 Session 信息的变量名] = request.session.get([key])
8  # 例如，判断当前用户是否为管理员
9  if request.session.get('user_type') == 'admin'
```

2. 返回相应结果

结合 7.6.1 节中所讲述的数据库操作，已经可以简单实现 user_info 函数的需求，实现方法如代码 7-33 所示。

代码 7-33　实现 user_info 函数的需求

```
1  # user/views.py
2
3  import json
4
5  from user.models import User
6
7
8  def user_info(request):
9      if request.method == 'POST':
10         kwargs = json.loads(request.body)
11         user = User.objects.get(name=kwargs['name'])
12         ret = {'name': user.name,
13                'phone': user.phone,
14                'email': user.email}
15         pass
16     else:
17         pass
```

代码 7-33 中的变量 ret，以 Python 字典的格式保存了前端所需要的信息，接下来要做的就是将相应信息返回给前端。

1) render 方法

在前后端不分离的开发中,可以使用 render 方法为请求处理函数提供返回,使用 render 方法返回的 user_info 函数的示例如代码 7-34 所示。

代码 7-34　使用 render 方法返回的 user_info 函数

```
1   # user/views.py
2
3   import json
4
5   from django.shortcuts import render
6   from user.models import User
7
8
9   def user_info(request):
10      if request.method == 'POST':
11          kwargs = json.loads(request.body)
12          user = User.objects.get(name = kwargs['name'])
13          ret = {'name': user.name,
14                 'phone': user.phone,
15                 'email': user.email}
16          return render(request,
17                        template_name = 'user_info.html',
18                        context = ret)
19      else:
20          pass
```

代码 7-34 使用了 render 方法返回,这一方法的作用是利用给定的字典参数和 HTTP 模板,渲染指定的页面,并返回一个渲染后的 HttpResponse 对象。render 方法的参数功能说明如表 7-5 所示。

表 7-5　render 方法的参数功能说明

参　数	功能说明
request	固定参数,与请求处理函数的 request 参数一致,包含 HTTP 请求的信息
template_name	字符串类型,渲染页面所使用的模板文件的目标路径
context	字典形式的数据,会在页面渲染时作为参数传入模板
status	响应的状态码,默认值为 200
using	解析时选用哪种模板引擎,默认使用 Django 自带的模板引擎

render 方法会根据 template_name 参数,在 Django 模板层目录中寻找对应路径的模板文件,并将其用来渲染当前页面。有关模板文件的详细说明在 7.7 节中。

2) HttpResponse

除了可以使用 render 方法来实现响应,它还需要提供一个 HTML 模板文件供 Django 渲染页面。但是在前后端分离的开发中,前端并不需要后端去渲染页面,只需要函数返回正确的视图响应即可。Django 提供了一些 Response 类,包含了多重响应类型。Django 提供的 Response 类及其功能说明如表 7-6 所示。

表 7-6　Django 提供的 Response 类及其功能说明

Response 类	功能说明
HttpResponse	正常返回类型，父类，默认状态码为 200
JsonResponse	返回一个 JSON 数据，前后端分离开发时最常用
HttpResponseRedirect	重定向，跳转到指定的 URL，状态码为 301
HttpResponsePermanentRedirect	永久重定向，状态码为 302
HttpResponseNotModified	网页无改动，该类型无任何参数，状态码为 304
HttpResponseBadRequest	不良响应，状态码为 400
HttpResponseForbidden	禁止访问，状态码为 403
HttpResponseNotFound	抛出 404 错误，状态码为 404
HttpResponseNotAllowed	不被允许，状态码为 405
HttpResponseGone	该资源已不再可用，状态码为 410
HttpResponseServerError	服务器错误，状态码为 500
FileResponse	以流的形式打开文件，可用于下载文件操作

其中，HttpResponse 是所有其他响应类型的父类，所有响应类型都被 django. http 所包含。

以 user_info 请求处理函数为例，在前后端分离开发的情况下，往往可以使用 JsonResponse 来替代 render 方法。使用 JsonResponse 作为返回的示例如代码 7-35 所示。

代码 7-35　使用 JsonResponse 作为返回

```
1  # user/views.py
2
3  import json
4
5  from django.http import JsonResponse
6  from user.models import User
7
8
9  def user_info(request):
10     if request.method == 'POST':
11         kwargs = json.loads(request.body)
12         user = User.objects.get(name = kwargs['name'])
13         ret = {'name': user.name,
14                'phone': user.phone,
15                'email': user.email}
16         return JsonResponse(ret)
17     else:
18         pass
```

7.6.3　注册 URL

在编写了请求处理函数后，还需要考虑的是，前端发送给后端请求时，如何能够找到正确的接口去处理请求。这就需要为刚刚编写的请求处理函数注册 URL,也就是要提供一个 URL 映射,这样在访问 URL 的时候,能够准确地将请求发送到刚刚编写的 user_info 函数中。打开 paper_search_platform 子目录下的 urls. py 文件,可以看到在项目创建时,Django 自动在 urls. py 文件下生成的内容如代码 7-36 所示。

代码 7-36 Django 自动在 urls. py 文件下生成的代码

```
1  # paper_search_platform/urls.py
2
3  from django.contrib import admin
4  from django.urls import path
5
6  urlpatterns = [
7      path('admin/', admin.site.urls),
8  ]
```

urlpatterns 列表所包含的内容,就是当前项目已经注册的 URL 映射。不难看出,正是第 7 行代码使得可以通过 http://127.0.0.1:8000/admin/来访问 Django 的 Admin 管理系统。因此,只需要在其基础上,继续添加 user_info 函数的 URL 映射,即可为新创建的接口配置 URL 映射。为 user_info 函数进行 URL 映射如代码 7-37 所示。

代码 7-37 为 user_info 函数映射 URL

```
1  # paper_search_platform/urls.py
2
3  from django.contrib import admin
4  from django.urls import path
5  from user import views
6
7  urlpatterns = [
8      path('admin/', admin.site.urls),
9
10     path('user_info/', views.user_info, name = 'user_info'),
11 ]
```

以这样的方式将 URL 配置完成后,就可以通过对 http://127.0.0.1:8000/user_info/ 发送 POST 请求,来调用刚刚编写的 user_info 函数并获取结果。

7.6.4 CSRF

在完成上述代码的编写后,对 http://127.0.0.1:8000/user_info/ 发送 POST 请求可能会发生 CSRF verification failed 报错,这是因为 Django 为了避免 Cross Site Request Forgeries 攻击,引入了 CSRF 中间件,只需要在 settings. py 的中间件列表中关闭 CSRF 中间件即可,如代码 7-38 所示。

代码 7-38　关闭 CSRF 中间件

```
1  # paper_search_platform/settings.py
2
3  MIDDLEWARE = [
4      'django.middleware.security.SecurityMiddleware',
5      'django.contrib.sessions.middleware.SessionMiddleware',
6      'django.middleware.common.CommonMiddleware',
7      # 注释掉 CSRF 中间件以关闭该功能
8      # 'django.middleware.csrf.CsrfViewMiddleware',
9      'django.contrib.auth.middleware.AuthenticationMiddleware',
10     'django.contrib.messages.middleware.MessageMiddleware',
11     'django.middleware.clickjacking.XFrameOptionsMiddleware',
12 ]
```

注意　关于中间件在 Django 的请求与响应处理机制中的详细作用及使用方式，请参考 7.8.3 节。

7.6.5　请求处理函数的优化(选读)

代码 7-35 及之前的 user_info 函数显然还不够严谨，在实际开发中，软件开发者要尽可能考虑到用户所有可能的操作或数据可能出现的问题，并把处理方式写入请求处理函数。毕竟，用户在使用这个系统时，当异常情况出现，他们更希望看到的是信息提示，而不是报错或乱码。

利用 Django 提供的多种 Response 响应类型，可以使用如下方式进一步完善 user_info 函数的代码逻辑，使之能够处理各种可能的情况。完善逻辑后的 user_info 函数如代码 7-39 所示。

代码 7-39　完善逻辑后的 user_info 函数

```
1  # user/views.py
2
3  import json
4
5  from django.http import JsonResponse,
6                          HttpResponseNotFound,
7                          HttpResponse
8  from user.models import User
9
10
11 def user_info(request):
12     if request.method == 'POST':
13         kwargs = json.loads(request.body)
14         if kwargs.keys() != {'name'}:
15             return HttpResponse(content = '参数错误')
16
17         try:
```

```
18                user = User.objects.filter(name = kwargs['name'])
19            except:
20                return HttpResponse(content = '查询错误')
21
22            if not user.exists():
23                return HttpResponse(content = '未找到该用户')
24            user = user.get()
25            ret = {'name': user.name, 'phone': user.phone, 'email': user.email}
26
27            return JsonResponse(ret)
28        else:
29            return HttpResponseNotFound()
```

代码 7-39 编写的视图层方法 user_info 属于 function view,在实际开发中,在同一个系统中可能会编写很多类似的视图层方法,将常用的视图层方法抽象为一个 class-based view,可以方便开发者更好地复用代码,也能提高项目代码的可读性,从而有利于项目的后期维护。

此外,如果视图层方法的代码都要在外层判断请求的类别,即代码 7-39 中第 12 行的 request.method,会降低代码可读性。以类级封装视图层方法就可以方便地分离 GET、POST 等请求。将代码 7-39 的 user_info 函数抽象为 class-based view,如代码 7-40 所示。

代码 7-40　user_info 函数抽象为 class-based view

```
1   # user/views.py
2
3   from django.http import JsonResponse,
4                           HttpResponseNotFound,
5                           HttpResponse
6   from user.models import User
7   from django.views import View
8
9
10  class UserInfoView(View):
11      def post(self, request):
12          kwargs = json.loads(request.body)
13          if kwargs.keys() != {'name'}:
14              return HttpResponse(content = '参数错误')
15
16          try:
17              user = User.objects.filter(name = kwargs['name'])
18          except:
19              return HttpResponse(content = '查询错误')
20
21          if not user.exists():
22              return HttpResponse(content = '未找到该用户')
```

```
23            user = user.get()
24            ret = {'name': user.name, 'phone': user.phone, 'email': user.email}
25
26            return JsonResponse(ret)
27
28        def get(self, request):
29            return HttpResponseNotFound()
```

通过这样的方式,就可以利用 UserInfoView 类中的 post 方法处理 POST 请求、get 方法处理 GET 请求。但是仅仅在 views. py 文件中这么做,Django 并不能明白这样的分工,URL 配置也要做出相应的更改。在 urls. py 文件的变量 urlpatterns 中,需要对 UserInfoView 类进一步封装,使 Django 能够识别,做出改动后的变量 urlpatterns 如代码 7-41 所示。

代码 7-41　做出改动后的变量 urlpatterns

```
1  # paper_search_platform/urls.py
2
3  urlpatterns = [
4      path('admin/', admin.site.urls),
5
6      # path('user_info/', views.user_info, name = 'user_info'),
7      path('user_info/', views.UserInfoView.as_view(), name = 'user_info'),
8
9  ]
```

第 8 行代码是将 UserInfoView 类中的两个方法进行封装,起到的作用和之前利用 request. method 判断请求类别是一样的。使用 class-based view 设计 View 层的方法,能够使代码更加简洁,具有更高的可维护性。

7.7　模　板　层

当使用 render 方法作为 user_info 函数的返回时,即使配置了正确的 URL 映射,使用 python manage. py runserver 指令运行项目,访问 URL 链接,依然会看到报错信息。这是因为代码中使用的 render 方法,需要用其中的参数(即 user_info. html)对应的文件作为模板来渲染页面,但是 Django 在运行时并没有在项目的目录中找到这个模板文件。因此,为了 render 方法能够正常渲染,还需要在模板层进行配置。

在项目根目录下(与 manage. py 同级),新建 templates 文件夹,文件夹内新建 user_info. html 文件,根据所需要的参数,可以如代码 7-42 所示,设计一个对应 user_info 函数的简单模板文件。

代码 7-42　对应 user_info 函数的简单模板文件

```
1  # templates/user_info.html
2
3  <!DOCTYPE html>
4  <html lang="zh">
5  <head>
6      <meta charset="UTF-8">
7      <title>用户信息</title>
8  </head>
9  <body>
10     <form action="/user_info/" method="post">
11         {% csrf_token %}
12         用户名<input value="{{ name }}" readonly/>
13         <br/>
14         电话<input value="{{ phone }}" readonly/>
15         <br/>
16         邮箱<input value="{{ email }}" readonly/>
17         <br/>
18     </form>
19     {% if message %}
20         <script type="text/javascript">
21             alert("{{ message }}");
22         </script>
23     {% endif %}
24 </body>
25 </html>
```

Django 在渲染页面时,会将{{}}识别为变量标签,将{%%}识别为块级标签。例如,代码 7-42 中第 12 行的{{name}}会在渲染时,自动替换为 render 方法的 context 参数中的变量 name。而第 19～23 行,则会被识别为 if 条件判断语句。如果代码需要使用 for 循环语句,同样需要使用块级标签{%%}。for 循环语句的示例如代码 7-43 所示。

代码 7-43　for 循环语句

```
1  {% for user in user_list %}
2      <h2>{{ user.name }}</h2>
3      <p>{{ user.phone }}</p>
4      <p>{{ user.email }}</p>
5  {% endfor %}
```

render 方法有了用于渲染页面的模板,现在只需要在 Django 的项目设置文件 settings.py 中设置对应路径,让 Django 在渲染页面时能够找到刚刚编写的 user_info.html 模板。打开 settings.py 文件,找到变量 TEMPLATES。Django 自动在 setting.py 文件下生成的变量 TEMPLATES 如代码 7-44 所示。

代码 7-44　Django 自动在 setting. py 文件下生成的变量 TEMPLATES

```
1  # paper_search_platform/settings.py
2
3  TEMPLATES = [
4      {
5          'BACKEND':
6              'django.template.backends.django.DjangoTemplates',
7          'DIRS': [],
8          'APP_DIRS': True,
9          'OPTIONS': {
10             'context_processors': [
11                 'django.template.context_processors.debug',
12                 'django.template.context_processors.request',
13                 'django.contrib.auth.context_processors.auth',
14                 'django.contrib.messages.context_processors.messages',
15             ],
16         },
17     },
18 ]
```

在变量 TEMPLATES 中，键值 DIRS 所对应的就是模板层文件所在的目录，因此需要在这里将存放 user_info. html 文件的目录添加进去，使用 Python 的 os 包可以做到这一点。改动后的变量 TEMPLATES 如代码 7-45 所示。

代码 7-45　改动后的变量 TEMPLATES

```
1  # paper_search_platform/settings.py
2
3  import os
4
5
6  # 变量 BASE_DIR 在文件生成时已经存在，此处只是使用
7  BASE_DIR = Path(__file__).resolve().parent.parent
8
9  TEMPLATES = [
10     {
11         'BACKEND':
12             'django.template.backends.django.DjangoTemplates',
13         'DIRS': [os.path.join(BASE_DIR, 'templates')],
14         'APP_DIRS': True,
15         'OPTIONS': {
16             'context_processors': [
17                 'django.template.context_processors.debug',
18                 'django.template.context_processors.request',
19                 'django.contrib.auth.context_processors.auth',
20                 'django.contrib.messages.context_processors.messages',
21             ],
22         },
```

```
23      },
24  ]
```


其中,变量 BASE_DIR 在 settings.py 文件生成时已经默认添加,代表着项目的根目录(即 manage.py 所在目录)。

有了模板文件之后,就可以让接口正常运行了。再次使用 python manage.py runserver 指令运行项目,用 Django 的 Admin 管理系统手动添加用户数据,利用 Postman 或其他接口测试工具,对 http://127.0.0.1:8000/user_info/ 发送带参数的 POST 请求,即可看到 user_info 接口的响应,如图 7-8 所示。

用户名 张三
电话 12345678912
邮箱 12345678912@email.com

图 7-8 user_info 接口的响应

注意 有关 Postman 接口测试工具的使用方式,读者可以阅读第 8 章查看详细介绍。

7.8 项目设置

在前面几节中,已经对 settings.py 文件中的一些设置做出了简单更改,settings.py 文件是一个带有模块级变量的配置文件,包含了应用于整个项目的配置信息。在项目创建时,Django 已经将其中的配置按照默认值进行设置,并不需要开发者自行编写。但是,由于不同的项目所需的配置环境有所差异,在实际开发中往往需要更改其中的配置信息。

settings.py 以“[变量名] = [值]”的形式定义配置信息,每个变量都代表一个配置项。本节介绍几种常用的配置项。

7.8.1 ALLOWED_HOST

ALLOWED_HOST 列表中定义了当前项目的 Django 网站可以服务的所有主机名或域名,可以有效防止 HTTP Host 头攻击带来的黑客入侵。简单来说,只有 ALLOWED_HOST 列表中含有的 IP 地址才能访问当前的 Django 项目。ALLOWED_HOST 列表的默认配置为空,如代码 7-46 所示。

代码 7-46 ALLOWED_HOST 列表的默认配置

```
1  # paper_search_platform/settings.py
2
3  ALLOWED_HOSTS = []
```

可以使用 ALLOWED_HOSTS = ['*']表示允许所有主机访问。

7.8.2 INSTALLED_APPS

INSTALLED_APPS 列表中存放着项目已安装的应用,自己创建的应用也要将应用名添加进去,7.4 节就对 settings.py 的这部分做出了改动,INSTALLED_APPS 列表的配置如代码 7-47 所示。

代码 7-47　INSTALLED_APPS 列表的配置

```
1  # paper_search_platform/settings.py
2
3  INSTALLED_APPS = [
4      # 新创建的应用
5      'user',
6
7      # Django 创建项目时默认
8      'django.contrib.admin',              # 管理员站点
9      'django.contrib.auth',               # 认证授权系统
10     'django.contrib.contenttypes',       # 内容类型框架
11     'django.contrib.sessions',           # 会话框架
12     'django.contrib.messages',           # 消息框架
13     'django.contrib.staticfiles',        # 静态文件框架
14 ]
```

这样书写可以正常运行项目，但是对于包含大量应用的项目来说，如果采用这种书写格式将所有应用的名称字符串添加进来，不便于管理，也容易出现遗漏。可以在需要添加的应用的 app.py 文件中添加配置。以上文的 user 应用为例，在 app.py 文件中添加的配置如代码 7-48 所示。

代码 7-48　app.py 文件中添加的配置

```
1  # user/app.py
2  from django.apps import AppConfig
3
4
5  class UserConfig(AppConfig):
6      default_auto_field = 'django.db.models.BigAutoField'
7      name = 'user'
```

之后就可以用 django.apps 格式代替 INSTALLED_APPS 列表中应用的名称字符串。使用 django.apps 格式的 INSTALLED_APPS 列表如代码 7-49 所示。

代码 7-49　使用 django.apps 格式的 INSTALLED_APPS 列表

```
1  # paper_search_platform/settings.py
2
3  INSTALLED_APPS = [
4      # django.apps 写法
5      'user.apps.UserConfig',
6
7      # Django 创建项目时默认
8      'django.contrib.admin',              # 管理员站点
```

```
 9     'django.contrib.auth',                    # 认证授权系统
10     'django.contrib.contenttypes',            # 内容类型框架
11     'django.contrib.sessions',                # 会话框架
12     'django.contrib.messages',                # 消息框架
13     'django.contrib.staticfiles',             # 静态文件框架
14  ]
```

7.8.3 MIDDLEWARE

MIDDLEWARE列表中存放着项目使用的一个个单独的中间件。MIDDLEWARE列表的默认配置如代码7-50所示。

代码7-50 MIDDLEWARE列表的默认配置

```
 1  # paper_search_platform/settings.py
 2
 3  MIDDLEWARE = [
 4      'django.middleware.security.SecurityMiddleware',
 5      'django.contrib.sessions.middleware.SessionMiddleware',
 6      'django.middleware.common.CommonMiddleware',
 7      'django.middleware.csrf.CsrfViewMiddleware',
 8      'django.contrib.auth.middleware.AuthenticationMiddleware',
 9      'django.contrib.messages.middleware.MessageMiddleware',
10      'django.middleware.clickjacking.XFrameOptionsMiddleware',
11  ]
```

中间件是嵌入到Django的请求与响应处理机制的结构,其本质上是一个Python类,开发者可以根据需求添加自定义的中间件。编写中间件时,类中需要包含以下处理方法。

(1) process_request(self,request):在调用视图层方法之前执行,是HTTP请求进入当前中间件时所运行的第一个方法,常常用于对请求的校验。

(2) process_view(self,request,callback,callback_args,callback_kwargs):在调用视图层方法之前,调用process_request之后执行。利用这个特性,该方法可以用于统计经过视图层方法所消耗的时间。

(3) process_template_response(self,request,response):在特定的render渲染中才会被调用。

(4) process_exception(self,request,exception):在调用视图层方法时出错后执行。

(5) process_response(self,request,response):在调用视图层方法之后执行。

需要注意,当项目配置了多个中间件时,MIDDLEWARE列表的存放顺序代表中间件的注册顺序,一些中间件依赖上一个中间件封装,在视图层方法之前调用的中间件方法按照注册顺序执行,在视图层方法之后调用的中间件方法按照注册顺序倒序执行,因此在添加自己编写的中间件时,配置需要写在系统默认配置的后面。为了便于理解,中间件在Django的请求与响应处理机制中的执行顺序如图7-9所示。

图中虚线箭头表示运行出现异常或函数返回值为HttpResponse对象,此时直接跳转

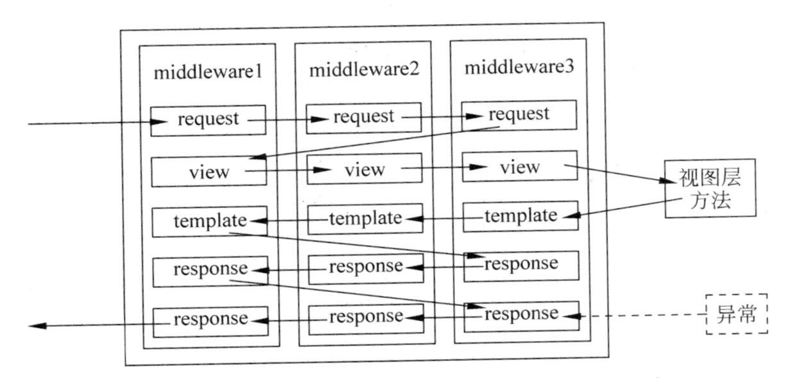

图 7-9　Django 的请求与响应处理机制中的执行顺序

到最底层中间件的 response 方法,其他箭头表示正常执行。

7.8.4　TEMPLATES

TEMPLATES 列表中包含了当前 Django 项目的模板配置。当前 TEMPLATES 列表的配置如代码 7-51 所示。

代码 7-51　当前 TEMPLATES 列表的配置

```
1  # paper_search_platform/settings.py
2
3  TEMPLATES = [
4      {
5          'BACKEND':
6              'django.template.backends.django.DjangoTemplates',
7          'DIRS': [os.path.join(BASE_DIR, 'templates')],
8          'APP_DIRS': True,
9          'OPTIONS': {
10             'context_processors': [
11                 'django.template.context_processors.debug',
12                 'django.template.context_processors.request',
13                 'django.contrib.auth.context_processors.auth',
14                 'django.contrib.messages.context_processors.messages',
15             ],
16         },
17     },
18 ]
```

在设置模板文件所在目录时,就对这段代码做出了改动。当处于前后端分离开发时,也需要在此处配置前端文件所在的目录。

7.8.5　DATABASES

DATABASES 列表用于配置项目数据库,在项目创建时,默认数据库是 Django 自带的 SQLite3 数据库,DATABASES 列表的默认配置如代码 7-52 所示。

代码 7-52　DATABASES 列表的默认配置

```
1  # paper_search_platform/settings.py
2
3  DATABASES = {
4      'default': {
5          'ENGINE': 'django.db.backends.sqlite3',
6          'NAME': BASE_DIR / 'db.sqlite3',
7      }
8  }
```

如果使用其他数据库,需要在此处更改相应的配置数据以连接数据库。以关系型数据库 MySQL 为例,调整后的项目数据库的配置如代码 7-53 所示。

代码 7-53　调整后的项目数据库的配置

```
1   # paper_search_platform/settings.py
2
3   DATABASES = {
4       'default': {
5           'ENGINE': 'django.db.backends.mysql',           # 数据库类别
6           'NAME': 'paper_search_platform.db',             # 数据库名称
7           'USER': 'user',                                 # 数据库用户名
8           'PASSWORD': 'password',                         # 用户的密码
9           'HOST': 'localhost',                            # 连接的主机
10          'PORT': '3306',                                 # 连接的端口号
11      }
12  }
```

之后还需要在与 settings.py 同路径下的__init__.py 中添加配置,如代码 7-54 所示。

代码 7-54　在__init__.py 中添加配置

```
1  # paper_search_platform/__init__.py
2
3  import pymysql
4
5  pymysql.install_as_MySQLdb()
```

Django 共有以下 4 个内置数据库。

(1) PostgreSQL:'django.db.backends.postgresql'。

(2) MySQL:'django.db.backends.mysql'。

(3) SQLite3:'django.db.backends.sqlite3'。

(4) Oracle:'django.db.backends.oracle'。

如果需要使用其他类型的数据库,只需要将 ENGINE 设置为对应的完全限定路径即可。

7.8.6 AUTH_PASSWORD_VALIDATORS

AUTH_PASSWORD_VALIDATORS 列表中包含了 Django 自带的密码验证器，用于验证给定的密码是否符合一定的强度要求，AUTH_PASSWORD_VALIDATORS 列表的默认配置如代码 7-55 所示。

代码 7-55 AUTH_PASSWORD_VALIDATORS 列表的默认配置

```
1  # paper_search_platform/settings.py
2
3  AUTH_PASSWORD_VALIDATORS = [
4      {
5          'NAME':
6              'django.contrib.auth.password_validation.'\
7              'UserAttributeSimilarityValidator',
8      },
9      {
10         'NAME':
11             'django.contrib.auth.password_validation.'\
12             'MinimumLengthValidator',
13     },
14     {
15         'NAME':
16             'django.contrib.auth.password_validation.'\
17             'CommonPasswordValidator',
18     },
19     {
20         'NAME':
21             'django.contrib.auth.password_validation.'\
22             'NumericPasswordValidator',
23     },
24 ]
```

开发者也可以根据需求自己添加所需要的密码验证器，再将验证方法的路径添加进 AUTH_PASSWORD_VALIDATORS 列表即可。

Django 还提供了很多项目配置所用的变量，有些并没有在文件中默认显示，变更设置可能会影响项目的运行，如有需要，读者可以访问 Django 官方文档的 Settings 部分（https://docs.djangoproject.com/en/2.1/ref/settings/#）自行阅读并合理使用。

settings.py 中默认有 DEBUG=True 的配置，这项配置可以使项目在运行出错时将 debug 信息输出到响应中。在项目正式上线前，需要将该值设为 False，以防产生安全隐患。

7.9 小　结

本章主要介绍了 Django 这一 Web 应用框架的使用方法，以真实开发顺序为引导，从创建项目开始,设计 Model 层与 View 层等不同功能模块,开发了一个基于“论文检索系统”的简单交互接口,一步步展示了 Django 的开发特性,帮助读者了解它的具体功能点。

对于 Django 这样的全功能 Web 开发框架来说,它几乎可以满足一个 Web 开发者的所有需求,本章介绍的内容已经能够搭建一个简单的系统,但是要实现更大规模的 Web 应用,还需要更多的技术细节和相关知识。Django 框架的优势之一就是它具有一个内容详尽的官方文档,读者可以通过 Django 官方网站查询 Django 所支持的第三方插件或查阅更多模块的教程。

7.10 习　　题

思考题

1. 在实际开发中,部分使用 Django 框架的开发者选择使用 MySQL 等其他数据库,而不使用 Django 自带数据库,试分析使用其他数据库和使用 Django 自带数据库时,在管理和开发等方面有哪些区别?

2. 后端开发者在利用 Session 传递信息时,往往会对 Session 中存放的信息进行加密处理,试分析不进行加密处理可能带来的安全隐患。

3. 本章介绍了一些对请求处理函数结构的优化方式,规范代码结构、完善代码逻辑会给后端项目的开发和维护带来哪些优势?

实验题

1. 试结合本章所提供 Django Model 层设计方法,简单设计“论文检索系统”可能会用到的 Model 类。

2. 使用 Django 框架开发一个简易系统的后端部分,并在本地尝试运行。

7.11 参 考 文 献

[1] Latest Additions at DjangoSites. org[EB/OL]. https://www. djangosites. org/,2022-3-12.

[2] The web framework for perfectionists with deadlines[EB/OL]. https://www. djangoproject. com/,2022-3-12.

[3] Settings | Django documentation | Django[EB/OL]. https://docs. djangoproject. com/en/2. 1/ref/settings/#,2022-3-12.

[4] Django Packages:Reusable apps,sites and tools directory[EB/OL]. https://djangopackages. org/,2022-3-12.

[5] Welcome to Python. org[EB/OL]. https://www. python. org/,2022-3-12.

第8章 软件测试工具

8.1 概　　述

8.1.1 软件测试

软件测试(software testing)是软件开发流程中,用于发现程序中的错误、衡量和评估软件质量,而对程序执行一系列操作。软件测试是一个动态验证软件的过程,这一过程贯穿整个软件生命周期,其目的在于尽早地发现软件缺陷,并确保发现的缺陷得以修复。

8.1.2 软件测试的特点

软件测试作为软件开发流程中十分重要的一环,具有如下特点。

(1) 完全的测试是不可能的,软件测试并不能找出程序中所有的错误。

(2) 软件测试中存在风险。

(3) 软件测试只能表示缺陷的存在,而不能证明软件产品已经完全没有缺陷。

(4) 软件产品中潜在的错误数与已发现的错误数成正比。

(5) 尽量让不同的测试人员都参与软件测试的测试工作。

(6) 尽量让开发小组和软件测试小组分立。

(7) 软件开发中应当尽早并不断地进行软件测试。

(8) 在设计测试用例时,应该包括输入数据和预期的输出结果两部分。

(9) 应当集中测试容易出错或错误较多的模块。

(10) 应当长期保留所有的测试用例。

8.1.3 软件测试的分类

为了提高软件测试的效率,并使测试内容更加接近业务,往往根据不同的业务条件,将软件测试进行分类细化。划分的条件不同,得到的软件测试种类也不同。

1. 按软件开发阶段划分

按照软件开发阶段划分,软件测试可分为单元测试、集成测试、系统测试和验收测试4种。

(1) 单元测试(unit testing):对软件基本组成单位的测试,其测试对象是软件设计所涉及的最小单元——模块,因此也被称为模块测试,主要目的是测试模块自身的功能。

(2) 集成测试(integration testing):对模块间接口的测试,将通过单元测试的模块以集成的方式组装起来进行测试,主要目的是测试模块间的功能冲突、数据交互和接口等。

(3) 系统测试(system testing):对软件系统的测试,一般在集成测试完成后进行测试,主要目的是测试整个软件系统的运行环境、功能、可靠性、兼容性和安全等。

(4) 验收测试(acceptance testing):软件在部署之前所接受的最后一个测试环节,一般由系统的真实用户执行,因此也被称为交付测试,主要目的是确保系统的功能达到了开发初期的原始需求,保证软件产品已经准备妥当。

2. 按是否查看代码划分

按照是否查看代码划分,软件测试可分为黑盒测试、白盒测试和灰盒测试 3 种。

(1) 黑盒测试(black-box testing):指在软件测试中,把被测试的软件产品当成一个"黑盒子",测试的设计和进行时不关心软件产品的内部结构及代码,只考虑产品对应的输入和输出数据是否符合要求的测试。

(2) 白盒测试(white-box testing):指测试人员了解软件产品的内部结构及代码,能够根据源代码和程序内部结构指导测试。

(3) 灰盒测试(grey-box testing):介于黑盒测试和白盒测试两者之间的一种测试方法,既要关注程序的输入和输出数据,又要关注源代码和程序内部结构的测试,一般用于集成测试阶段。

3. 按是否运行程序划分

按照是否运行程序划分,软件测试可分为静态测试和动态测试两种。

(1) 静态测试(static testing):指不运行被测试程序,仅通过分析源代码语法、结构等内容,来检查被测试程序的正确性,一般用于检查语法错误和代码风格等。

(2) 动态测试(dynamic testing):指需要运行被测试程序,通过对比运行结果和预期结果的差异,来检查被测试程序的正确性,绝大多数的软件测试都是动态测试。

4. 按是否手工执行划分

按照是否手工执行划分,软件测试可分为手工测试和自动化测试两种。

(1) 手工测试:人工输入测试用例并观察结果的测试,测试方法相对原始,成本较高。

(2) 自动化测试:利用机器的手段,将人工执行的测试在测试系统中运行,并自动评估运行结果的测试。

本章将从软件测试的概念和含义入手,详细介绍软件测试的相关内容,了解软件测试的方法,并介绍 Vue Test Utils、Unit Test 和 Postman 这 3 个实用的软件测试工具的具体使用方法。

8.2 Vue Test Utils

Vue Test Utils 是 Vue.js 官方的单元测试工具库,其可以集成到 Vue.js 中。Vue Test Utils 可以和 Jest(Facebook 公司开发的测试运行器)结合,开发者能够很方便地进行前端代码的单元测试。

8.2.1 安装并执行 Vue Test Utils

1. 安装

进入到 Vue 项目的根目录，在命令行执行安装 Vue Test Utils 的指令，如代码 8-1 所示。

代码 8-1 在项目中安装 Vue Test Util

```
1  vue add @vue/unit-jest
```

2. 单元测试脚本

安装完成后，项目根目录会出现 tests 文件夹，里面的 unit 文件夹保存了单元测试的脚本，测试脚本编写的语言为 JavaScript。

测试脚本是以.spec.js 或.test.js 为后缀的文件，测试程序会遍历项目目录中所有的测试脚本文件并执行里面的代码。但是为了能够更好地管理测试脚本文件，建议把所有的单元测试脚本文件都统一存放在 tests/unit 文件夹中。

3. 执行测试程序

进入 Vue 项目的根目录，在命令行执行测试运行指令，如代码 8-2 所示。

代码 8-2 测试运行指令

```
1  vue-cli-service test:unit
```

测试完成后，可以在命令行的输出中看到测试结果，如图 8-1 所示。

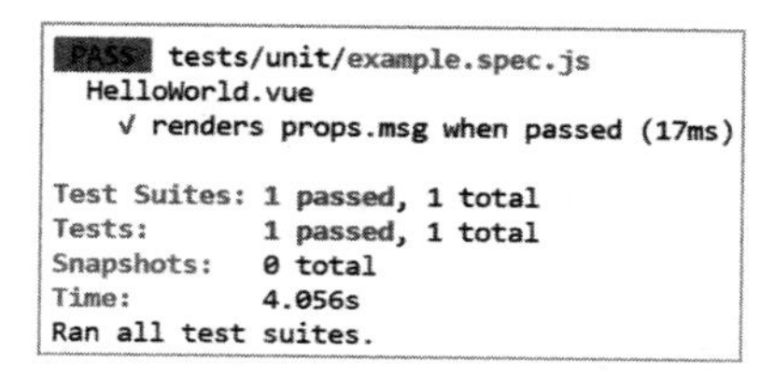

图 8-1 在输出中看到测试结果

8.2.2 编写简单的测试脚本

1. 测试脚本基本的结构

每个测试脚本中都会用 describe 函数定义一个测试套件，在测试套件中用 it 函数定义一个测试用例，并在测试用例中利用 expect(断言)函数来判断某个值是否符合预期。

测试脚本样例如代码 8-3 所示。

代码 8-3 测试脚本样例

```
1  describe('测试套件名字', function(){
2      //下面为测试套件内容
```

```
3      it('测试用例名字', function(){
4          // 下面为测试用例内容
5          expect('实际值').toBe('预期值');      // 这里断言结果为失败
6      });
7  });
```


一个测试脚本中可以包含多个测试套件，一个测试套件中可以包含多个测试用例，一个测试用例中可以多次进行断言。只有测试用例中所有的断言都成功时，测试用例才认为通过。

2. expect 函数

expect 函数执行后会返回一个对象，里面保存了 expect 参数执行的结果。可以用这个对象的方法进行各种形式的断言，常用方法的说明如表 8-1 所示。

表 8-1　常用方法的说明

方 法 名	说 明	样 例
toBe	利用 Object.is 方法判断值是否相等。关于 Object.is 的说明读者可以查询 JavaScript 相关的教程	见代码 8-4 中的 example 1
toEqual	与 toBe 功能类似，但是 toEqual 在碰到复杂的结构时会递归地比较基础类型元素	见代码 8-4 中的 example 2
toMatch	判断是否包含子字符串，参数可以为字符串也可以为正则表达式	见代码 8-4 中的 example 3
toContain	利用 === 判断数组中是否包含子元素	见代码 8-4 中的 example 4
toContainEqual	利用类似于 toEqual 方法，判断数组中是否包含子元素	见代码 8-4 中的 example 5
toMatchObject	判断是否为包含给定的对象的内容	见代码 8-4 中的 example 6
toBeNaN	判断是否为 NaN	见代码 8-4 中的 example 7
toBeTruthy	判断是否为真值	见代码 8-4 中的 example 8
toBeFalsy	判断是否为假值（包含 false、0、空字符串、null、undefined 和 NaN，其余的均为真值）	见代码 8-4 中的 example 9
toBeUndefined	判断是否为 undefined	见代码 8-4 中的 example 10
toBeDefined	判断是否被定义，可以判断函数是否返回了内容	见代码 8-4 中的 example 11

代码 8-4　表 8-1 中对应的样例(判断的结果为真)

```
1  // example 1: toBe
2  expect('example').toBe('example');
3
4  // example 2: toEqual
5  expect({num: 1}).toEqual({num:1});
6
7  // example 3: toMatch
8  expect('example').toMatch('ample');
9  expect('example').toMatch(/.*e/);
10
11 // example 4: toContain
```

```
12  expect([1, 2]).toContain(1);
13
14  // example 5: toContainEqual
15  expect([1, [2]]).toContainEqual([2]);
16
17  // example 6: toMatchObject
18  expect({type:'dog', num: 1}).toMatchObject({num: 1});
19
20  // example 7: toBeNaN
21  expect(NaN).toBeNaN();
22
23  // example 8: toBeTruthy
24  expect(1).toBeTruthy();
25
26  // example 9: toBeFalsy
27  expect(0).toBeFalsy();
28
29  // example 10: toBeUndefined
30  expect(undefined).toBeUndefined();
31
32  // example 11: toBeDefined
33  expect(document.createElement('div')).toBeDefined();
```

8.2.3 包裹器

如果要对一个 Vue 实例进行测试，就需要先进行组件的挂载。在 Vue Test Utils 中需要用一个容器来保存挂载后的 Vue 实例，称为**包裹器**(wrapper)。包裹器中除了保存了 Vue 实例，还包含了一些用于操作 Vue 实例的方法。

1. 挂载 Vue 实例

通过 mount 函数可以创建一个含有 Vue 实例的包裹器，如代码 8-5 所示。

代码 8-5 创建一个含有 Vue 实例的包裹器

```
1   // example.spec.js
2
3   // 引入 mount 函数
4   import { mount } from '@vue/test-utils'
5   // 引入 vue 文件
6   import ExampleComponent from '@/components/example.vue'
7
8   describe('example test suit', function(){
9       it('example test case', function(){
10          // 实例化 ExampleComponent 并装在 wrapper 中
11          const wrapper = mount(ExampleComponent);
12      });
13  });
```

需要注意,mount 函数会将 Vue 实例的子实例一同进行挂载,这可能会减慢测试的速度。如果不想挂载子实例,可以使用浅挂载,如代码 8-6 所示。

代码 8-6 浅挂载

```
1  // example.spec.js
2
3  import { shallowMount } from '@vue/test-utils'
4  import ExampleComponent from '@/components/example.vue'
5
6  describe('example test suit', function(){
7      it('example test case', function(){
8          // 进行浅挂载
9          const wrapper = shallowMount(ExampleComponent);
10     });
11 });
```

2. 伪造参数

有时候 Vue 实例(如组件)需要一些来自外部的参数才能正常运行,这时可以利用 mount 函数的第二个参数来伪造参数供实例使用。这个参数是一个对象,里面包含了伪造参数设置。

1) 伪造 props

利用 propsData 属性可以伪造 props 对象的内容。propsData 属性是一个对象,其键和值与 Vue 实例的 props 对象一致。伪造 props 的具体示例如代码 8-7 所示。

代码 8-7 伪造 props 的具体示例

```
1  const wrapper = mount(ExampleComponent, {
2      propsData: {
3          // 伪造 props.content
4          content: 'example'
5      }
6  });
```

2) 伪造插槽

利用 slots 属性可以伪造插槽的内容。slots 属性是一个对象,成员的键名代表插槽名(default 代表匿名插槽),值代表伪造的插槽内容。伪造插槽的具体示例如代码 8-8 所示。

代码 8-8 伪造插槽的具体示例

```
1  const wrapper = mount(ExampleComponent, {
2      slots: {
3          // 伪造匿名插槽
4          default: 'default example',
```

```
5          // 伪造具名插槽 title
6          title: 'title example'
7      }
8  });
```

3）伪造路由

利用 mocks 属性可以伪造路由信息。mocks 是一个对象，里面的成员将会代替 Vue 实例中相同名字的成员。因此，通过创建一个同名的 $route 成员可以伪造 Vue 的路由信息。伪造路由的具体示例如代码 8-9 所示。

代码 8-9　伪造路由的具体示例

```
1  // 设置路由内容
2  const $route = {path: '/example'};
3  const wrapper = mount(ExampleComponent, {
4      // 伪造路由信息 $route
5      mocks: { $route }
6  });
```

3. 获取实例内容

包裹器提供了一系列的方法方便开发者获取 Vue 实例中的内容，利用这些方法可以通过代码获取网页中的内容。在获取内容后，测试人员可以根据内容进行断言，以此来测试网页信息。获取实例内容常用的方法如表 8-2 所示。

表 8-2　获取实例内容常用的方法

方　法　名	返回值类型	方 法 说 明
vm	Vue	返回包裹器包含的 Vue 实例
emitted	Array[Array]	返回 Vue 实例发射过的内容，第二层的数组存放 Vue 实例执行 $emit 方法时的参数
findComponent(Selector)	Wrapper	搜索第一个匹配 Selector 对象所描述条件的 Vue 组件，并用包裹器进行包装后返回。Selector 对象有 3 种形式，如代码 8-10 所示
findComponents(Selector)	WrapperArray	与 findComponent 方法类似，返回所有满足条件的 Vue 组件。WrapperArray 的 wrappers 方法会返回一个数组，该数组包含其中所有的 Wrapper，例如，wrapperarray. wrapper()
exists	Boolean	判断包裹器中是否包含着内容，可以和 findComponent 配合
isVisible	Boolean	判断包裹器中的内容是否被 v-show 属性、style. display 属性或 visibility 属性隐藏
props	Object	返回 Vue 实例的 props 对象的内容
text	String	返回包裹器中 DOM 结点中的文本内容
html	String	返回包裹器中 DOM 结点中的 HTML 代码
attributes	Object	返回包裹器中 DOM 结点的属性及对应的属性值
classes	Array[String]	返回包裹器中 DOM 结点的类列表

代码 8-10　Selector 对象的形式

```
1  // selector 对象的形式
2
3  // 1. Vue Component,匹配相同的 Vue 实例
4  import Example from '@/components/example.vue'
5  wrapper.findComponent(Example);
6
7  // 2. Name,匹配名字相同的 Vue 实例
8  wrapper.findComponent({
9      name: 'Component Name'
10 });
11
12 // 3. Ref,匹配 ref 属性相同的标签
13 wrapper.findComponent({
14     ref: 'Ref Name'
15 });
```

4. 与实例交互

包裹器提供了一系列的方法方便开发者与 Vue 实例进行交互,包括设置表单值或单击页面元素。利用这些方法,测试人员可以通过代码与网页的内容进行交互,完成测试的操作过程。常用的方法如表 8-3 所示。

表 8-3　与实例交互常用的方法

方 法 名	方 法 说 明
setProps(Object)	更新 Vue 实例中的 props 属性的内容
setData(Object)	更新 Vue 实例中的 data 属性的内容
setValue(String)	修改 HTML 表单元素中的值
setChecked(Boolean)	修改 HTML 中 radio 或 checkbox 元素的选中情况
setSelected	将 HTML 中的 option 元素设置为被选中
trigger(String, Object)	异步触发元素的一个事件,第一个参数为事件名,第二个参数为参数(可选)。常见用法有: (1) wrapper.trigger('click'):单击 (2) wrapper.trigger('keydown', {key: 'a'}):按下键盘的 A 键

通过伪造元素和与实例交互,可以改变 Vue 实例的状态;通过获取实例的信息,可以配合断言来判断代码是否正常运行。

8.2.4　异步加速测试

将测试用例的函数利用 async 关键字定义为异步函数可以同时测试多个测试用例,以此来加速测试。但需要注意,异步测试用例间要避免相互影响,否则可能会导致一些不可预知的错误。使用异步函数加速测试的具体样例如代码 8-11 所示。

代码 8-11　使用异步函数加速测试的具体样例

```
1  describe('example test suit', function(){
2      it('async test case 1', async function(){
3          // ...
4      });
5      it('async test case 2', async function(){
6          // ...
7      });
8      it('async test case 3', async function(){
9          // ...
10     });
11 });
```

8.2.5　等待 DOM 结点更新

有时需要对界面的内容进行测试，然而 DOM 结点的更新是异步操作，这意味着在断言时可能还没来得及进行 DOM 结点更新。

等待 DOM 结点更新的失败样例，如代码 8-12 所示。在单击 button 之后，content 中的内容会变为 click。

代码 8-12　等待 DOM 结点更新的失败样例

```
1  it('after click button', async function() {
2      const wrapper = mount(ExampleComponent);
3      // 单击 button
4      wrapper.findComponent({
5          name: 'button'
6      }).trigger('click');
7      // 检验单击后 content 的内容是否为 click
8      expect(wrapper.findComponent({
9          ref: 'content'
10     })).toBe('click');
11 });
```

这个测试用例的结果可能为 failed，原因是 content 的内容可能还没有及时得到更新。这时可以利用 Vue.nextTick 方法来等待 DOM 结点更新，该方法需要用 await 关键字调用。等待 DOM 结点更新的失败样例如代码 8-13 所示。

代码 8-13　等待 DOM 结点更新的失败样例

```
1  import Vue from 'vue'
2
3  // ...
4  it('after click button', async function() {
5      const wrapper = mount(ExampleComponent);
```

```
6        wrapper.findComponent({
7            name: 'button'
8        }).trigger('click');
9
10       // 等待 DOM 结点更新
11       await Vue.nextTick();
12
13       expect(wrapper.findComponent({
14           ref: 'content'
15       })).toBe('click');
16   });
```

注意 由于使用 await 关键字调用函数时必须在异步环境下执行，因此如果要用该方法等待 DOM 结点的更新，需要用 async 关键字设置测试的函数。

8.2.6 等待 Axios 请求或复杂的异步行为

与 DOM 结点的异步更新一样，Axios 会通过 Promise 来实现异步发送请求，可能导致测试结果失败。同时，复杂的异步结构(如多重 setTimeout 函数的嵌套)可能导致难以准确地得知所有的异步操作在什么时候结束。

下面介绍一种解决方法，该方法通过等待一个较长延迟时间的 setTimeout 函数后再进行断言，以此来确保异步操作已完成。

这种方法依靠 it 方法的第二个参数中的函数，它可以接收一个参数 done。done 是一个函数，当成功传入后，只有在当 done 函数执行后，该测试用例才会结束。

因此，可以人为操作测试何时才会结束，利用 setTimeout 函数等待异步的行为，如代码 8-14 所示。

代码 8-14　利用 setTimeout 函数等待异步的行为

```
1  it('wait async', async function(done) {
2      // ...触发异步操作
3      setTimeout(function() {
4          // ...进行断言操作
5          done();
6      }, 5000);      // 等待一个长时间
7  })
```

这种方法的缺点也很明显，因为等待时间是不确定的，太短的等待时间无法保证所有的异步操作都执行完成，太长的等待时间会延长测试所需的时间，这需要测试人员根据代码情况来决定。但只要等待时间足够长，这种方法是比较保险的等待异步操作的方法。

8.2.7 模拟请求结果

有时在前端代码完成时，后端代码可能还没有完成，这将会导致涉及 HTTP 请求的代码无法被测试。因此，需要模拟 HTTP 请求的返回。

Mockjs 是一款用于拦截请求并模拟返回值的工具，利用 Mockjs，测试人员可以自己编写好请求返回的测试数据。

1. 安装 Mockjs

在项目根目录下启动命令行，执行安装 Mockjs 工具的指令，如代码 8-15 所示。

代码 8-15　安装 Mockjs 工具

```
1  npm install mockjs
```

2. Mockjs 的基础使用方法

一个使用 Mockjs 的例子如代码 8-16 所示。

代码 8-16　使用 Mockjs 的例子

```
1   it('test mock', async function() {
2       // ...
3       // 引入 Mockjs 组件
4       const Mock = require('mockjs');
5
6       // 注册模拟接口
7       Mock.mock(rurl, rtype, func);
8       // or Mock.mock(rurl, func);
9       // ...
10  });
```

下面是关于 mock 方法参数的说明。

(1) rurl：为一个字符串，用于匹配模拟接口的链接；只有在请求的链接匹配上 rurl 时，mockjs 才会代理接口。

(2) rtype：为一个字符串，说明模拟请求的类型，例如，GET 或 POST 等。

(3) func：为一个函数，用于处理请求；该函数可以接收一个参数 option，并返回请求的返回值；option 为一个对象，其内容如下。

① url：一个字符串，为请求的连接。

② type：一个字符串，为请求的类型，例如，GET 或 POST 等。

③ body：一个字符串，为请求的参数。

注意　使用 Mockjs 模拟请求的设置需要在请求发生前设置完成，因此建议写在测试样例中的最前面。

3. 模拟 GET 请求

一个模拟 GET 请求的例子如代码 8-17 所示。

代码 8-17　一个模拟 GET 请求的例子

```
1  Mock.mock(
2      `${baseURL}getTest` + '/?(\?.*)?',
```

```
3      'GET',
4      function(option) {
5            var query = analyzeQuery(option.url);
6            // ...
7            return {msg: 'success'};
8      }
9  );
```

其中,baseURL 为请求的基地址,这取决于服务器地址及相关的配置; /?(\?.*)? 使用了正则表达式的格式,用于匹配请求链接中的参数; analyzeQuery 函数为提取 URL 中参数的函数,具体定义与分析如代码 8-18 所示。

代码 8-18　analyzeQuery 函数具体定义与分析

```
1  function analyzeQuery(url) {
2      let query = {};
3      // 转换 URL 编码
4      url = decodeURI(url);
5      // 如果存在参数
6      if(url.indexOf('?') != -1) {
7          // 寻找参数开始的位置,并以 '&' 进行分割
8          var strs = url.slice(url.indexOf('?') + 1).split("&");
9          // 对每一组参数分割出键值对
10         for(let i = 0; i < strs.length; i++) {
11             query[strs[i].split('=')[0]]
                   = (strs[i].slice(strs[i].indexOf('=') + 1));
12         }
13     }
14     // 以对象的形式返回参数
15     return query;
16 }
```

4. 模拟 POST 请求

一个模拟 POST 请求的例子,如代码 8-19 所示。

代码 8-19　一个模拟 POST 请求的例子

```
1  Mock.mock(
2      `${baseURL}postTest`,
3      'POST',
4      function(option) {
5            var params = option.body ?
                         JSON.parse(option.body) : {};
6            // ...
7            return {msg: 'success'};
8      }
9  );
```

这个例子中，POST 请求会以 JSON 的形式发送请求的参数，因此需要用 JSON. parse 方法来转换为一个对象，但需要注意，option. body 属性的值可能为 null，需要用三元表达式判断。

如果请求的参数为表单，option. body 属性会是 FormData 类型，使用该类型对应的方法读取内容即可。

5. 使用返回内容的模板

大量且重复地编写返回内容可能会导致测试代码的冗余，因此，最好在项目的 src 文件夹中新建一个 mock 文件夹，用于存放已经编写好的请求返回数据。

假设已经在 src/mock 文件夹中编写好了 test. json 文件，里面存放了请求的返回值，则模拟请求如代码 8-20 所示。

代码 8-20　使用返回内容的模板

```
1  Mock.mock('example', function(option) {
2      // ...
3      // 返回模板返回值
4      return require('@/mock/test.json');
5  });
```

注意　JSON 文件的内容中，最外层需要使用大括号包裹，且键名和字符串类型的值都必须且只能用双引号包裹。

同样，如果请求处理函数不需要处理任何的信息，Mockjs 还提供了另一种参数形式。

```
Mock.mock(rurl, template);
Mock.mock(rurl, rtype, template);
```

其中，template 为返回内容。因此，可以把模拟请求的函数简化为如代码 8-21 所示。

代码 8-21　模拟请求的函数简化

```
1  Mock.mock('example', require('@/mock/test.json'));
```

在将模拟请求设置好后，基本可以完整地模拟前端正常运行的情况并进行单元测试。

8.3　Unit Test

Unit Test 是 Python 自带的单元测试框架，无须安装即可使用，简单方便。它可以对多个测试用例进行管理和封装，并通过执行输出测试结果。本节演示所用的 Python 版本为 3.7.9。

8.3.1　Unit Test 的组成元素

Unit Test 框架中最核心的部分包括 4 个工具：TestFixture、TestCase、TestSuite 和

TestRunner,其具体说明如下。

(1) TestFixture：测试夹具,用于测试用例环境的搭建和销毁。

(2) TestCase：测试用例,每一个测试用例的实例都代表一个测试用例。

(3) TestSuite：测试套件,用于把需要一起执行的测试用例打包到一起执行。

(4) TestRunner：测试运行器,用于执行测试用例,并根据需要返回测试用例的执行结果。

8.3.2 编写简单的测试脚本

1. 编写测试用例

Unit Test 框架提供了很多实用函数,方便测试人员进行测试。为了使用 Unit Test 框架,在编写测试用例时,需要定义一个继承了 unittest. TestCase 类的测试集类,这个测试集类中可以包含多个测试用例。编写测试用例的结构如代码 8-22 所示。

代码 8-22　编写测试用例的结构

```
 1  import unittest
 2
 3
 4  # 定义测试集类
 5  class TestDemo(unittest.TestCase):
 6      # 定义测试用例
 7      def test_case(self):
 8          self.assertEqual(1, 2)
 9
10
11  if __name__ == '__main__':
12      unittest.main()
```

编写测试用例需要使用断言方法,代码中所用到的 self. assertEqual 方法就是 Unit Test 框架提供的断言方法之一。常用的断言方法如表 8-4 所示。

表 8-4　常用的断言方法

断 言 方 法	等价的 Python 表达式
assertEqual(a, b)	a==b
assertNotEqual(a, b)	a!=b
assertTrue(x)	bool(x) is True
assertFalse(x)	bool(x) is False
assertIs(a, b)	a is b
assertIsNot(a, b)	a is not b
assertIsNone(x)	x is None

续表

断 言 方 法	等价的 Python 表达式
assertIsNotNone(x)	x is not None
assertIn(a, b)	a in b
assertNotIn(a, b)	a not in b
assertIsInstance(a, b)	isinstance(a,b)
assertNotIsInstance(a, b)	not isinstance(a,b)

断言在失败的情况下会抛出 AssertionError 错误。每个函数都有一个 msg 参数,为一个字符串。该参数代表断言失败后的返回信息,默认为 None。

对于由于暂时没有编写完成等原因而想要跳过的测试用例来说,可以使用 Unit Test 提供的@unittest.skip() 装饰器跳过测试用例的执行,如代码 8-23 所示。

代码 8-23　使用@unittest.skip() 装饰器跳过测试用例

```
1  class TestDemo(unittest.TestCase):
2      # 使用@unittest.skip()装饰器跳过测试用例
3      @unittest.skip("我想跳过下面这个测试用例")
4      def test_skip(self):
5          self.assertEqual(1, 2)
```

Unit Test 提供了多个用于跳过测试用例的装饰器,详细介绍与区别如下。

(1) @unittest.skip():无条件跳过该测试用例。

(2) @unittest.skipIf(condition, reason):如果参数 condition 的值为 True,则跳过该测试用例。

(3) @unittest.skipUnless(condition, reason):如果参数 condition 的值为 False,则跳过该测试用例。

2. 测试用例的运行

1) 使用 unittest.main 方法直接运行

在上述示例代码中,使用了 unittest.main 方法来运行测试用例。该方法会自动检测所有以 test 作为开头的测试用例,并按照字母排序依次执行。该方法中含有参数 verbosity,用于控制错误报告的输出内容,具体说明如下。

(1) verbosity=0:静默模式,不输出任何执行结果。

(2) verbosity=1:默认模式,在测试用例前用一个符号表示其测试结果,成功时为“.”,测试条件失败时为 F,测试程序运行出错时为 E,跳过时为 S。

(3) verbosity=2:详细模式,测试结果中会显示每个测试用例的注释和相关信息。

使用该方法运行测试用例的代码如代码 8-22 所示。

2) 使用 TestSuite 测试套件运行

除了自动检测符合要求的测试用例,Unit Test 还提供了 TestSuite 测试套件,方便测试人员将指定的测试用例打包运行,其具体使用方法如代码 8-24 所示。

代码 8-24 TestSuite 测试套件的具体使用方法

```
1  class TestDemo(unittest.TestCase):
2      def test_something(self):
3          self.assertEqual(1, 2)
4
5
6  if __name__ == '__main__':
7      # 实例化一个 TestSuite 测试套件
8      my_test_suite = unittest.TestSuite()
9      # 将待测试的测试用例添加进测试套件
10     my_test_suite.addTest(TestDemo('test_something'))
11     # 实例化一个 TestRunner 运行套件
12     runner = unittest.TextTestRunner(verbosity=2)
13     # 使用 TestRunner 运行套件运行测试
14     runner.run(my_test_suite)
```

使用 addTest 方法即可在测试套件中添加指定的测试用例。

代码 8-24 中的第 13 行生成了一个测试运行套件,用来执行测试用例并生成测试报告。Unit Test 框架提供了下面两种常用的测试运行套件。

(1) TextTestRunner:生成文本格式的测试报告,参数 verbosity 与 unittest.main 方法中的参数 verbosity 相同。

(2) HTMLTestRunner:生成 HTML 格式的测试报告,常用的参数如下。

① verbosity:与 unittest.main 方法的参数 verbosity 相同。

② stream:输出测试报告的路径,例如,sys.stdout 表示输出在控制台。

③ tester:存放测试人员姓名字符串,会在测试报告中显示。

④ title:存放测试标题字符串,会在测试报告中显示。

⑤ description:存放测试描述信息字符串,会在测试报告中显示。

3. 测试环境

对于运行前置条件相同或相似的测试用例来说,可以将其放到同一个测试集类下,并使用如下方式设置测试的前置条件,如代码 8-25 所示。

代码 8-25 设置测试的前置条件

```
1  import unittest
2
3
4  class TestDemo(unittest.TestCase):
5      @classmethod
6      def setUpClass(cls):
7          print ("运行了 setUpClass()方法.")
8
9      @classmethod
10     def tearDownClass(cls):
11         print("运行了 tearDownClass().")
```

```
12
13     def setUp(self):
14         print("运行了 setUp()方法.")
15
16     def tearDown(self):
17         print("运行了 tearDown()方法.")
18
19     def test_case(self):
20         self.assertEqual(1, 2)
21
22
23 if __name__ == '__main__':
24     unittest.main()
```

代码 8-25 中的 setUp 方法、tearDown 方法、setUpClass 方法和 tearDownClass 方法为 TestFixture 中与测试环境准备相关的函数，其具体作用如下。

(1) setUp 方法：用于环境准备，执行该类中每个测试用例的前置条件，每个测试用例执行前运行一次。

(2) tearDown 方法：用于环境还原，执行该类中每个测试用例的后置条件，每个测试用例执行后运行一次。

(3) setUpClass 方法：用于环境准备，必须使用 @classmethod 装饰器，该类中所有测试用例执行的前置条件，每个测试集运行时只运行一次。

(4) tearDownClass 方法：用于环境还原，必须使用 @classmethod 装饰器，该类中所有测试用例执行的后置条件，每个测试集运行时只运行一次。

8.3.3 结合 Selenium 工具进行 Web 自动化测试(选读)

使用 Unit Test 进行 Web 自动化测试时需要借助 Selenium 工具，它是一个用于 Web 应用程序测试的工具，方便测试人员模拟真实用户的操作。

在命令行中使用 pip 指令可以安装 Selenium 工具，如代码 8-26 所示。截至编写本书时 Selenium 的最新版为 4.1.0。

代码 8-26 安装 Selenium 工具

```
1  # 安装 Selenium 工具
2  pip install selenium
```

安装完成后，需要下载所需要的浏览器驱动程序来模拟真实用户操作浏览器。Selenium 工具支持众多浏览器，其所支持的常用的浏览器和其对应驱动程序下载链接如下。

- Chrome 谷歌浏览器：http://npm.taobao.org/mirrors/chromedriver/。
- Firefox 火狐浏览器：https://github.com/mozilla/geckodriver/releases/。
- Safari 浏览器：https://webkit.org/blog/6900/webdriver-support-in-safari-10/。

下载成功后,记录浏览器驱动程序所在目录,即可开始测试用例的编写工作。具体的Web自动化测试示例如代码8-27所示。

代码8-27　Web自动化测试示例

```
1  import unittest
2
3  from selenium import webdriver
4
5
6  class ExampleTest(unittest.TestCase):
7      def setUp(self):
8          # 获取浏览器驱动程序,参数中放置驱动程序所在目录
9          self.driver = webdriver.Chrome(
10             executable_path = r'D:\ChromeDriver\chromedriver.exe'
11         )
12         # 最大化窗口
13         self.driver.maximize_window()
14         # 设置隐性等待时间为10s
15         self.driver.implicitly_wait(10)
16         # 设置待测试的网站URL,以百度为例
17         self.url = 'http://www.example.com/'
18
19     def test_example(self):
20         driver = self.driver
21         driver.get(self.url)
22         # ...
23
24     def tearDown(self):
25         self.driver.quit()
26
27
28 if __name__ == "__main__":
29     unittest.main()
```

在测试用例中往往对网页中的元素进行操作,Selenium工具提供一些方法定位网页中的元素,如表8-5所示。

表8-5　定位网页方法

方　法　名	作　　用
find_element_by_id	通过元素的ID属性定位元素
find_element_by_name	通过元素的name属性定位元素
find_element_by_tag_name	通过元素的标签定位元素
find_element_by_class_name	通过元素的类名定位元素
find_element_by_css_selector	通过CSS选择器定位元素
find_element_by_xpath	通过元素的xpath路径定位元素
find_element_by_link_text	通过元素的超链接定位元素

对于找到的元素来说，可以使用 Selenium 工具提供一些模拟用户和网页之间交互的方法，如表 8-6 所示。

表 8-6　模拟用户和网页之间交互的方法

方　法　名	作　　用
clear	清除文本内容
send_keys	模拟键盘输入
click	模拟鼠标单击
submit	模拟提交表单
size	获取元素的尺寸
text	获取元素的文本内容
get_attribute	获取元素的属性值

8.4　Postman

Postman 是一个十分便捷的接口测试工具，在做接口测试的时候，Postman 相当于一个客户端，它可以模拟用户发起的各类 HTTP 请求，将请求数据发送至服务端，获取对应的响应结果，从而验证响应中的结果数据是否和预期值相匹配。

8.4.1　安装并执行 Postman

Postman 工具需要在官网下载并安装，读者可以访问 Postman 官方网站（https://www.postman.com/）阅读相关内容，或者直接访问官网进行下载。

下载完成后打开 Postman，可以直接看到 Postman 默认的欢迎主页，如图 8-2 所示。

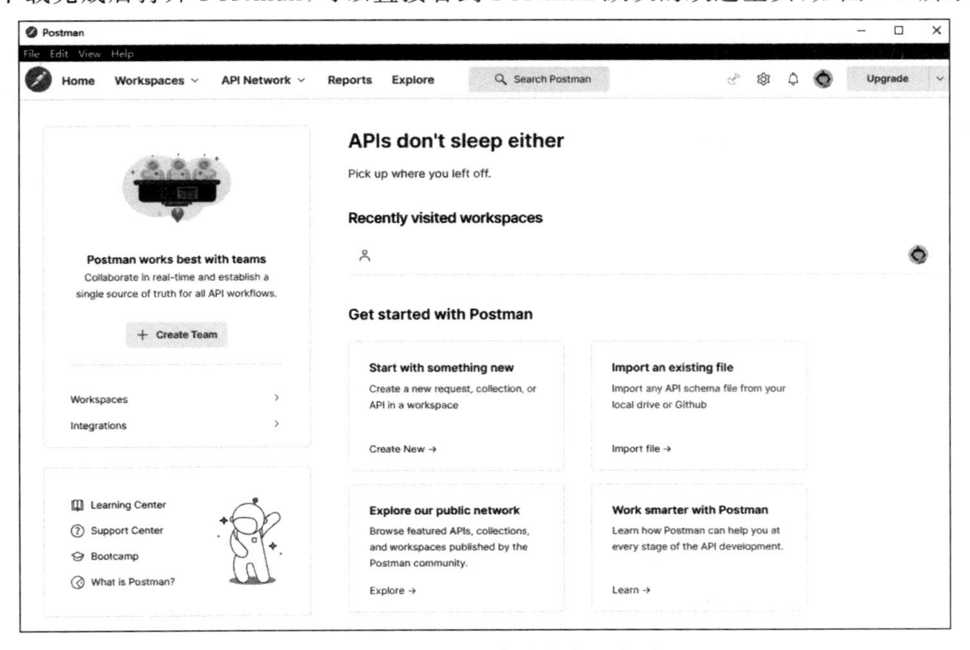

图 8-2　Postman 默认的欢迎主页

切换到工作面板中新建请求,如图 8-3 所示。

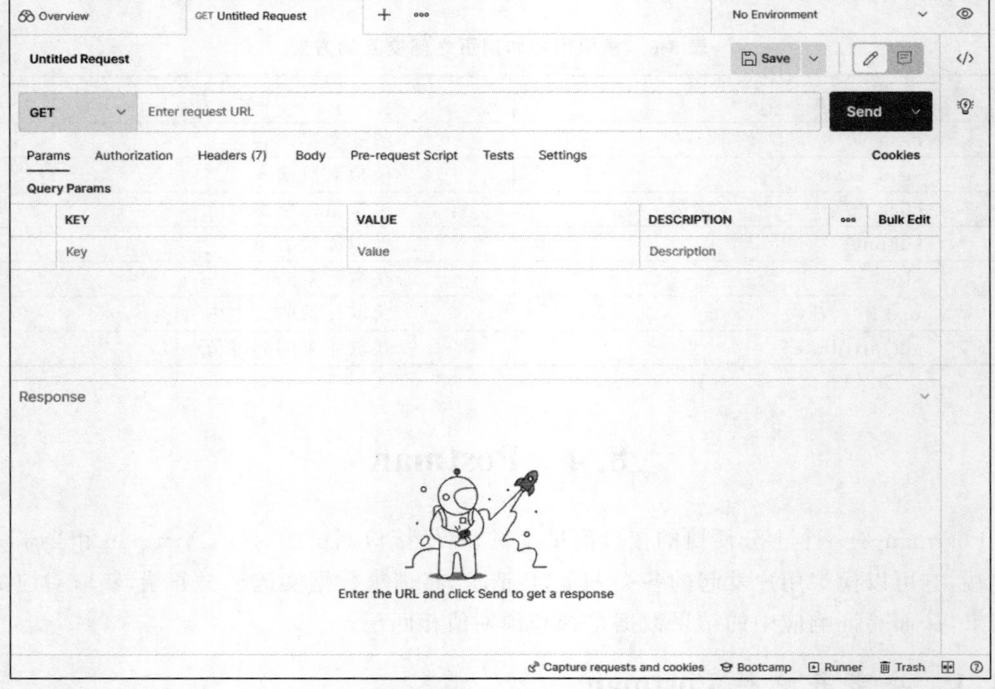

图 8-3 切换到工作面板中新建请求

使用 Postman 可以模拟用户,对指定的网站发起各类请求,并可以根据需要,自主设计请求所包含的内容。

8.4.2 利用 Postman 测试接口

第 7 章介绍了后端框架 Django 的具体使用方法,并在示例中展示了如何通过 UserInfoView 类实现获取用户详细信息这一请求的处理方式。本节将继续以该方法为例,利用 Postman 接口测试工具,测试该接口在各种输入条件下能否正常返回,并设置断言测试返回结果。

关于 Django 的视图层方法,读者可以前往本书的第 7 章进行查阅,这里给出 UserInfoView 类的具体代码,如代码 8-28 所示。

代码 8-28 UserInfoView 类的具体代码

```
1  from django.views import View
2
3
4  class UserInfoView(View):
5      def post(self, request):
6          kwargs = json.loads(request.body)
7          if kwargs.keys() != {'name'}:
8              return HttpResponse(content = '参数错误')
```

```
9
10        try:
11            user = User.objects.filter(name = kwargs['name'])
12        except:
13            return HttpResponse(content = '查询错误')
14
15        if not user.exists():
16            return HttpResponse(content = '未找到该用户')
17        user = user.get()
18        ret = {
19            'name': user.name,
20            'phone': user.phone,
21            'email': user.email
22        }
23        return JsonResponse(ret)
24
25    def get(self, request):
26        return HttpResponseNotFound()
```

该类并不处理HTTP的GET请求，当请求为GET时，直接返回状态码为404的响应。当请求为POST时，代码应当处理参数错误、查询结果检测、正常返回等情况，下面使用Postman对这段代码提供的接口进行测试。

在后端项目的根目录下通过 python manage.py runserver 指令运行项目，打开Postman的工作面板，设置请求方式为POST，输入接口对应的URL，并在请求体中添加查询所用的参数(与后端接收参数方式一致)。设置需要的请求内容，如图8-4所示。

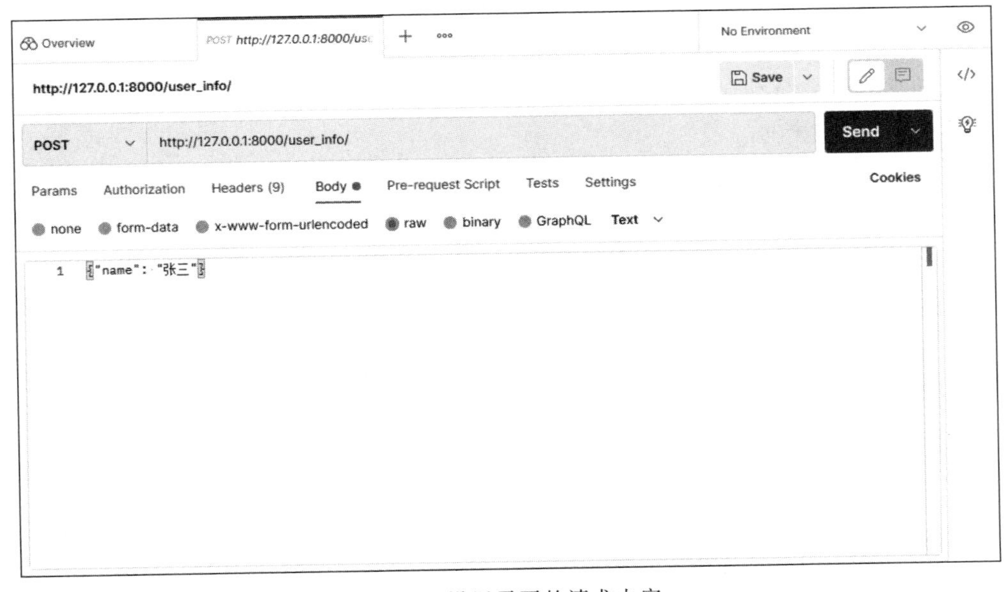

图8-4　设置需要的请求内容

单击右上方Send按钮发送请求后，可以在Response区域查看到请求的响应内容，如图8-5所示。

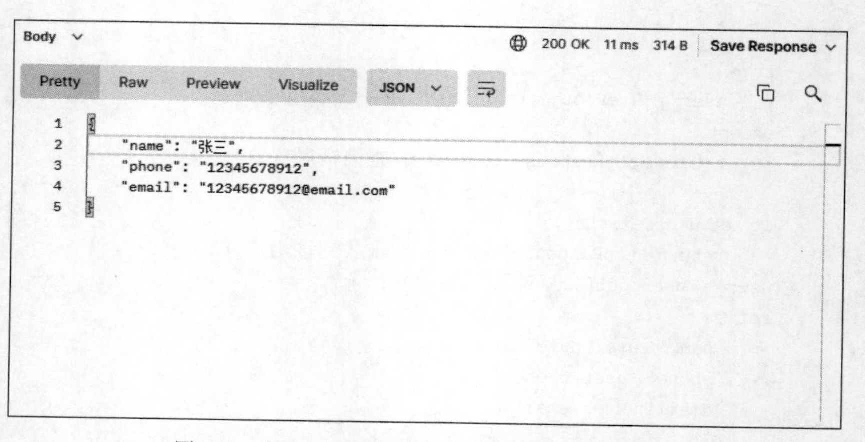

图 8-5 在 Response 区域查看到请求的返回结果

除了对请求的返回结果进行手动检查外,还可以在请求工作区的 Tests 一栏中设置对结果的测试内容,以测试响应的状态码和返回的部分内容为例,编写测试响应内容的代码,语法为 JavaScript,如代码 8-29 所示。

代码 8-29 编写测试响应内容的代码

```
1  pm.test('状态码是 200', function(){
2      pm.response.to.have.status(200);
3  });
4
5  var jsonData = JSON.parse(responseBody);
6  tests['返回的用户名必须是张三'] = (jsonData.name === '张三');
```

获取的响应也会自动显示每一条测试信息的通过结果。代码 8-29 中带有测试的请求获得的响应如图 8-6 所示。

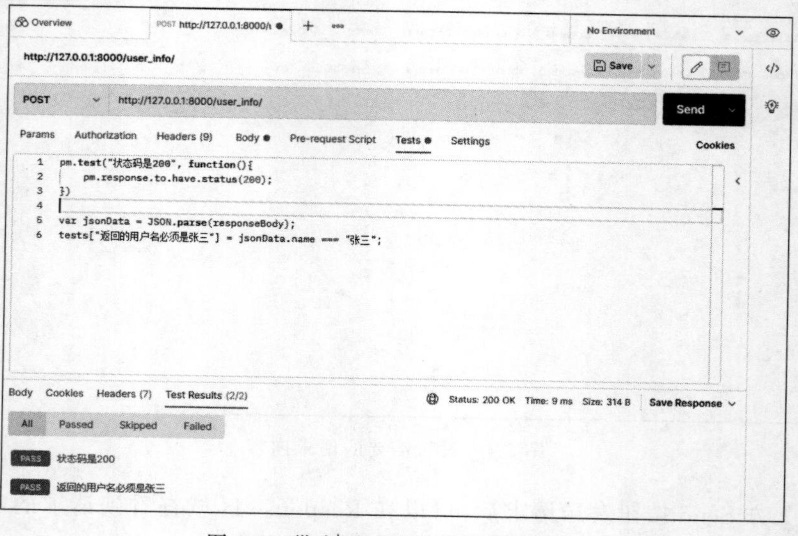

图 8-6 带有测试的请求获得的响应

对于多个测试请求都会使用到的变量来说，Postman 提供了全局变量和环境变量这一概念，使使用者能够在测试时将频繁使用的变量写入全局变量或环境变量。在 Postman 工作面板的左侧工具栏中，单击 Environment 一栏，即可设置全局变量或环境变量，例如，需要频繁使用值为“张三”的变量，可以在全局变量中设置，如图 8-7 所示。

图 8-7　在全局变量中设置

这样就可以在请求中使用{{Admin}}代替“张三”这一字符串，之后在工作区域右上角即可根据不同的请求切换所需要的工作环境，如图 8-8 所示。

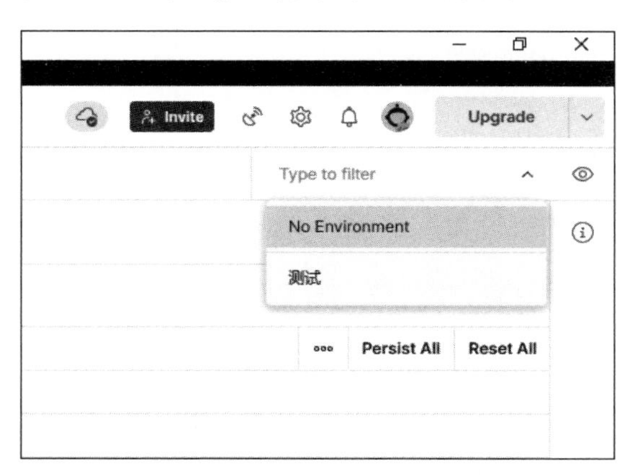

图 8-8　切换所需要的工作环境

8.4.3　请求记录

在 Postman 工作面板的左侧工具栏中，可以在 History 一栏中找到所有历史记录，如图 8-9 所示，方便使用者查看并重新编辑。

对于相对重要的请求记录来说，可以将其保存到 Postman 提供的 Collections 收藏夹中，便于后期查看。例如，可以将对 UserInfoView 类的测试请求保存到 Collections 中名为 test_user _info 的文件夹。对想保存的请求单击该请求右侧下拉栏的 Save Request 选项，设置对应的文件夹即可保存，如图 8-10 所示。

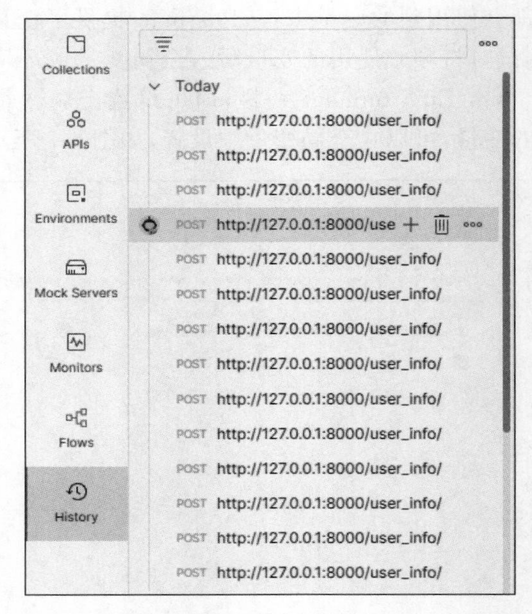

图 8-9　历史记录

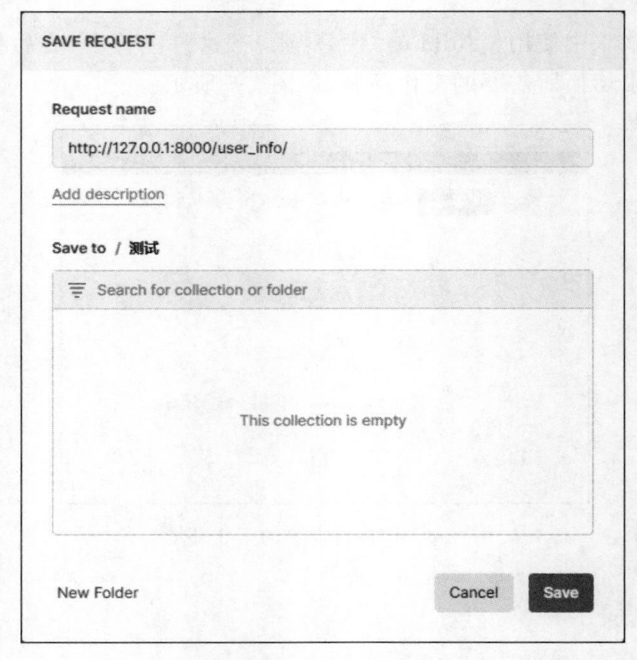

图 8-10　保存请求页面

对于收集到同一文件夹中的所有请求来说,可以单击对应文件夹右侧下拉栏的 Run collection 选项,运行所有保存的请求,如图 8-11 所示。

同时,Postman 还支持将 Collections 内的文件夹中的所有请求导出为测试文件,可以单击文件夹右侧下拉栏的 Export 选项,设置正确的路径,以 JSON 格式进行导出。

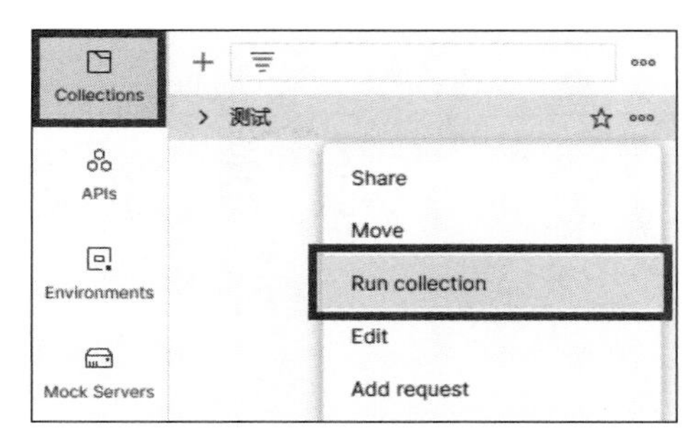

图 8-11 运行所有保存的请求

8.5 小 结

软件测试是软件开发流程中十分重要的一个环节，本章介绍了软件测试的特点、分类和基本流程，讲解了测试用例的设计方案，并展示了 Vue Test Utils、Unit Test 和 Postman 3 个自动化测试工具的基本使用方法。其目的在于让读者能够在软件开发过程中，根据不同的测试内容选择合适的测试工具对前后端的代码进行测试。

8.6 习 题

思考题

试分析软件测试在软件开发流程中的重要性和作用，并比较不同测试方法的异同点。

实验题

1. 利用 Vue Test Utils 对一个自己编写好的 Vue 组件进行白盒测试，并分析测试结果。
2. 利用 Unit Test 测试工具，对简单的 Python 函数进行黑盒测试，并打印测试报告。
3. 利用本章介绍的内容，使用 Postman 测试工具测试 WebXml 等开源接口。

8.7 参考文献

[1] unittest---单元测试框架——Python 3.10.2 文档[EB/OL]. https://docs.python.org/zh-cn/3/library/unittest.html,2022-3-12.
[2] Selenium[EB/OL]. https://www.selenium.dev/,2022-3-12.
[3] Mock.js[EB/OL]. http://mockjs.com/,2022-3-12.
[4] 介绍|Vue Test Utils[EB/OL]. https://v1.test-utils.vuejs.org/zh/,2022-3-12.
[5] Globals Jest 中文文档 | Jest 中文网[EB/OL]. https://www.jestjs.cn/docs/api,2022-3-12.

第9章 项目部署

9.1 概述

9.1.1 部署

部署发生在软件编码和软件测试完成之后，该步骤主要将编写的代码文件打包并上传到服务器，然后在服务器中运行软件，以达到发布并上线服务、为用户提供业务的目的。

在前后端分离开发之中，前后端代码可以分别部署在不同的服务器或同一服务器的不同端口上。如第1章所述，前端服务器主要为浏览器提供网页相关的文件，也称为静态文件。浏览器在收到网页文件后，会执行其中的代码并向用户展示网站的内容。后端服务器会直接执行后端代码文件，并通过接口对外提供服务。通过前后端代码的配合，可以完成一系列的业务操作。

9.1.2 云服务器

云服务器(Elastic Compute Service,ECS)是一种高效且灵活的服务器计算服务，通常一些企业会通过划分并抽象物理服务器来向外界提供云服务器，其管理方式比管理物理服务器更简单高效。

通常，开发人员可以通过租赁云服务器来低价且快速地获取一个服务器，并且服务器已经配置好了一些基本的环境，如Python、SSH服务等。因此，本章将会以部署到云服务器为例，将“论文检索系统”项目进行部署。

9.1.3 跨域请求

跨域请求(Cross-origin Request)指的是请求发出所在的IP或域名与请求接收所在的IP或域名不一致的请求。跨域的具体示例如图9-1所示，用户在访问A服务器的网站时，网站向B服务器发出了请求。如果A服务器的网址和B服务器的网址中的协议、IP地址或端口号中有其一不一致，或者是A服务器的网址和B服务器的协议、域名有其一不一致，则认为A服务器和B服务器在不同域上，并且这个请求是跨域请求。

通常，服务器会禁止跨域请求，这是为了防止可能发生的外部访问的攻击行为。因此，

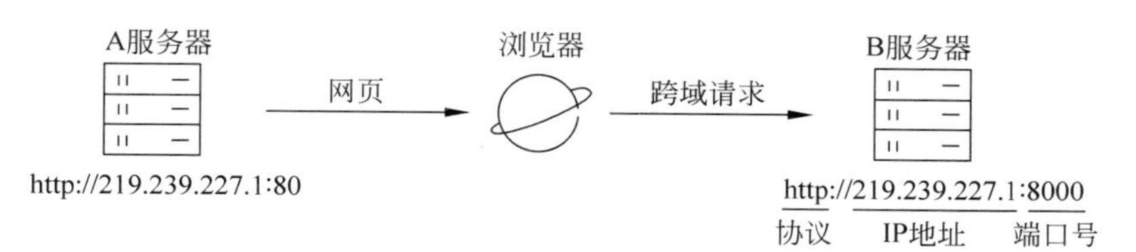

图 9-1　跨域的具体示例

如果前后端代码部署在不同的域中，后端需要设置允许跨域请求的白名单，以允许前端对后端进行访问；而前端也需要设置在跨域请求中保存并携带 Cookie，以允许后端查询登录信息。

本章将以在云服务器上部署"论文检索系统"为例，租赁阿里云服务器，通过使用 Visual Studio Code 与云服务器连接，在不同端口分别部署前端和后端代码，来介绍如何将项目部署到云服务器。最后，本章还提供另一种部署的方式，允许将前端和后端文件部署到同一端口中，避免跨域请求的问题，读者可自行选择。

9.2　配置云服务器

9.2.1　购买云服务器

本节以使用阿里云服务器为例。首先打开阿里云官方网站(https://www.aliyun.com/)，选择导航栏产品一栏的"云服务器 ECS"选项，如图 9-2 所示。

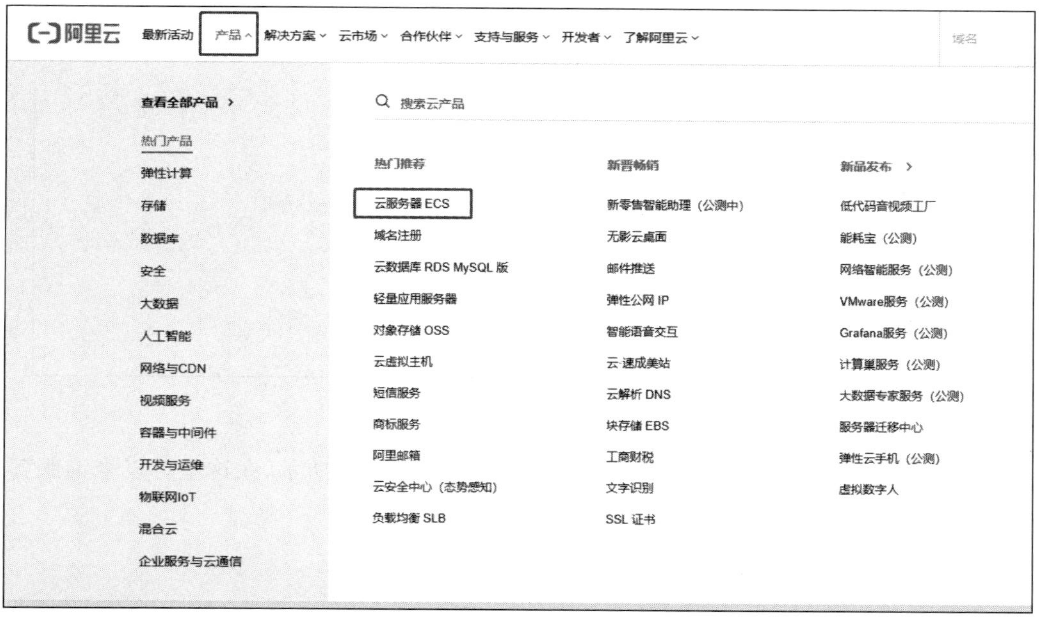

阿里云　最新活动　产品　解决方案　云市场　合作伙伴　支持与服务　开发者　了解阿里云　域名

查看全部产品 >
热门产品
弹性计算
存储
数据库
安全
大数据
人工智能
网络与CDN
视频服务
容器与中间件
开发与运维
物联网IoT
混合云
企业服务与云通信

搜索云产品

热门推荐
云服务器 ECS
域名注册
云数据库 RDS MySQL 版
轻量应用服务器
对象存储 OSS
云虚拟主机
短信服务
商标服务
阿里邮箱
云安全中心（态势感知）
负载均衡 SLB

新晋畅销
新零售智能助理（公测中）
无影云桌面
邮件推送
弹性公网 IP
智能语音交互
云·速成美站
云解析 DNS
块存储 EBS
工商财税
文字识别
SSL 证书

新品发布 >
低代码音视频工厂
能耗宝（公测）
网络智能服务（公测）
VMware服务（公测）
Grafana服务（公测）
计算巢服务（公测）
大数据专家服务（公测）
服务器迁移中心
弹性云手机（公测）
虚拟数字人

图 9-2　选择"云服务器 ECS"选项

之后单击立即购买进入服务器购买页面，如图 9-3 所示。在此页面中，根据项目需求选择合适的服务器配置。

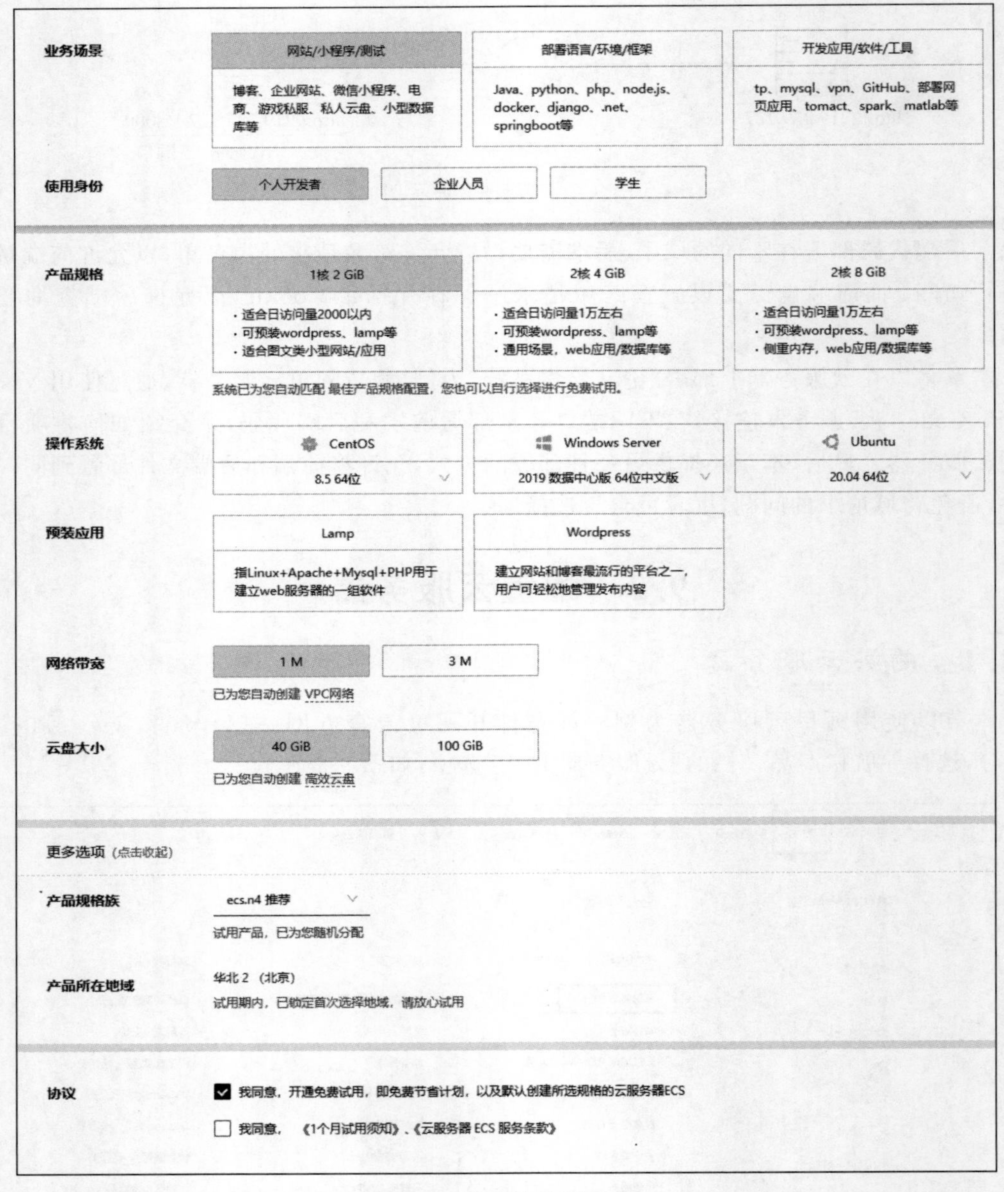

图 9-3　服务器购买页面

完成购买后自动进入阿里云服务器管理控制台，如图 9-4 所示，在这里可以查询服务器 IP 地址、修改服务器访问密码等，以进一步管理服务器。

9.2.2　连接服务器

1. 利用 Visual Studio Code 连接

本章将使用 Visual Studio Code 作为连接服务器的工具，截至笔者编写本书时，Visual Studio Code 最新稳定版本为 1.65.1。在官方网站（https://code.visualstudio.com/）下载并安装后即可使用。

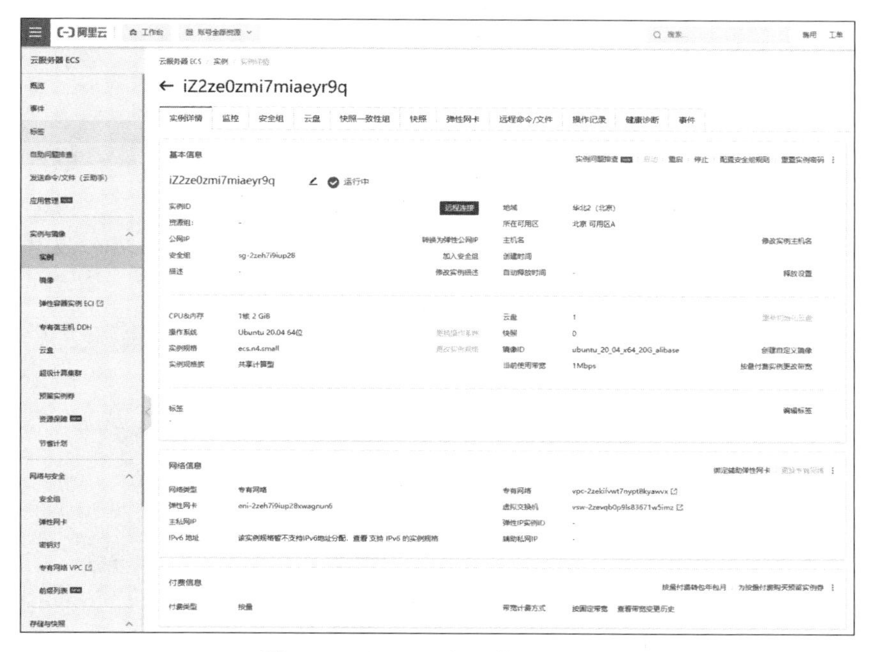

图 9-4　阿里云服务器管理控制台

打开 Visual Studio Code，单击左侧功能栏的“扩展”按钮或使用 Ctrl+Shift+X 快捷键，打开 Visual Studio Code 的扩展商店，在搜索栏中搜索 remote，安装 Remote-SSH 扩展，如图 9-5 所示，该扩展可以让使用者远程连接服务器。

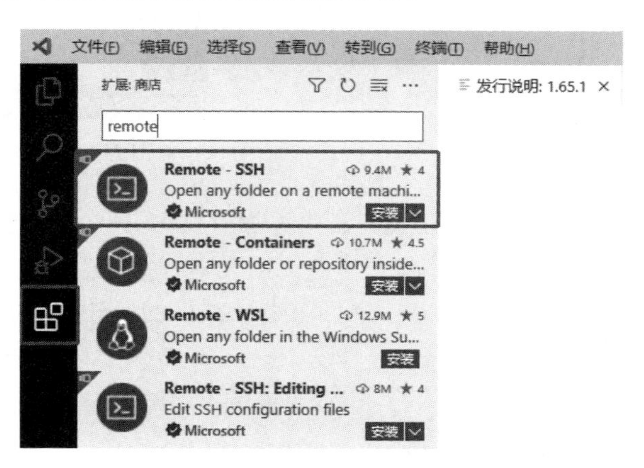

图 9-5　安装 Remote-SSH 扩展

安装完成后，Visual Studio Code 左侧功能栏将多出“远程资源管理器”按钮，单击该按钮进入远程资源管理器，如图 9-6 所示。

SSH TARGETS 一栏存放着注册在 config 中的远程主机，单击右侧加号图标可以添加新的远程主机，单击齿轮图标可以打开 config 文件，手动添加或编辑远程主机的信息。这里单击齿轮按钮进入 config 文件的编辑页面，将需要连接的服务器配置信息以指定格式添加即可。添加服务器配置信息的格式如下。

```
Host [本地显示的主机名称]
    HostName [服务器 IP 地址]
    User [访问主机使用的用户名]
    Port [端口号]
```

其中,变量 Host 存放本地显示的主机名称,即在 SSH TARGETS 一栏中显示的名称,可以自定义命名。连接服务器的用户名默认为 root,端口号默认为 22。

配置完成并保存后,可以在 SSH TARGETS 一栏查看新配置的远程主机,如图 9-7 所示。

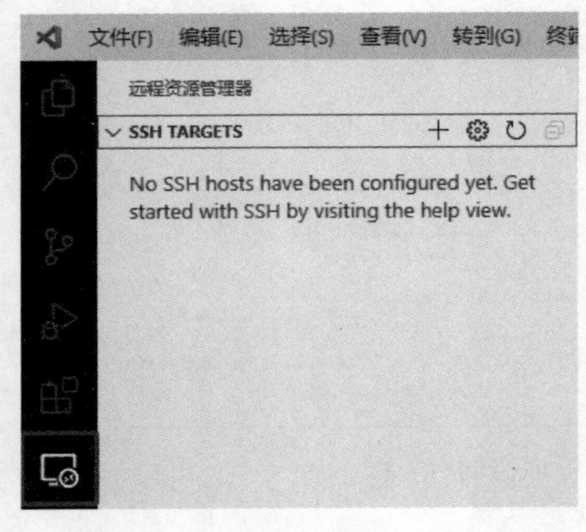

图 9-6 远程资源管理器

图 9-7 查看新配置的远程主机

单击需要连接的主机右侧的图标,可以在新窗口连接主机。单击后,在新窗口中根据提示选择系统、输入密码,当窗口左下角出现已连接的主机名时,表示远程主机连接成功,如图 9-8 所示。

图 9-8 远程主机连接成功

2. 配置 SSH

即使是在 config 中配置了服务器的相关信息,仍需要在连接时输入密码。可以在服务器中添加本机 SSH 公钥,建立信任,使每次访问服务器时能够直连而无须手动输入密码。

打开本机命令行,使用 ssh-keygen 指令可以生成本机的 SSH 公钥,如图 9-9 所示。

```
C:\Users\Administrator>ssh-keygen
Generating public/private rsa key pair.
Enter file in which to save the key (C:\Users\Administrator/.ssh/id_rsa):
C:\Users\Administrator/.ssh/id_rsa already exists.
Overwrite (y/n)? y
Enter passphrase (empty for no passphrase):
Enter same passphrase again:
Your identification has been saved in C:\Users\Administrator/.ssh/id_rsa.
Your public key has been saved in C:\Users\Administrator/.ssh/id_rsa.pub.
The key fingerprint is:
```

图 9-9 生成本机的 SSH 公钥

打开输出 SSH 配置信息的文件目录,找到 id_rsa.pub 文件。该文件存放着本机的 SSH 公钥,使用记事本打开并复制内容,以备后面步骤使用。

打开已连接远程服务器的 Visual Studio Code 窗口,单击左侧“资源管理器”按钮,选择服务器 /root 目录下的文件,打开. shh 文件夹下的 authorized_keys 文件,将刚刚复制的 SSH 公钥粘贴进去并保存，此后该SSH公钥对应的计算机访问该远程服务器将无须输入密码。

9.3 Nginx

Nginx是一款免费、开源的Web服务器软件，能够允许服务器提供HTTP、反向代理、负载均衡服务。本章中，Nginx将会安装在服务器中，对外提供服务。Nginx主要任务是处理静态请求（例如，图片、Vue网页），并把非静态请求转发给Django进行处理。

9.3.1 安装和运行Nginx

首先更新服务器可以获取的安装包列表，如代码9-1所示。

代码9-1 更新服务器可以获取的安装包列表

```
1  sudo apt update
```

之后，在服务器执行安装Nginx的指令，如代码9-2所示。

代码9-2 安装Nginx的指令

```
1  sudo apt - get install nginx
```

安装成功后，可以执行nginx-v指令查看Nginx版本，如图9-10所示。

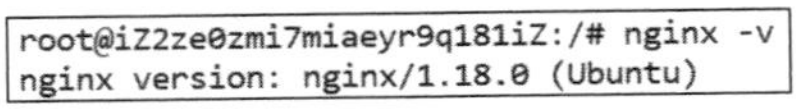

```
root@iZ2ze0zmi7miaeyr9q181iZ:/# nginx -v
nginx version: nginx/1.18.0 (Ubuntu)
```

图9-10 查看Nginx版本

在服务器执行Nginx启动指令，如代码9-3所示。

代码9-3 Nginx启动指令

```
1  service nginx start
```

从浏览器访问服务器IP地址，可以看到Nginx运行的主页，如图9-11所示。

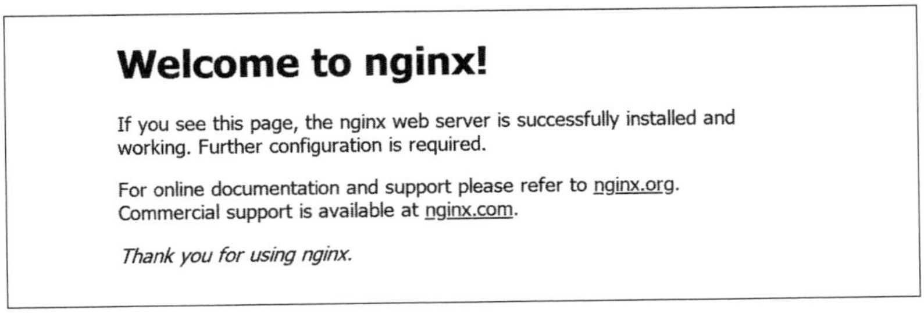

Welcome to nginx!

If you see this page, the nginx web server is successfully installed and working. Further configuration is required.

For online documentation and support please refer to nginx.org.
Commercial support is available at nginx.com.

Thank you for using nginx.

图9-11 Nginx运行的主页

9.3.2 Nginx 配置文件

Nginx 的配置文件为 /etc/nginx/nginx.conf,里面可以填写任何的配置项。但是,实际使用时,为了方便管理各个端口,不同端口的配置会写在不同端口的配置文件中,并存放在/etc/nginx/conf.d 文件夹中,然后在 nginx.conf 文件中引入;命名格式可以为[项目名称]-[端口号].conf。

Nginx 配置文件的注释符号为#,且每条指令以;结束。

1. nginx.conf

nginx.conf 文件的结构,如代码 9-4 所示。

代码 9-4 nginx.conf 文件的结构

```
1  # 主模块
2  events {
3       # events 块
4  }
5
6  http {
7       # http 块
8  }
```

主模块涉及了影响 Nginx 全局的设置指令,events 块涉及了服务器网络连接的相关设置,http 块负责了虚拟主机的配置。

http 块中包含了多个 server 块,每个 server 块都代表一个虚拟主机。实际使用时,为了方便管理各个虚拟主机,不同 server 块的信息会保存在不同的配置文件中,并存放在 /etc/nginx/conf.d 文件夹中,然后在 nginx.conf 文件中的 http 块引入,如图 9-12 所示。

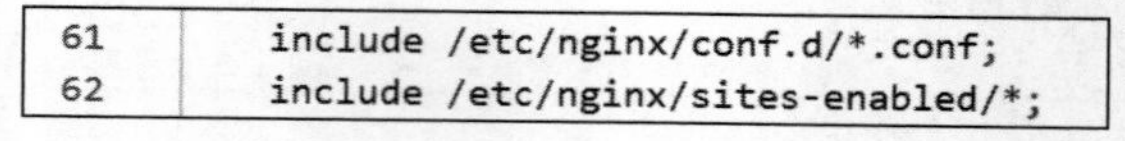

61 include /etc/nginx/conf.d/*.conf;
62 include /etc/nginx/sites-enabled/*;

图 9-12 Nginx 配置文件管理

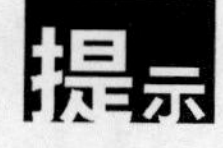

nginx.conf 文件中引入了两个文件夹中的文件作为虚拟主机的配置文件,但通常会将配置文件保存在 conf.d 文件夹中。这是因为 conf.d 文件夹下只有以.conf 结尾的文件才会作为配置文件,这样开发人员能够通过更改后缀名来控制虚拟主机的激活与关闭;而 sites-enabled 文件夹中所有的文件都会作为配置文件引入。

2. 虚拟主机配置文件

/etc/nginx/sites-enabled/default 文件存放了默认 80 端口的配置,本节将基于该文件介绍一些常用的设置。

虚拟主机的配置文件格式如代码 9-5 所示。

代码 9-5　虚拟主机的配置文件格式

```
1  server {
2      # 配置信息
3  }
```

关于 server 块中的配置信息大致说明如下。

（1）listen：表示监听的端口号，当外部访问该端口时，Nginx 将会以监听对应 server 块的配置进行访问的处理。例如，要监听 80 端口，如代码 9-6 所示。

代码 9-6　监听 80 端口

```
1  # listen [端口号]
2  listen 80;
```

（2）root：定义该 server 块根目录，在该 server 块的其他文件路径会以该根目录为基础。root 的使用方式如代码 9-7 所示。

代码 9-7　root 的使用方式

```
1  # root [根目录路径]
2  root /var/www/html;
```

（3）index：直接定义主页访问的网页文件的路径。index 的使用方式如代码 9-8 所示。

代码 9-8　index 的使用方式

```
1  # index [主页文件路径]
2  index index.html
```

（4）location：涉及了路由映射规则。包括 404 网页配置及负载均衡相关的设置。

（5）server_name：如果服务器存在域名，可以用 server_name 说明域名地址。server_name 的使用方式如代码 9-9 所示。

代码 9-9　server_name 的使用方式

```
1  # server_name [域名地址] [域名地址 ...]
2  server_name *.example.com
```

（6）error_page：如果需要自定义错误页，可以用 error_page 进行配置。error_page 的使用方式如代码 9-10 所示。

代码 9-10 rror_page 的使用方式

```
1  # error_page [错误代码] [错误代码 ...] [错误页面地址]
2  error_page 404 /404.html;
```

3. 应用配置文件

在每次修改配置文件后,在命令行执行特定指令可以检查配置文件并重启 Nginx 以应用新的配置,如代码 9-11 所示。

代码 9-11 检查配置文件并重启 Nginx 以应用新的配置

```
1  # 检查配置文件
2  nginx -t
3
4  # 重启 Nginx 以应用新的配置
5  nginx -s reload
```

9.4 前端部署

部署 Vue 项目的原理是利用 Nginx 将前端的文件返回给浏览器,浏览器在收到文件后会运行其中的前端代码文件。需要 3 个步骤:构建生产环境的代码、上传代码文件到服务器、修改 Nginx 配置文件。

9.4.1 设置 Axios 跨域请求

由于前后端分离部署,因此前后端间的请求是跨域请求,此时需要对 Axios 进行一些额外的设置。

在 Vue 项目的 main.js 中设置请求默认的基地址,基地址为后端的地址。同时,还需要开启 withCredentials,如代码 9-12 所示,允许浏览器保存跨域的 Cookie。

代码 9-12 开启 withCredential

```
1  // src/main.js
2
3  axios.defaults.baseURL = 'http://192.0.0.1:8000';
4  axios.defaults.withCredentials = true;
```

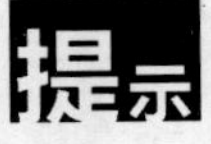

在演示过程中,为了方便演示,笔者使用了一个不存在的 IP 地址进行部署,即 192.0.0.1。在实际部署过程中,需要根据所租借的云服务器的公网 IP 进行修改。

9.4.2 构建生产环境的代码

该步骤用于将 Vue 项目代码转换为由多个 HTML、CSS 和 JavaScript 等文件的生产环境代码，方便用户浏览器在没有配置开发环境的情况下运行 Vue 项目的代码。

1. 设置 Production Source Map

Production Source Map 允许在运行生产环境的代码时能够从控制台查看到 Vue 源代码，为了能够对用户隐藏源代码及减少部署文件的大小，通常需要在 vue. config. js 中将 productionSourceMap 选项关闭，如代码 9-13 所示，该选项默认开启。

代码 9-13　将 productionSourceMap 选项关闭

```
1  // vue.config.js
2
3  module.exports = {
4      productionSourceMap: false
5  }
```

2. 打包代码文件

在 Vue 项目的根目录打开命令行，运行特定指令可以开始打包项目的代码，如代码 9-14 所示。

代码 9-14　开始打包项目的代码

```
1  npm run build
```

打包代码通常需要几分钟，完成后构建出来的生产环境代码默认会存放在项目根目录的 dist 文件夹。

9.4.3 上传代码文件到服务器

将项目打包后，需要将 dist 文件夹上传到服务器中，如上传到 /var/www/html 中。

9.4.4 修改 Nginx 配置文件

以在服务器 80 端口部署前端代码文件为例，修改对应的端口配置文件，如代码 9-15 所示。

代码 9-15　修改对应的端口配置文件

```
1   # /etc/nginx/conf.d/paper_search_platform_frontend-80.conf
2
3   server {
4       listen 80 default_server;
5       listen [::]:80 default_server;
6
7       # 将 dist 文件夹作为前端文件根目录
8       root /var/www/html/dist;
9
10      # dist/index.html 作为项目主页
```

```
11        index index.html;
12
13        server_name _;
14
15        location / {
16            # 将路由转发给 Vue 进行代理
17            try_files $uri $uri/ /index.html;
18        }
19    }
```

应用配置后,在浏览器访问服务器的80端口即可看到网站的界面。

提示 在浏览器中输入一个IP地址后,浏览器会向该IP地址所对应的服务器发出请求。但是,一个完整的地址通常还要在IP地址后加上端口号,这样才能定位到服务器的某个进程上。

用户在访问IP地址时之所以不需要输入端口号,是因为浏览器在没有端口号的情况下会自动向该IP地址的80端口(负责HTTP请求)发出请求;因此,通常前端网页会放置在80端口中。由于这方面涉及计算机网络的知识,在此不再过多说明。

9.5 后端部署

9.5.1 开放跨域请求

要解决跨域问题,Django需要corsheaders库的辅助。首先在命令行中使用pip指令下载corsheaders库,如代码9-16所示。

代码9-16 下载corsheaders库

```
1  pip install django-cors-headers
```

打开Django项目的settings.py文件,在App应用列表中注册corsheaders库(无须import),如代码9-17所示。

代码9-17 在App应用列表中注册corsheaders库

```
1  # paper_search_platform/settings.py
2
3  INSTALLED_APPS = [
4      'user.apps.UserConfig',
5
6      'django.contrib.admin',
7      'django.contrib.auth',
8      'django.contrib.contenttypes',
9      'django.contrib.sessions',
```

```
10        'django.contrib.messages',
11        'django.contrib.staticfiles',
12
13        # 注册 corsheaders 库
14        'corsheaders',
15    ]
```

同时还需要在中间件列表的对应位置中添加对应的中间件，如代码 9-18 所示，要添加到 Session 中间件后，Common 中间件前。

代码 9-18　添加对应的中间件

```
1   # paper_search_platform/settings.py
2
3   MIDDLEWARE = [
4       'django.middleware.security.SecurityMiddleware',
5       'django.contrib.sessions.middleware.SessionMiddleware',
6
7       # 添加中间件，注意中间件顺序
8       'corsheaders.middleware.CorsMiddleware',
9
10      'django.middleware.common.CommonMiddleware',
11      # 'django.middleware.csrf.CsrfViewMiddleware',
12      'django.contrib.auth.middleware.AuthenticationMiddleware',
13      'django.contrib.messages.middleware.MessageMiddleware',
14      'django.middleware.clickjacking.XFrameOptionsMiddleware',
15  ]
```

之后在 settings.py 文件添加关于跨域的设置，如代码 9-19 所示。

代码 9-19　添加关于跨域的设置

```
1   # paper_search_platform/settings.py
2
3   # 设置允许携带 Cookie
4   CORS_ALLOW_CREDENTIALS = True
5
6   # 使响应头带有 access - control - allow - origin，即允许外部的跨域请求
7   CORS_ORIGIN_ALLOW_ALL = True
8
9   # 设置跨域白名单，即允许通过跨域请求访问该服务器的域
10  CORS_ORIGIN_WHITELIST = (
11      'http://192.0.0.1',
12  )
13
14  # 设置允许进行跨域请求的请求方法
15  CORS_ALLOW_METHODS = ('DELETE', 'GET', 'OPTIONS',
16                        'PATCH', 'POST', 'PUT', 'VIEW',)
```

```
17
18  # 设置允许跨域请求时请求头可以携带的字段
19  CORS_ALLOW_HEADERS = (
20      'XMLHttpRequest',
21      'X_FILENAME',
22      'accept - encoding',
23      'authorization',
24      'content - type',
25      'dnt',
26      'origin',
27      'user - agent',
28      'x - csrftoken',
29      'x - requested - with',
30      'Pragma',
31      'x - token',
32      'Cookie',
33  )
```

9.5.2 测试项目运行

将后端项目部署到服务器上，首先需要将项目文件放到服务器中。有多种方式可以将文件上传到服务器中，本章将使用 Git 工具实现，倘若项目文件出现了变更，后续只需要在本地将最新版本的项目文件推送到远程仓库，再从服务器端拉取即可。

(1) 使用 Visual Studio Code 连接服务器，连接成功后单击顶部导航栏的“终端”选项，之后单击“新建终端”选项，打开服务器命令行窗口，如图 9-13 所示。

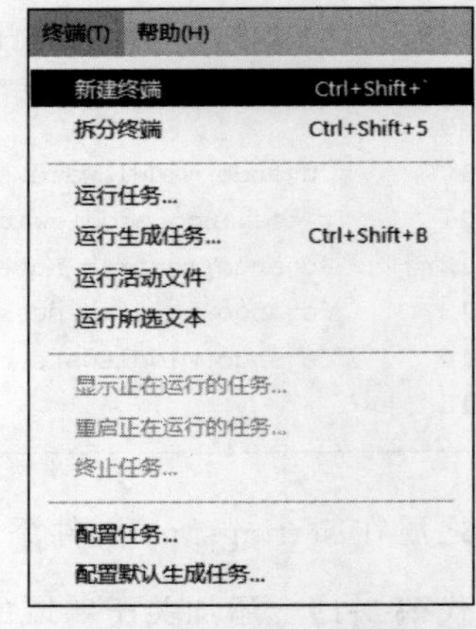

图 9-13　打开服务器命令行窗口

(2) 在命令行中使用 apt 指令在服务器上安装 Git 工具，如代码 9-20 所示。

代码 9-20　安装 Git 工具

```
1  sudo apt install git
```

(3) 在指定目录中使用 Git 指令将项目拉取到服务器中，如图 9-14 所示。

```
root@iZ2ze0zmi7miaeyr9q181iZ:~/paper_search# git clone https://gitee.com/richardzzj/paper-search-platform.git
Cloning into 'paper-search-platform'...
remote: Enumerating objects: 67, done.
remote: Counting objects: 100% (47/47), done.
remote: Compressing objects: 100% (45/45), done.
remote: Total 67 (delta 3), reused 0 (delta 0), pack-reused 20
Unpacking objects: 100% (67/67), 22.54 KiB | 307.00 KiB/s, done.
```

图 9-14　将项目拉取到服务器中

(4) 之后需要为后端项目配置可运行的环境，如需要安装 Django 库，如图 9-15 所示。

```
root@iZ2ze0zmi7miaeyr9q181iZ:~# pip uninstall django
Found existing installation: Django 3.2.12
Uninstalling Django-3.2.12:
  Would remove:
    /usr/local/bin/django-admin
    /usr/local/bin/django-admin.py
    /usr/local/lib/python3.8/dist-packages/Django-3.2.12.dist-info/*
    /usr/local/lib/python3.8/dist-packages/django/*
Proceed (y/n)? y
  Successfully uninstalled Django-3.2.12
root@iZ2ze0zmi7miaeyr9q181iZ:~# pip install django~=3.2
Looking in indexes: http://mirrors.cloud.aliyuncs.com/pypi/simple/
Collecting django~=3.2
  Downloading http://mirrors.cloud.aliyuncs.com/pypi/packages/9c/0e/02b7eff8fac2c25ede489933d4e899f6e6f283ae8eaf5189431
057c8d406/Django-3.2.12-py3-none-any.whl (7.9 MB)
     |████████████████████████████████| 7.9 MB 1.4 MB/s
Requirement already satisfied: sqlparse>=0.2.2 in /usr/local/lib/python3.8/dist-packages (from django~=3.2) (0.4.2)
Requirement already satisfied: asgiref<4,>=3.3.2 in /usr/local/lib/python3.8/dist-packages (from django~=3.2) (3.5.0)
Requirement already satisfied: pytz in /usr/local/lib/python3.8/dist-packages (from django~=3.2) (2021.3)
Installing collected packages: django
Successfully installed django-3.2.12
```

图 9-15　安装 Django 库

如果项目需要其他环境支持，需要依次安装依赖包，以确保项目能够在服务器上成功运行。

(5) 之后进入 Django 项目的根目录，使用 python3 manage. py runserver 指令测试项目能否正常运行，如图 9-16 所示。

```
root@iZ2ze0zmi7miaeyr9q181iZ:~/paper_search# cd paper-search-platform/paper_search_platform/
root@iZ2ze0zmi7miaeyr9q181iZ:~/paper_search/paper-search-platform/paper_search_platform# python3 manage.py runserver 0.0.0.0:8000
Watching for file changes with StatReloader
Performing system checks...

System check identified no issues (0 silenced).
March 10, 2022 - 04:10:21
Django version 3.2.12, using settings 'paper_search_platform.settings'
Starting development server at http://0.0.0.0:8000/
Quit the server with CONTROL-C.
```

图 9-16　测试项目能否正常运行

在服务器中不能直接使用 python3 manage. py runserver 指令运行，该指令默认在本地 IP 的 8000 端口，即 127. 0. 0. 1:8000 运行，外界无法访问，因此需要设定运行的 IP，此处 0. 0. 0. 0:8000 表示运行在服务器公网 IP 的 8000 端口。

(6) 此时还不能在客户端访问项目，还需要在阿里云服务器管理控制台中将 8000 端口开放访问权限。打开阿里云服务器管理控制台，打开安全组设置界面，新建入方向规则，将 8000 端口开放，如图 9-17 所示。

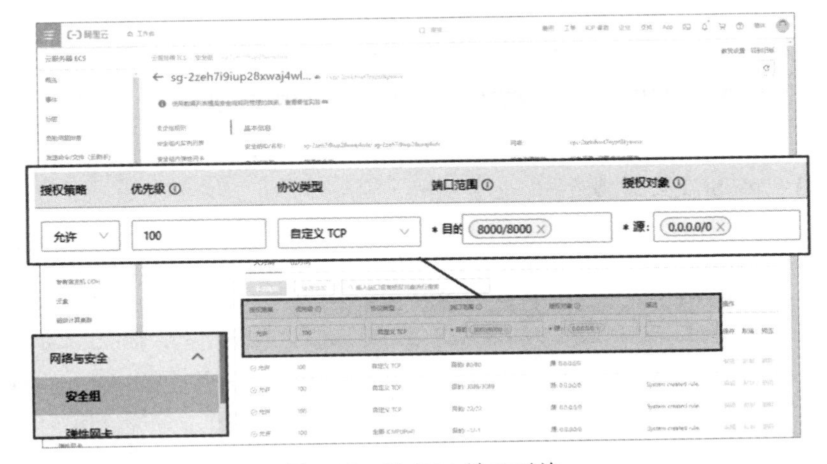

图 9-17　将 8000 端口开放

如果只开放 8000 端口,则端口范围可以设置为 8000/8000,如果想一次性开放多个端口,如想要开放 8000～8080 端口,则将端口范围设置为 8000/8080 即可。设置完成后单击"保存"按钮,成功开放 8000 端口。

(7) 此时使用 Postman 测试工具访问服务器公网 IP 的 8000 端口,即可访问项目后端,如图 9-18 所示。

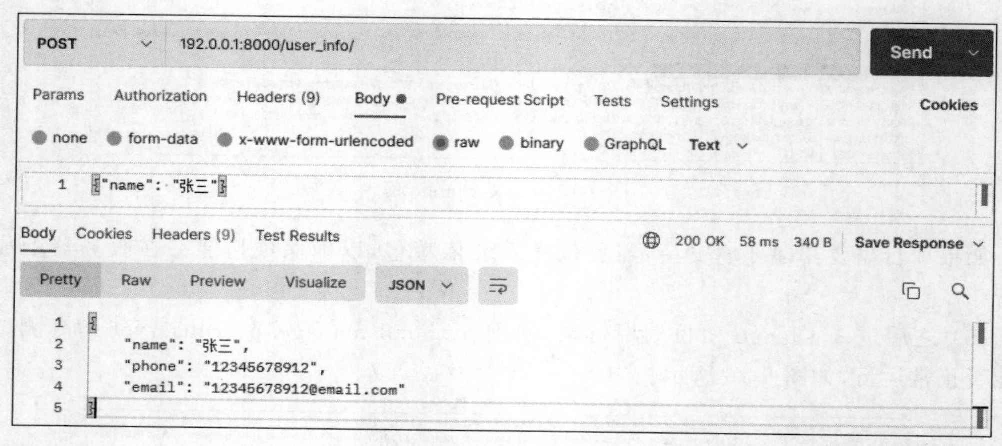

图 9-18　访问项目后端

9.5.3　uWSGI

uWSGI 是一个 Web 服务器,它的作用是将 HTTP 协议转化成语言支持的网络协议供 Python 程序使用,同时支持 HTTP、WSGI、uWSGI 等协议。

注意　关于 HTTP、WSGI、uWSGI 等协议的区别,感兴趣的读者可以自行查阅相关资料。

Django 等 Web 框架虽然都自带 Web 服务器,如 Django 的 wsgiref 模块,即使用 python manage. py runserver 指令运行项目所使用的模块。但是一般而言,Web 框架自带的服务器性能一般,难以达到高访问量等应用场合的使用需求,故只用作测试用途,不会在项目部署时使用。因此还需要使用 uWSGI 服务器。

(1) 在服务器命令行中执行 uWSGI 安装指令,如代码 9-21 所示。成功安装 uWSGI 如图 9-19 所示。

代码 9-21　uWSGI 安装指令

```
1  pip install uwsgi
```

```
root@iZ2ze0zmi7miaeyr9q181iZ:~/paper_search/paper-search-platform/paper_search_platform# pip install uwsgi
Looking in indexes: http://mirrors.cloud.aliyuncs.com/pypi/simple/
Processing /root/.cache/pip/wheels/c7/5a/95/94d9bbd4f061a3e49dcd108ac99a6a0fc32b478ecc17b97873/uWSGI-2.0.20-cp38-cp38-l
inux_x86_64.whl
Installing collected packages: uwsgi
Successfully installed uwsgi-2.0.20
```

图 9-19　成功安装 uWSGI

（2）以“论文检索系统”为例，Django 项目的初始目录结构如下。

```
paper_search_platform (folder)
|---manage.py
|---paper_search_platform (folder)
|   |---__init__.py
|   |---settings.py
|   |---urls.py
|   |---wsgi.py
```

其中，wsgi.py 文件就是 Django 提供的用于项目部署的文件。此处无须改动，利用 uWSGI 的指令调用该文件，即可实现基于 uWSGI 的 Django 项目运行。

uWSGI 运行项目所使用的指令如代码 9-22 所示。

代码 9-22　uWSGI 运行项目所使用的指令

```
1  # uwsgi --http [项目运行的 IP 以及端口号] --file [需要运行的项目文件]
2  uwsgi --http 0.0.0.0:8000 --file ./paper_search_platform/wsgi.py
```

其中，--http 参数表示以 HTTP 形式启动 uWSGI 服务，--file 参数用于指定需要运行的项目文件。

（3）在服务器 Django 项目根目录运行后端项目，如图 9-20 所示。

```
root@iZ2ze0zmi7miaeyr9q181iZ:~/paper_search/paper-search-platform/paper_search_platform# uwsgi --http 0.0.0.0:8000 --fi
le ./paper_search_platform/wsgi.py
*** Starting uWSGI 2.0.20 (64bit) on [Sat Mar 12 11:03:59 2022] ***
compiled with version: 9.4.0 on 09 March 2022 05:16:37
os: Linux-5.4.0-100-generic #113-Ubuntu SMP Thu Feb 3 18:43:29 UTC 2022
nodename: iZ2ze0zmi7miaeyr9q181iZ
machine: x86_64
clock source: unix
detected number of CPU cores: 1
current working directory: /root/paper_search/paper-search-platform/paper_search_platform
detected binary path: /usr/local/bin/uwsgi
!!! no internal routing support, rebuild with pcre support !!!
uWSGI running as root, you can use --uid/--gid/--chroot options
*** WARNING: you are running uWSGI as root !!! (use the --uid flag) ***
*** WARNING: you are running uWSGI without its master process manager ***
your processes number limit is 7702
your memory page size is 4096 bytes
detected max file descriptor number: 65535
lock engine: pthread robust mutexes
thunder lock: disabled (you can enable it with --thunder-lock)
uWSGI http bound on 0.0.0.0:8000 fd 4
spawned uWSGI http 1 (pid: 112719)
uwsgi socket 0 bound to TCP address 127.0.0.1:46573 (port auto-assigned) fd 3
uWSGI running as root, you can use --uid/--gid/--chroot options
*** WARNING: you are running uWSGI as root !!! (use the --uid flag) ***
Python version: 3.8.10 (default, Nov 26 2021, 20:14:08)  [GCC 9.3.0]
*** Python threads support is disabled. You can enable it with --enable-threads ***
Python main interpreter initialized at 0x564f750536e0
uWSGI running as root, you can use --uid/--gid/--chroot options
*** WARNING: you are running uWSGI as root !!! (use the --uid flag) ***
your server socket listen backlog is limited to 100 connections
your mercy for graceful operations on workers is 60 seconds
mapped 72904 bytes (71 KB) for 1 cores
*** Operational MODE: single process ***
WSGI app 0 (mountpoint='') ready in 1 seconds on interpreter 0x564f750536e0 pid: 112718 (default app)
uWSGI running as root, you can use --uid/--gid/--chroot options
*** WARNING: you are running uWSGI as root !!! (use the --uid flag) ***
*** uWSGI is running in multiple interpreter mode ***
spawned uWSGI worker 1 (and the only) (pid: 112718, cores: 1)
```

图 9-20　运行 Django 项目

项目成功运行后,使用 Postman 测试工具访问服务器公网 IP 的 8000 端口,即可访问项目后端。

9.5.4 Nginx+uWSGI 部署

对于访问量巨大的应用场景来说,Nginx 有着安全、负载均衡、方便处理静态资源等优点,可以通过配置 Nginx,让客户端的请求发送给 Nginx 处理,Nginx 根据情况选择转发到 uWSGI 服务器中。

由于访问 Nginx 需要一个端口,而使用 uWSGI 同样需要一个端口,且两者使用的端口号不能相同。由于服务器开放了 8000 端口,因此可以更改 uWSGI 运行的端口号为 8001;设置 Nginx 监听的端口号为 8000,就可以使客户端对 8000 端口发送请求被 Nginx 获取,再由 Nginx 转发到 uWSGI 服务器,即 8001 端口。

(1) 首先利用 uWSGI 在 8001 端口运行 Django 项目。由于服务器安全组并未开放 8001 端口,因此客户端无法通过 8001 端口获取响应,但 Nginx 转发属于本地访问,因此无须在安全组中开放 8001 端口。这样也保证了客户端无法跳过 Nginx 直接访问项目,确保了项目的安全性。

(2) 在服务器 Nginx 所在目录中,打开 conf. d 文件夹,新建配置文件 paper_search_platform_backend-8000. conf,在其中加入 Nginx 对后端请求的处理配置,如代码 9-23 所示。

代码 9-23　加入 Nginx 对后端请求的处理配置

```
1  # /etc/nginx/conf.d/paper_search_platform_backend - 8000.conf
2
3  server {
4      listen 8000 default_server;
5      listen[::]:8000 default_server;
6
7      server_name _;
8
9      location / {
10         proxy_pass http://127.0.0.1:8001/;
11     }
12 }
```

该配置代码表示,Nginx 将监听服务器公网的 8000 端口,并将对应的请求发送到本地 8001 端口,即 uWSGI 服务器中处理。配置完成后保存文件,新建终端(保持 uWSGI 处于运行状态)重新加载 Nginx 配置,如图 9-21 所示。

```
root@iZ2ze0zmi7miaeyr9q181iZ:/etc/nginx# nginx -t
nginx: the configuration file /etc/nginx/nginx.conf syntax is ok
nginx: configuration file /etc/nginx/nginx.conf test is successful
root@iZ2ze0zmi7miaeyr9q181iZ:/etc/nginx# nginx -s reload
```

图 9-21　重新加载 Nginx 配置

(3) 此时使用 Postman 测试工具访问服务器公网 IP 的 8000 端口，即可访问项目后端。但与之前访问不同的是，利用 Postman 打开响应头(Headers)，可以看到 Nginx 的标签，证明该请求确实经过了 Nginx 的处理并转发，如图 9-22 所示。

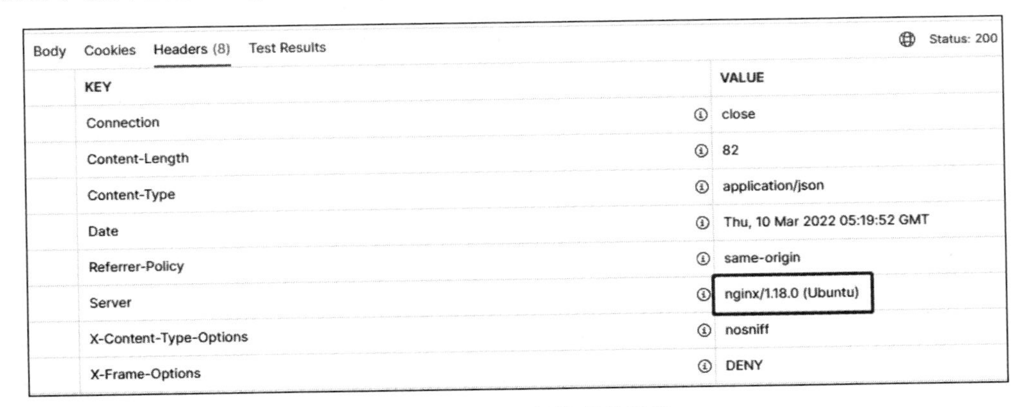

图 9-22　Nginx 的处理并转发

9.5.5　配置文件启动 uWSGI

在命令行中运行 uWSGI 不方便管理项目，而且无法保存工作日志记录。为此，uWSGI 提供了利用配置文件的运行方式。

(1) 打开 Django 项目中 manage.py 的所在目录，在其同一目录下新建 uwsgi.ini 文件，打开该文件，在 uwsgi.ini 文件中添加配置信息，如代码 9-24 所示。

代码 9-24　在 uwsgi.ini 文件中添加配置信息

```
1  [uwsgi]
2
3  http = 0.0.0.0:8001
4
5  chdir = /root/paper_search/paper - search - platform/paper_search_platform
6
7  wsgi - file = paper_search_platform/wsgi.py
8
9  processes = 4
10
11 threads = 2
12
13 master = true
14
15 pidfile = uwsgi.pid
16
17 daemonize = uwsgi.log
18
19 static - map = /static = ./static
```

在配置文件中的各个参数的含义如表 9-1 所示。

表 9-1　配置文件中的各个参数的含义

参数名	参数含义
http	项目运行的 IP 地址
chdir	项目所在的根目录
wsgi-file	wsgi 模块的位置
processes	启动多少个工作进程
threads	每个进程启动几个线程
master	是否开启主进程管理
pidfile	保存进程 Pid 的文件
daemonize	后台日志记录文件
static-map	静态文件位置

(2) 配置完成后保存文件,打开命令行,切换至 uwsgi.ini 文件所在目录,可以使用 uwsgi 指令管理项目运行,如代码 9-25 所示。

代码 9-25　使用 uwsgi 指令管理项目运行

```
1  # 启动项目
2  uwsgi --ini uwsgi.ini
3
4  # 重新加载配置并重启项目
5  uwsgi --reload uwsgi.pid
6
7  # 终止项目运行
8  uwsgi --stop uwsgi.pid
```

在命令行中使用 uwsgi --ini uwsgi.ini 指令运行项目,使用 ps -ef | grep "uwsgi"指令查看 uWSGI 相关的进程,可以看到配置文件中设置启用主进程管理所创建的主进程及 4 个工作进程和 1 个守护进程,创建的 uWSGI 进程如图 9-23 所示。

```
root@iZ2ze0zmi7miaeyr9q181iZ:~/paper_search/paper-search-platform/paper_search_platform# ps -ef | grep "uwsgi"
root      81911      1  0 13:46 ?        00:00:00 uwsgi --ini uwsgi.ini
root      81913  81911  0 13:46 ?        00:00:00 uwsgi --ini uwsgi.ini
root      81914  81911  0 13:46 ?        00:00:00 uwsgi --ini uwsgi.ini
root      81915  81911  0 13:46 ?        00:00:00 uwsgi --ini uwsgi.ini
root      81916  81911  0 13:46 ?        00:00:00 uwsgi --ini uwsgi.ini
root      81917  81911  0 13:46 ?        00:00:00 uwsgi --ini uwsgi.ini
root      82013  79376  0 13:54 pts/1    00:00:00 grep --color=auto uwsgi
```

图 9-23　创建的 uWSGI 进程

(3) 运行开始后,可以看到项目根目录下多出了 uwsgi.ini 文件中配置的输出文件,目录结构应如代码 9-26 所示。

代码 9-26　项目根目录结构

```
1  paper_search_platform (folder)
2  |--- manage.py
```

```
3  |--- uwsgi.ini
4  |--- uwsgi.log
5  |--- uwsgi.pid
6  |--- paper_search_platform (folder)
7  |       |--- __init__.py
8  |       |--- settings.py
9  |       |--- urls.py
10 |       |--- wsgi.py
```

此时项目将自动在服务器后台运行，并将运行日志输出到 uwsgi.log 文件中。

9.6　将前后端部署在同一端口

将前后端部署在同一端口的思路是，Django 通过模板层提供 Vue 的网页文件(index.html)，然后用 uWSGI 的静态路由映射提供 Vue 的静态资源(如 CSS 和 JavaScript 代码)。前后端部署在同一端口的系统结构，如图 9-24 所示。

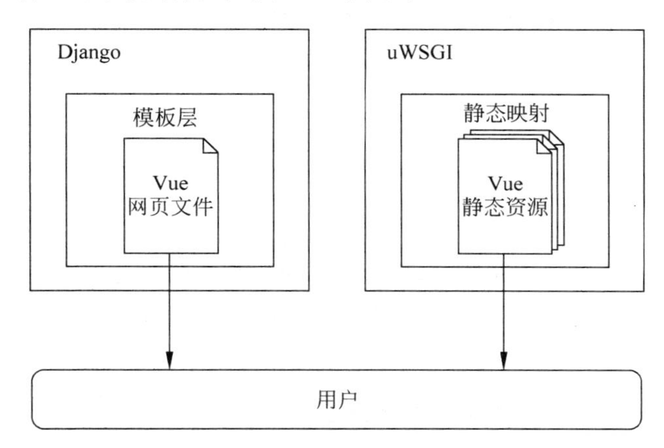

图 9-24　前后端部署在同一端口的系统结构

本节将演示把前后端代码部署在同一个端口中。

本节提到的操作是前后端部署在同一端口时所需要进行的额外操作，请读者结合之前的操作进行代码的部署。

同时，如果前后端部署到同一个端口中，Vue 的代码中的 Axios 将不需要配置 baseURL 和跨域相关内容，因为不带有域名的请求将会向本域名的服务器发起，这也避免了跨域的问题。而且，Nginx 也不需要在 80 端口提供网页。

9.6.1　配置 Django

1. 配置模板层

(1) 在项目根目录中创建 templates 文件夹(与 manage.py 同级)，这里将会存放 Vue 的网页文件。

(2) 在 settings.py 中添加模板层设置，如代码 9-27 所示，表示 templates 文件夹中存放了模板文件。

代码 9-27　在 settings. py 中添加模板层设置

```
1  # paper_search_platform/settings.py
2
3  TEMPLATES = [
4      {
5          'BACKEND':
6              'django.template.backends.django.DjangoTemplates',
7          'DIRS': ['templates'], # 模板文件夹相对项目的位置
8          'APP_DIRS': True,
9          'OPTIONS': {
10             'context_processors': [
11                 'django.template.context_processors.debug',
12                 'django.template.context_processors.request',
13                 'django.contrib.auth.context_processors.auth',
14                 'django.contrib.messages.'\
15                 'context_processors.messages',
16             ],
17         },
18     },
19 ]
```

2. 配置 url. py

由于 Vue 的路由都是自己负责的,因此 Django 需要在所有的路由都失配时交给 Vue 处理。在 url. py 中引入 re_path,并在最后加上路由失配时的重定向语句,如代码 9-28 所示。

代码 9-28　在 url. py 中添加路由失配处理

```
1  # paper_search_platform/url.py
2
3  # 引入 re_path
4  from django.urls import re_path
5
6  urlpatterns = [
7      # ...
8
9      # 将路由交给 Vue 处理,index.html 即模板层中的 Vue 网页文件
10     re_path(r'.*', TemplateView.as_view(template_name = 'index.html')),
11 ]
```

9.6.2　配置 uWSGI

静态文件需要单独放在一个目录中。为了方便项目文件管理,可以在 Django 项目根目

录中创建一个 static 文件夹(与 manage.py 同级),里面将会保存静态资源。创建完成后,在 uwsgi.ini 中定义静态资源路径,如代码 9-29 所示。

代码 9-29 在 uwsgi.ini 中定义静态资源路径

```
1  # uwsgi.ini
2
3  # static-map = [静态路径] = [静态资源文件夹位置]
4  static-map = /static = ./static
```

在设置完成后,静态资源文件夹的内容将会映射到静态路径上。例如,浏览器访问 http://219.239.227.1/static/example.js 时,将获得静态资源文件夹 static 中的 example.js 文件。通过这种方法,uWSGI 可提供 Vue 静态文件。

9.6.3 配置 Vue

由于 Vue 默认访问静态文件的路径和之前定义的静态资源路径(/static)不符。因此,需要在 Vue 设置打包时把静态资源打包到和静态资源路径同名的 static 文件夹,这样 Vue 网页文件在获取静态资源时就会向静态资源路径获取。

1. 准备生产环境的代码

(1) 在 vue.config.js 中通过 assetsDir 配置项,设置静态资源的路径,如代码 9-30 所示。

代码 9-30 在 vue.config.js 中通过 assetsDir 配置项,设置静态资源的路径

```
1  // vue.config.js
2
3  module.exports = {
4      // 静态资源保存在 static 文件夹
5      assetsDir: 'static'
6  }
```

(2) 执行 npm run build 指令,打包项目文件,打包成功后 dist 目录结构如下。

```
dist (folder)
|-- static (folder)          # 静态资源
|     |-- css (folder)
|     |-- img (folder)
|     |-- js (folder)
|-- favicon.ico              # 网站图标
|-- index.html               # 网页文件
```

此时,index.html 在获取静态文件时都会向/static 路径进行获取。但是,由于网站图标文件没有在 static 文件夹中,因此需要手动进行修改。

(3) 将 favicon.ico 移动到 static 文件夹中。

(4) 在 index.html 中搜索引用网站图标 favicon.ico 的代码,如代码 9-31 所示。

代码 9-31　引用网站图标 favicon.ico 的代码

```
1  <link rel = "icon" href = "/favicon.ico">
```

(5) 在引用网站图标路径前加上/static,如代码 9-32 所示。

代码 9-32　在引用网站图标路径前加上/static

```
1  <link rel = "icon" href = "/static/favicon.ico">
```

2. 将生产环境代码上传到服务器

(1) 将 Vue 网页文件 index.html 放入 templates 文件夹中。

(2) 将 Vue 静态资源文件夹 static 中的内容放入 uWSGI 静态资源文件夹中,放置后 uWSGI 的静态资源文件夹内容如下。

```
static (folder)          # uWSGI 静态资源文件夹
|-- css (folder)
|-- img (folder)
|-- js (folder)
|-- favicon.ico
```

9.6.4　运行服务器

将 Nginx 中后端的监听端口修改为 80,如代码 9-33 所示。uWSGI 依然在 8001 端口。

代码 9-33　监听端口修改为 80

```
1   # /etc/nginx/conf.d/paper_search_platform - 80.conf
2
3   server {
4       listen 80 default_server;
5       listen [::]:80 default_server;
6
7       server_name _;
8
9       location / {
10          proxy_pass http://127.0.0.1:8001/;
11      }
12  }
```

运行 Nginx 和 uWSGI,项目部署完成。

9.7　小　　结

本章介绍了部署、服务器和 Nginx 的概念,并且还对如何将前后端代码分离部署进行讲解。同时，本章也提供了一种方式将前后端代码部署在一个服务器（端口）中。部署是将开发的成果上线的最后一个环节，虽然其步骤相对简单，但却不能被忽视。

除了本书介绍的部署方式外，还有其他的部署方式和技巧，例如，分布式部署、负载均衡等，读者如果感兴趣可以自行上网搜索相关的资料进行学习。

9.8 习　　题

思考题

1. 试分析 Web 应用部署到云服务器后，可能产生的安全隐患及解决方案。
2. 对于已经通过测试的项目来说，在部署到服务器后是否有必要再次测试，为什么？

实验题

尝试租赁云服务器，将自己编写的 Web 应用部署到云服务器上。部署完成后，通过浏览器访问该网站，验证网站是否能正常运行。

9.9 参考文献

[1] The uWSGI project——uWSGI 2.0 documentation[EB/OL]. https://uwsgi-docs.readthedocs.io/en/latest/,2022-3-12.
[2] nginx documentation[EB/OL]. http://nginx.org/en/docs/,2022-3-12.
[3] 部署|Vue CLI[EB/OL]. https://cli.vuejs.org/zh/guide/deployment.html,2022-3-12.
[4] deployment-Wikipedia[EB/OL]. https://en.wikipedia.org/wiki/Software_engineering,2022-3-12.
[5] 阿里云[EB/OL]. https://www.aliyun.com/,2022-3-12.
[6] Nginx-维基百科[EB/OL]. https://zh.wikipedia.org/wiki/Nginx,2022-3-12.

图书资源支持

感谢您一直以来对清华版图书的支持和爱护。为了配合本书的使用，本书提供配套的资源，有需求的读者请扫描下方的“书圈”微信公众号二维码，在图书专区下载，也可以拨打电话或发送电子邮件咨询。

如果您在使用本书的过程中遇到了什么问题，或者有相关图书出版计划，也请您发邮件告诉我们，以便我们更好地为您服务。

我们的联系方式：

地　　址：北京市海淀区双清路学研大厦 A 座 714

邮　　编：100084

电　　话：010-83470236　010-83470237

客服邮箱：2301891038@qq.com

QQ：2301891038（请写明您的单位和姓名）

资源下载：关注公众号“书圈”下载配套资源。

资源下载、样书申请

书圈

图书案例

清华计算机学堂

观看课程直播